Java Web
开发技术

主　编　王飞雪

参　编　孙宝刚　杨芳权　唐　志　陈红阳

重庆大学出版社

内容提要

本书由浅入深、循序渐进地讲授如何用 HTML、JavaScript、JSP、Servlet 和 MVC 框架技术构建 Web 应用;其内容包括 Java Web 概述、Web 前端开发、Servlet、Filter 和 Listener 技术、JDBC 技术、SSM 框架和 EL 表达式与 JSTL 标签库等;还包含大量非常实用的代码,稍加修改就能用在自己的应用里。本书立足于"浅显易懂,水到渠成",结合计算机类高等教育的实际情况,努力提升教材的可读性和实用性,有助于读者掌握如何开发构建 Java Web 应用程序,使自己能独立进行 Web 应用程序开发。

本书可作为普通高校、应用型高校和职业本科的计算机及其相关专业课的教材,同时也可作为对 Web 开发感兴趣的 Java 开发工程师以及测试工程师的参考用书。

图书在版编目(CIP)数据

Java Web 开发技术 / 王飞雪主编. -- 重庆:重庆大学出版社,2022.7
计算机科学与技术专业本科系列教材
ISBN 978-7-5689-3461-9

Ⅰ.①J… Ⅱ.①王… Ⅲ.①JAVA 语言—程序设计—高等学校—教材 Ⅳ.①TP312.8

中国版本图书馆 CIP 数据核字(2022)第 127181 号

Java Web 开发技术
Java Web KAIFA JISHU
主 编 王飞雪
责任编辑:范 琪 版式设计:范 琪
责任校对:邹 忌 责任印制:张 策

*

重庆大学出版社出版发行
出版人:饶帮华
社址:重庆市沙坪坝区大学城西路 21 号
邮编:401331
电话:(023) 88617190 88617185(中小学)
传真:(023) 88617186 88617166
网址:http://www.cqup.com.cn
邮箱:fxk@ cqup.com.cn(营销中心)
全国新华书店经销
重庆市联谊印务有限公司印刷

*

开本:787mm×1092mm 1/16 印张:18.75 字数:447 千
2022 年 7 月第 1 版 2022 年 7 月第 1 次印刷
印数:1—2 000
ISBN 978-7-5689-3461-9 定价:59.00 元

前　言

　　本书是作者及其团队多年教学经验的凝聚和总结,按照应用型本科院校的人才培养目标和基本要求编写的。本书在全面讲授 Java Web知识体系的同时,从工程实践的角度强调知识的实际运用,把面向对象程序设计思想融合在案例中,以更高的视角审视、分析案例,通过对具有实用价值的案例的剖析,使读者掌握 Web 相关的概念、原理和技术规范,同时也力求使案例起到举一反三的作用。

　　Java Web 开发的技术规范及原理并不复杂,但关键是要掌握及灵活运用这些技术。软件开发有自己的通用规律和原则,如何应用这些通用的规律和原则来分析实际问题,理解实际开发过程中涉及的各项技术及规范,最终解决这些问题,是本书的着重之处。本书尽可能站在读者的角度来引导读者由浅入深、潜移默化地帮助读者理解 Web 开发过程中的各项技术。

　　本书作为本科计算机科学与技术、软件工程等相关专业的教材,引导这些专业的大学生进入万维网世界,激发他们的学习兴趣,传授专业知识给他们,培养他们的专业技能,帮助他们为实现"不出户,知天下;不窥牖,见天道"的美好愿望而努力学习。

　　随着 Java Web 相关软件不断更新,软件的 API 的用法也在不断变化,为了让读者能轻松地紧跟软件技术发展的步伐,本书花了不少篇幅,用形象化、生活化的例子帮助读者理解各种技术中蕴含的思想。只有领悟了这些思想,才能在技术的发展中把握主动权,开发出便于维护、扩展和性能更好的 Java Web 应用程序。

　　本书语言精炼、论述清晰、深入浅出、通俗易懂、突出重点、分解难点、实践性强,重点讲解以下内容:

　　第 1 章　Java Web 概述:讲述 Java Web、XML、HTTP,进行实践性训练包括 B/S 结构、Web 服务器安装、IDE 安装、创建和运行一个 Web 项目。

　　第 2 章　Web 前端开发:讲述 HTML 基本标签、表格与框架、CSS 页面布局、JavaScript 基本语法、JavaScript 对象、BOM 与 DOM 编程、HTML 5 的新特性,进行实践性训练包括网页设计与制作、网页发布与浏览。

　　第 3 章　JSP 技术:讲述 JSP 的用途与原理、JSP 的组成部分、JSP 的九大内置对象和四大作用域,进行实践性训练包括客户端发出访问某个 JSP 资源的请求(request)到服务器(Web 容器),请求访问 JSP 网页,JSP 的九大内置对象的实际应用。

第 4 章　Servlet 技术及应用:讲述 Servlet、Servlet 的生命周期、web.xml 的配置,Servlet 中的 request 对象、response 对象、ServletConfig 对象、ServletContext 对象,进行实践性训练包括 Servlet 作为浏览器与服务器交互的技术,把浏览器、服务器、数据库三者相互串接起来,开发 Web 项目的核心技术。

第 5 章　Filter 和 Listener 技术及应用:讲述事件过滤器 Filter、事件监听器 Listener,进行实践性训练包括事件过滤器 Filter 和事件监听器 Listener 的实现与应用。

第 6 章　JDBC 技术:讲述 JDBC 连接和操作各种数据库、MySQL 数据库管理系统、JDBC 连接 MySQL 的步骤、DbUtils 工具、db.properties 文件的编写、DBCP 数据库连接池,进行实践性训练包括 MySQL 数据库管理系统的开发与实际应用。

第 7 章　MVC 框架概述:讲述 MVC 模式,Model 数据处理模型、View 显示 Model 中的数据、Controller 更新 Model 中的数据变,进行实践性训练包括 MVC 模式的实现与应用。

第 8 章　EL 表达式与 JSTL 标签库:讲述 EL 表达式与 JSTL 标签库,进行实践性训练包 EL 表达式与 JSTL 标签库的实际应用。

本书各章内容衔接紧密,循序渐进,书的整体性和系统性很强。本书以课程设计的方式并结合企业级开发场景,达到最终整合涵盖、手把手带领读者完成一个 Web 网站开发。

本书需要读者具备 Java SE 等面向对象程序设计基础知识,在举例时也尽量避免复杂的数据结构和算法设计,Java Web 各个知识点的讲解都比较细致,各章案例都着重于 Java Web 知识点本身,浅显易懂。由于本书实践性很强,本书也可作为 Java Web 程序员的一本很好的实践参考书。

本书由王飞雪主编。第 1、2、3、7 章由王飞雪编写,第 4 章由孙宝刚编写,第 5 章由杨芳权编写,第 6 章由唐志编写,第 8 章由陈红阳编写。全书由王飞雪统稿。

本书的出版得到重庆市教委高等教育教学改革研究重点项目课程思政专项——新工科背景下计算机专业课程思政教学探索与实践(编号:201054S)的支持。感谢合著者、作者单位和相关合作单位的支持。

由于作者水平有限,书中难免存在不当和疏漏之处,恳请广大读者批评指正。

编　者

2022 年 3 月

目 录

第1章　Java Web 概述

道可道,非常道;名可名,非常名。——老子

1990 年,英国的计算机科学家蒂姆·伯纳斯·李(Tim Berners-Lee)提出 HTTP 协议,第一次在 Internet(TCP/IP)上实现了 HTTP 通信,造就了万维网(World Wide Web)的诞生。HTTP 协议是 TCP/IP 协议中的重要应用层协议,是万维网上的请求/响应协议,它规定了浏览器可发送给服务器什么样的请求和得到 Web 服务器什么样的响应。1991 年,蒂姆创建了世界上第一个 Web 网站 http://info.cern.ch。1993 年,CERN 发布了第一个万维网许可证,不久马克·安德森发明了商用网页浏览器,使万维网得到飞速发展,人类进入了网络时代。蒂姆被称为"万维网之父",获得 2016 年度的图灵奖。

Java Web 是指用 Java EE 规范进行 Web 软件开发的技术,Java EE 技术是 Java 平台的企业版(Java Platform Enterprise Edition),是针对 Web 开发需求而发布的。

本章讨论了 Java Web、XML、HTTP,进行的实践训练包括 B/S 结构、Web 服务器安装、IDE 安装、创建和运行一个 Web 项目。

1.1　Web 和 Java Web

1.1.1　Web 概述

Web 概述主要包括 B/S 结构、Web 服务器安装、IDE 安装、创建和运行一个 Web 项目。

Web 原意是"蜘蛛网"或"网"。在互联网等技术领域,Web 特指 "World Wide Web(万维网)"的简称。

(1)B/S 结构

在 Web 程序结构中,浏览器与 Web 服务器采用请求/响应模式进行交互,如图 1.1 所示。

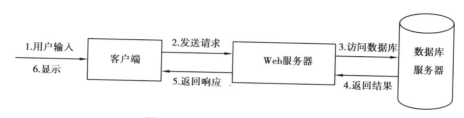

图 1.1　B/S 结构的请求/响应模式

万维网的主要内容包括创建网页、放置网页、传输网页、定位网页和浏览网页。

● HTML(Hypertext Markup Language):超文本标记语言用来创建网页。

- Web 服务器:用来放置网页。
- HTTP(Hypertext Transfer Protocol):超文本传输协议,用来传输网页。
- URL(Uniform Resource Locator):统一资源定位器用来定位网页。
- Web 浏览器:用来浏览网页。

要进行 Web 开发,首先要有 Web 浏览器与 Web 服务器。浏览器有很多种,可以适当选择一种下载后直接使用。

Java EE 是 Sun 公司(已被甲骨文收购)为企业级应用推出的标准平台,专门用来开发 B/S 架构软件。用 Java EE 开发 B/S 架构软件也称为 Java Web。支持 Java Web 的服务器很多,如 Tomcat、WebLogic 等。

Tomcat 是一个免费的开放源代码的常用的 Web 应用服务器,属于轻量级应用服务器,在中小型系统和并发访问用户不是很多的场合下被普遍使用,是开发和调试 JSP 程序的首选。实际上 Tomcat 是 Apache 服务器的扩展,但运行时它是独立运行的,所以当运行 Tomcat 时,它实际上作为一个与 Apache 独立的进程单独运行。

(2)Web 服务器安装

Web 服务器通常采用 Tomcat,需要下载配置运行后使用。

在浏览器地址栏中输入 http://tomcat.apache.org,可以看到 tomcat 的下载版本,在 Windows 环境下,选择"Windows Service Installer",即可下载安装版本,双击可执行文件即可进行安装,本教材采用 apache-tomcat-9.0.37.exe。

Tomcat 安装完毕后需要测试其是否安装成功,步骤如下:

①进入 Tomcat 安装目录下的 bin 目录。

②双击 bin 目录下的 tomcat9.exe。

③打开浏览器,在地址栏输入"http://localhost:8080/",若能正常访问即安装成功。

(3)IDE 安装

IDE(Integrated Development Environment,集成开发环境)集成了代码编写功能、分析功能、编译功能、调试功能等一体化的开发软件服务套,是帮助用户进行快速开发的软件。如 HomeSite、Visual Studio .NET、DreamWeaver 等,都属于 IDE。

Java 系列的 IDE 很多,如 JBuilder、IntelliJ IDEA、Eclipse、MyEclipse 等。

要建立 Web 网站,最基本的要求是让客户能够通过 HTTP/HTTPS 协议访问网站里面的网页。为了能通过 HTTP/HTTPS 协议访问网页,需将网页放在服务器中运行。建立 Web 项目创建 Web 网站的步骤如下:

①创建 Web 项目,建立基本结构。

②设计 Web 项目的目录结构,将网站中的各个文件分门别类。

③编写 Web 项目的代码,编写网页。

④部署 Web 项目,在服务器中运行该项目。

(4)创建一个 Web 项目

Web 项目要求按特定的目录结构组织文件,当在 IDE 中创建了一个新的 Web 项目,就可以在 IDE 中的目录中看到该 Web 项目的层次结构,这个层次结构由 IDE 自动生成。Web 项目的层次结构由以下几部分组成:

- src 目录:用来存放 Java 源文件。

- WebContent 目录：该 Web 应用的顶层目录，也称为文档根目录。src 和 WebContent 这两个目录很重要，不能随意修改或删除。
- META-INF 目录：系统自动生成，存放系统描述信息。
- WEB-INF 目录：该目录存在于文档根目录下。通常该目录不能被引用，即该目录下存放的文件无法对外发布，一般情况下，无法被用户访问到。
- lib 目录：包含 Web 应用所需的.jar 或.zip 文件。
- classes 目录：在 Eclipse 中没有显示出来，里面包含的是 src 目录下的 Java 源文件所编译的 class 文件。
- web.xml：Web 应用的配置文件，不能随意修改或删除。

（5）运行一个 Web 项目

部署 Web 项目后，运行 Tomcat 服务器，项目已经被放置到服务器中的路径 C：\ProgramFiles\ApacheSoftwareFoundation\Tomcat 9.0\webapps 中。

打开浏览器窗口，在地址栏中输入 URL，按回车键并查看运行结果。

URL 是 Uniform Resource Locator 的缩写，译为"统一资源定位符"，就是通常所说的网址，URL 是唯一能够识别 Internet 上具体的计算机、目录或文件位置的命名约定。

> http://localhost:8080/project/index.jsp

URL 格式由下列三部分组成：

第一部分是协议，如 http。

第二部分是主机 IP 地址（有时也包括端口号），如 localhost：8080，注意，localhost 也可以用 127.0.0.1，或者主机 IP 地址代替。

第三部分是主机资源的具体地址，如目录和文件名等。

以上步骤说明了一个 Web 项目的建立到运行的全过程。

1.1.2　Java Web 介绍

Java Web 是用 Java 技术来解决相关 Web 互联网领域的技术栈，即用 Java 语言进行 Web 开发，它主要应用于 B/S 架构的开发。Java Web 包括 Web 服务端和 Web 客户端两部分。Java 在客户端的应用有 Java Applet（小应用程序），由于在网页开发过程中新技术层出不穷，所以 Applet 现在使用得很少了。Java 在服务器端的应用非常丰富，比如 Servlet、JSP、第三方框架等，Java 技术对 Web 领域的发展注入了强大的动力。

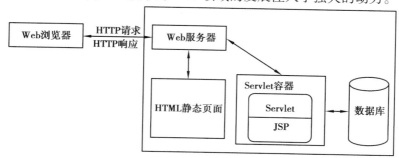

图 1.2　B/S 架构中 Servlet 的角色

Java Web 有 3 大组件:Servlet、Filter、Listener。

在 Java Web 的 B/S 架构中,Servlet 是用 Java 实现的一个接口,用 Servlet 可以响应浏览器的请求,Servlet 是 Web 服务器上运行的用来处理浏览器的请求的 Java 程序。

一个客户端的请求到达 Web 服务器之后,Web 服务器首先创建一个请求对象,处理客户端请求;然后 Web 服务器创建一个响应对象,响应客户端请求;Web 服务器激活 Servlet 的 service( )方法,传递请求和响应对象作为参数;service( )方法获得关于请求对象的信息,处理请求,访问其他资源,获得需要的信息,service( )方法使用响应对象的方法,将响应传回 Server,最终到达客户端。service( )方法可能激活其他方法以处理请求,如 doGet( )或 doPost( )或程序员自己开发的新的方法,如图 1.3 所示。

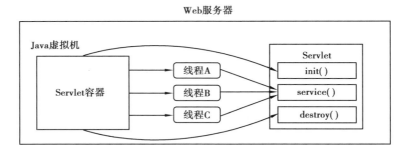

图 1.3   Web 服务器处理浏览器请求

Filter(过滤器)拦截用户请求,一般用于完成通用的操作,如自动登录验证、处理全站中文乱码问题、敏感字符过滤、压缩网页等。

Listener(监听器)将事件、事件源、监听器绑定在一起,当事件源上发生某个事件后,执行监听器代码。Listener 一般用于统计在线人数、加载初始化信息、统计网站访问量、实现访问监控等。

1.2   XML 语言

XML(Extensible Markup Language,可扩展标记语言)是一种解决不同数据交换的数据定义格式规范,用于实现各种软件系统的配置文件。XML 文件扩展名是.xml。

XML 没有规定固定的标记,全部由程序员自定义,所以是可扩展标记语言。XML 被认为是继 Java 之后广泛被应用在 Internet 最激动人心的新技术,XML 非常适合万维网传输,它提供统一的方法来描述和交换独立于应用程序或供应商的结构化数据。XML 是 Internet 环境中跨平台的、依赖于内容的技术,也是当今处理分布式结构信息的有效工具。不仅 Java 能使用 XML,任何其他语言如 PHP、C++都可以使用它来交换数据。早在 1998 年,W3C 就发布了 XML1.0 规范,使用它来简化 Internet 的文档信息传输。2004 年 2 月,W3C 又发布了 1.0 版本的第三版。到目前为止,我们使用的 XML 还是 1.0 版本,因为它够用。

1.2.1   XML 和 HTML 的区别以及 XML 的功能

目前,很多人认为 XML 是 HTML 的简单扩展,这实际上是一种误解。简单地说,XML

是一种定义数据存储、交换和表达的标记语言,它有通用的格式规范,但它并没有定义如何传输。XML 本身是一种格式规范,是一种包含了数据以及数据说明的文本格式规范。通常 XML 都很直观,附带了对数据的说明,并且具备通用的格式规范让解析器进行解析。

从语法上看,XML 和 HTML 比较相似,是一种很像 HTML 的标记语言,但两者区别还是很大的。HTML 中的元素是固定的,而 XML 的标签是可以由用户自定义的;HTML 用浏览器来解析执行,XML 的解析器通常需要自己来写(因为元素是自定义的);它们有不同的设计目标:**HTML 的设计目标是显示数据并集中于数据外观,而 XML 的设计目标是描述数据并传输数据,而不是显示数据。**显而易见,XML 不会替代 HTML。

XML 主要有以下几种功能:一是用 XML 来表述底层数据,如配置文件,比如 web.xml、Struts 的 struts.xml、Spring 的 application.xml 等,它可以代替.ini 文件,很方便直观,并且有不少不错的解析器可以选用。文件里面记录的一般是配置信息,如 Servlet 配置,映射注入配置等都可以用 XML 来配置;二是数据交换,不同语言之间可以用 XML 来交换数据;三是可以利用 XML 为文档添加元数据,数据文件也能用 XML 来保存,比如 Office 文件;另外,SOAP 协议的载体也是基于 XML;ATOM 也是基于 XML 用来表达要传输的数据。

1.2.2　XML 文件结构

下面这个 XML 文件是发送者 bob 写给接受者 yeric 的个人资料,从下面的代码可以知道,它包含了发送者和接受者的信息,并包含标题以及资料主体。所以,XML 文件的这种结构性内容包括节点关系以及属性内容等,体现了它是包含数据以及数据说明的文本格式规范。

```
<?xml version="1.0" encoding="GB2312"?>
<note>
    <to>yeric </to>
    <from>bob</from>
    <heading>个人资料</heading>
    <body>
        <student>
            <name>李四</name>
            <age>18</age>
            <sex>男</sex>
        </student>
        <student>
            <name>张三</name>
            <age>19</age>
            <sex>男</sex>
        </student>
    </body>
</note>
```

1.3 HTTP 协议

1.3.1 HTTP 概述

协议(Protocol)是通信的双方(或多方)必须都遵守的一组约定(规则)。

HTTP(Hyper Text Transfer Protocol,超文本传输协议)是用于从 WWW(World Wide Web,万维网)服务器传输超文本到本地浏览器的传送协议。

HTTP 协议是 TCP/IP 协议族中应用层协议,通过 HTTP 协议,可以很容易实现 Web 通信。HTTP 协议是现在 Internet 上最重要、使用得最多的协议。它基于请求/响应,规定了浏览器可发送给服务器什么样的请求和得到 Web 服务器什么样的响应,也就是说,HTTP 协议就是计算机与计算机之间用来传输信息的,它规定了浏览器和 Web 服务器之间通信的格式。

B/S 模式即 Web 浏览器和 Web 服务器模式,它是基于 HTTP 协议的,用户界面是通过 Web 浏览器来实现的,主要业务逻辑在 Web 服务器端实现,形成所谓的三层架构,把各个功能模块划分为界面层(UI)、业务逻辑层(BLL)和数据访问层(DAL)三层,各层之间采用接口相互访问,并把对象模型的实体类(Model)作为数据传递的载体,如图 1.4 所示。三层架构区分层次的目的是"高内聚,低耦合",开发人员分工更明确,将精力更专注于应用系统的核心业务逻辑的分析、设计和开发,加快项目进度,提高了开发效率,有利于项目的更新和维护工作。

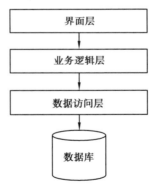

图 1.4　界面层、业务逻辑层和数据访问层组成的三层架构

1.3.2 HTTP 的通信过程

HTTP 协议制订了通信双方需要遵守的规则。客户端向服务器提出请求、发送数据,如图 1.5 所示。服务器按照一定的规则做出响应,并返回客户端需要的数据。从本质上说,**HTTP 协议是规定客户端怎么"问",服务器怎么"答"的协议。**

HTTP 通信机制是在一次完整的 HTTP 通信过程中,Web 浏览器与 Web 服务器之间将完成下列 5 个步骤:

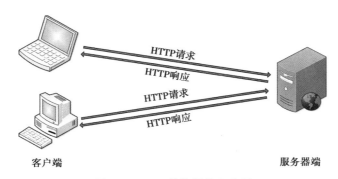

图 1.5　HTTP 协议通信示意图

（1）建立 TCP 连接

在 HTTP 工作开始之前，Web 浏览器要通过网络与 Web 服务器建立 TCP 连接，一般 TCP 连接的端口号是 80。

（2）Web 浏览器向 Web 服务器发送请求命令

一旦建立了 TCP 连接，由 HTTP 客户端（浏览器）发起一个请求。

例如：GET /sample/hello.jsp HTTP/1.1

（3）Web 浏览器发送请求头信息

浏览器发送其请求命令之后，还要以头信息的形式向 Web 服务器发送一些别的信息，之后浏览器发送一行空白行来通知服务器，表示它已经结束了该头信息的发送。

（4）Web 服务器响应

HTTP 服务器则在那个端口监听客户端发送过来的请求。一旦收到请求，服务器向客户端发回响应消息，响应消息的状态行（第一行）是协议的版本号和应答状态码，比如“HTTP/1.1 200 OK”，消息的消息体可能是请求的实际数据等信息。Web 服务器向浏览器发送头信息后，它会发送一个空白行来表示头信息的发送到此结束。

（5）客户端接收信息并显示内容

客户端接收服务器所返回的信息通过浏览器显示在用户的显示屏上，然后客户机与服务器断开 TCP 连接。

一次完整的 HTTP 通信过程如图 1.6 所示。

通常 Web 服务器向浏览器发送了请求数据，它就要关闭 TCP 连接，然后如果浏览器或者服务器在其头信息加入了这行代码：Connection：keep-alive，则 TCP 连接在发送后将仍然保持打开状态，这样浏览器可以继续通过相同的连接发送请求。保持连接节省了为每个请求建立新连接所需的时间，还节约了网络带宽。

HTTP 请求方法通常包括 GET 和 POST 方法。

GET 方法是默认的 HTTP 请求方法，一般用 GET 方法来提交表单数据，然而用 GET 方法提交的表单数据只经过了简单的编码，同时它将作为 URL 的一部分向 Web 服务器发送，因此如果使用 GET 方法来提交表单数据就存在安全隐患。例如下面的地址栏 URL 就是通过 GET 方法请求的：

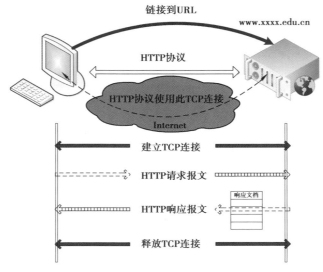

图 1.6　一次完整的 HTTP 通信过程

http://127.0.0.1/login.jsp? Name＝lisi&Age＝20&Submit＝%cc%E+%BD%BB

"?"之后的内容就是参数即用户在表单提交的内容。另外,由于 GET 方法提交的数据是作为 URL 请求的一部分,而各 Web 服务器对 URL 有长度限制,解决办法就是修改 nginx、tomcat 等使用到的应用服务器,让它们支持更大的 Request Header 缓冲区,当然根本解决办法是不要通过 GET 方式传递超长的参数。

POST 方法是 GET 方法的一个替代方法,它主要是向 Web 服务器提交表单数据,尤其是大批量的数据。通过 POST 方法提交表单数据时,数据不是作为 URL 请求的一部分,而是作为标准数据传送给 Web 服务器,从理论上讲,POST 是没有大小限制的,它克服了 GET 方法中的信息无法保密和超长参数无法传输的问题。因此,出于安全考虑以及保护用户隐私,通常表单提交时采用 POST 方法。

1.4　前端和后端

由于 Web 应用通常被分类归为分布式应用,所以一直以来都采用的是"客户/服务器"结构,且 Web 应用程序中有一部分的代码运行在客户端,另一部分代码则运行在服务器端。那些运行在客户端上的应用通常被称为前端,指的就是运行在浏览器上的代码;运行在服务器上的那部分代码则被称为后端。

1.4.1　Web 前端

Web 前端就是网站前台部分,运行在 PC 端、移动端等浏览器上,展现给用户浏览的网页。随着互联网技术的发展,HTML5、CSS3、前端框架应用、跨平台响应式网页设计能够适应各种屏幕分辨率,采用合适的动效,给用户带来极高的用户体验。JavaScript 是前端工程师使用的唯一编程语言,最常用的前端开发技术是 HTML + CSS + JavaScript DIV、Ajax

和 jQuery,高级的前端开发人员通常使用这些技术的组合来进行 Web 前端开发,还有一个常用的美化前端的技术就是 Photoshop 设计,配合其他技术共同完成 Web 页面的制作。

HTML(Hyper Text Markup Language,超文本标记语言)是构成网页文档的主要语言。一般情况下,网页上看到的文字、图形、动画、声音、表格、链接等元素大部分都是由 HTML 语言描述的。

HTML 文档的基本结构如下:

```
<html>
    <head>
        <!--头部信息-->
    </head>
    <body>
        <!--主体-->
    </body>
</html>
```

HTML form 表单的基本结构如下:

```
<form action="HTTP 请求" method="HTTP 请求方式">
…
</form>
```

HTTP 请求方式为 get 时,是通过 URL 方式传内容与参数,这个时候通过网址 URL 能看见自己填写内容并提交处理;HTTP 请求方式为 post 时,是通过类似缓存传填写内容与参数,而 URL 是不能看到 form 表单填写内容并提交处理的。

Browser 请求的 3 种方式:

①在 Web 浏览器地址栏中输入:

```
http://localhost:8080/index.html
```

②在 form 标签中输入:

```
<form action="http://localhost: 8080/index.html " method="get">
```

③在<a>标签中输入:

```
<a href="http://localhost: 8080/">返回</a>
```

Browser 请求的 3 种方式包括 HTTP 服务器处理请求方法、do_GET(self)或 do_POST(self)。

服务器在每次收到请求后,都会自动调用处理请求的方法(get 或 post),处理请求的方法可根据不同的请求调用对应的具体数据处理方法。

1.4.2　Web 后端

后端通常是指与数据库进行交互,用以处理相应的业务逻辑。后端开发人员编写那些运行在服务器上的代码,通常这部分的工作需要和数据库打交道,比如读写数据、读写文件等。有些时候,业务逻辑存储在客户端,这时后端就是用来以 Web 服务的形式提供数据库中的数据。后端强调的是如何处理业务逻辑、实现功能、数据存取、增强平台稳定性与性能等,这些都是用户不可见的。后端开发人员需要掌握一种 Web 编程语言和一种数据库管理系统。最常用的后端开发技术是 JSP、PHP、ASP 以及 SSH、SSM 等 Web 开发框架。

1.4.3　MVC 框架

一般而言,前后端的技术是区分开来的,前端只是完成数据的显示,而其他主要工作都在后端完成。但也有例外:后端只是提供数据,而所有的计算和具体功能都在前端完成。所以,前后端工作的分配,通常都是由项目的设计和架构来决定的。

Web 开发是基于 Web 浏览器 / Web 服务器模式(B/S 模式)的应用开发。

HTML 是在浏览器上运行的页面,是静态页面,页面内容在运行过程中不能改变。JSP 是在 HTML 中,通过 JSP 标签插入了 Java 代码,是在 Web 服务器上运行的页面,是动态页面,页面内容在运行过程中可以改变。Servlet 是在 Java 代码中插入 HTML 标签,是在 Web 服务器上运行的 Java 程序。

JSP 和 Servlet 都是 HTML 和 Java 混合编程,不符合 MVC 编程规范。

MVC 框架可以使 HTML 和 Java 混合编程改变为纯 HTML 或 Java 编程,可以实现 MVC 编程规范。

MVC 框架早期采用 Spring + struts2 + Hibernate。

MVC 框架目前采用 Spring + SpringMVC + MyBatis。

MVC 是一种使用 MVC(Model View Controller 模型—视图—控制器)设计创建 Web 应用程序的模式,MVC 模式同时提供了对 HTML、CSS 和 JavaScript 的完全控制。

Model(模型)是应用程序中用于处理应用程序数据逻辑的部分。通常模型对象负责在数据库中存取数据。

View(视图)是应用程序中处理数据显示的部分。通常视图是依据模型数据创建的。

Controller(控制器)是应用程序中处理用户交互的部分,通常控制器负责从视图读取数据,控制用户输入并向模型发送数据。

MVC 分层有助于管理复杂的应用程序,可以在不依赖业务逻辑的情况下专注于视图设计,同时也让应用程序的测试更加容易;MVC 分层同时也简化了分组开发。不同的开发人员可同时开发视图、控制器和业务逻辑。

MVC 是一种设计模式,通常是代码复用,而设计模式是设计复用,框架则介于两者之间,部分代码复用,部分设计复用,有时分析也可复用。框架是大智慧,用来对软件设计进行分工;设计模式是小技巧,对具体问题提出解决方案,以提高代码复用率,降低耦合度。

Web 前端示例:前端有请求。

HTML 文档的基本结构如下:

```html
<html>
    <head>
    <title>用户信息输入</title>
    </head>
    <body>
        <form action="/jsp_login/doLogin.jsp" method="post">
            用户名:<input type="text" name="username"/><br/>
            密码:<input type="password" name="userpswd"/><br/>
            <input type="submit" value="登录"/><br/>
        </form>
    </body>
</html>
```

Web **后端示例:后端必须有响应。**

```jsp
<%@ page language="java" contentType="text/html; charset=UTF-8" pageEncoding="UTF-8"%>
<%
    //前端 form 数据
    String username = request.getParameter("username");
    String userpswd = request.getParameter("userpswd");
    if("tom".equals(userName)&&"123".equals(userpswd)){
        request.getRequestDispatcher("/success.jsp").forward(request, response);
    }else{
        response.sendRedirect("/jsp_login/doLogin.jsp");
    }
%>
```

1.5 编程语言

现在已经有数百种编程语言正在被使用,大型科技公司一直在开发新语言,而且越来越多的语言正在不断涌现。对程序开发人员来说,了解多种语言很重要,但强迫他们一直跟上新语言是没有意义的,但开发人员必须理解常见的 Web 开发编程语言。

1.5.1 常见的 Web 开发编程语言

Web 开发中有很多的编程语言可以使用。当需要进行前端开发时,标准的开发语言是 JavaScript;而当需要进行后端开发时,有更多的编程语言供开发人员选择:

- Java
- PHP
- Ruby on Rails(配合 Ruby 语言)
- ASP.NET(配合.net 语言)

- Python
- Perl
- Go

后端开发人员需要掌握至少一种 Web 编程语言。在这些语言中,Java 侧重工程化,能帮助开发人员更好地理解大项目开发管理思路,适合开发企业级应用,是目前用得比较普遍的 Web 后端开发编程语言。

1.5.2 Java EE 体系结构和核心技术

Java EE(Java 企业版,Java Enterprise Edition)是一套使用 Java 进行企业级 Web 应用开发的工业标准(平台),它是设计、开发、编译和部署企业级应用程序的规范。它基于多层结构的 Web 应用,支持分布式计算应用模型,以服务端计算为核心,基于组件开发、松耦合,支持一流的安全事务、负载均衡、并发处理等。和 Microsoft 的.NET 相比,Java EE 与一系列标准、技术及协议更接近或更满足互联网在智能化 Web 服务方面对开放性、分布性和平台无关性的要求。

Java EE 的多层体系架构分为 3 层:

①客户层:也叫应用层,运行在客户端的客户层组件,如 Java Swing 胖客户端/瘦客户端,支持动态 HTML 的 Web 浏览器或者移动设备上的 Java ME 客户端,Applet 和 awt 等。

②Java EE 应用服务器:包括服务层和业务层。服务层运行在 Java EE 服务器上的 Web 层,如 Servlet 和 JSP。业务层运行在 Java EE 服务器上的业务层,如 EJB。

③企业信息系统层:也叫数据层,运行在数据库服务器上,如传统的数据库服务器。也包括企业的文件系统。

Java EE 的多层体系架构如图 1.7 所示。

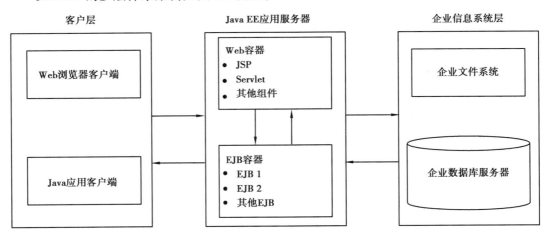

图 1.7　Java EE 的多层体系架构

JavaEE 核心技术一共有 13 种:EJB、CORBA、RMI、JSP、Java Servlet、JDBC、XML、JNDI、JMAPI、JTS、JTA、JMS、Java Security API。其中,最常用的核心技术有:

EJB（Enterprise JavaBean）:EJB 提供了一个框架来开发和实施分布式商务逻辑,由此很显著地简化了具有可伸缩性和高度复杂的企业级应用开发。EJB 规范定义了 EJB 组件在何时如何与它们的容器进行交互作用。容器负责提供公用的服务,例如目录服务、事务管理、安全性、资源缓冲池以及容错性。

JSP(Java Server Pages):JSP 页面由 HTML 代码和嵌入其中的 Java 代码所组成。服务器在页面被客户端所请求以后对这些 Java 代码进行处理,然后将生成的 HTML 页面返回给客户端的浏览器。

Java Servlet:Servlet 是一种小型的 Java 程序,它扩展了 Web 服务器的功能。作为一种服务器端的应用,当被请求时开始执行,这和 CGI Perl 脚本很相似。Servlet 提供的功能大多与 JSP 类似,不过实现的方式不同。JSP 通常是大多数 HTML 代码中嵌入少量的 Java 代码,而 servlets 全部由 Java 写成并且生成 HTML。

XML(Extensible Markup Language):XML 是一种可以用来定义其他标记语言的语言。它被用来在不同的商务过程中共享数据。XML 的发展和 Java 是相互独立的,但是它和 Java 具有的相同目标——平台独立性。通过将 Java 和 XML 的组合,可以得到一个完美的具有平台独立性的解决方案。

JDBC(Java Database Connectivity):JDBC API 为访问不同的数据库提供了一种统一的途径,像 ODBC 一样,JDBC 对开发者屏蔽了一些细节问题,另外,JDCB 对数据库的访问也具有平台无关性。

1.6 Web 服务器和 Java EE 应用服务器

Web 服务器主要功能是用来放置网站文件,提供网上信息浏览服务供用户浏览,所以 Web 服务器是一种对发出请求的浏览器提供文档的程序。**Web 服务器使用 HTTP(超文本传输协议)与客户机浏览器进行信息交流**,如图 1.8 所示。

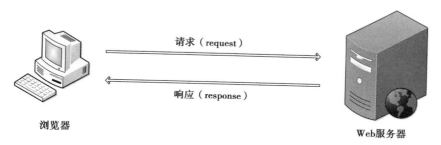

请求(request)

响应(response)

浏览器

Web服务器

图 1.8 Web 服务器使用 HTTP 与浏览器交流

Java EE 应用服务器是负责处理逻辑的服务器。它主要是 EJB、JNDI 和 JMX API 等 Java EE API 方面的,还包含事务处理、数据库连接等功能,所以在企业级应用中,Java EE 应用服务器提供的功能比 Web 服务器强大得多。Java EE 应用服务器的优点如下:

● Java EE 应用服务器不限于 HTTP,它还可以提供其他协议支持,如 RMI/RPC。

● 大多数 Java EE 应用服务器也包含了 Web 服务器,这就意味着可以把 Web 服务器当作是应用程序服务器的一个子集(subset),这意味着 Java EE 应用服务器可以做任何 Web 服务器所能做的事情。此外,Java EE 应用服务器有组件和特性来支持应用级服务,如连接池、对象池、事务支持、消息传递服务等。

1.6.1 常见的 Web 服务器和 Java EE 应用服务器

（1）常见的 Web 服务器

Unix 和 Linux 平台下的常用 Web 服务器有 Apache、Nginx、Lighttpd 等，Windows 平台下最常用的服务器则是微软公司的 IIS（Internet Information Server）。

（2）常见的 Java EE 应用服务器

常见的 Java EE 应用服务器有 Tomcat、IBM WebSphere、WebLogic、Jetty 等。

①Tomcat 服务器：Tomcat 是 Apache 软件基金会（Apache Software Foundation）的 Jakarta 项目中的一个核心项目，由 Apache、Sun 和其他一些公司及个人共同开发而成。本教程使用 Tomcat 作为 Web 服务器进行讲述。

Tomcat 单独使用的时候，它同时担当了两个角色：

● Web 服务器

● Java EE 应用服务器

当与 Apache 结合使用的时候，可以由 Apache 担当 Web 服务器，这个时候 Tomcat 就变成只是 Java EE 应用服务器了。

②IBM WebSphere 服务器：WebSphere 是 IBM 公司开发的一个大型 Java EE 应用服务器，满足 Java EE 开发的所有规范。它包含了编写、运行和监视全天候的工业强度的随需应变 Web 应用程序和跨平台、跨产品解决方案所需要的整个中间件基础设施，如服务器、服务和工具。WebSphere 提供了可靠、灵活和健壮的软件。

③WebLogic 服务器：WebLogic 是美国 Oracle 公司出品的一个 application server，它是用于开发、集成、部署和管理大型分布式 Web 应用、网络应用和数据库应用的 Java 应用服务器。

④Jetty 服务器：Jetty 是一个开源、基于标准、全功能实现的 Java 应用服务器。它在 Apache 2.0 协议下发布，因此可以自由地用于商业用途和发行。

1.6.2 Tomcat 概述

Tomcat 服务器是一个开源的轻量级 Java EE 应用服务器，在中小型系统和并发量小的场合下被普遍使用，是开发和调试 Servlet、JSP 程序的首选。它是对 HTTP 和 Servlet 规范的实现，简单来说它做了这几件事：处理 HTTP 协议（接收和处理客户端的请求，把动态资源转换成了静态资源，给客户端响应）、执行 Servlet 和处理网络 I/O。

Tomcat 实际上运行 JSP 页面和 Servlet。另外，Tomcat 和 IIS 等 Web 服务器一样，能够处理 HTML 页面，另外它还是一个 Servlet 和 JSP 容器，独立的 Servlet 容器是 Tomcat 的默认模式。

Tomcat 的功能是：

● 接收用户请求、返回响应。

● 为 JSP、Servlet 提供容器。

1.6.3 Tomcat 目录结构

熟悉 Tomcat 各个目录的内容,可以使 Web 开发人员有针对性地解决在 Tomcat 中遇到的问题。Tomcat 各个目录如图 1.9 所示。

电脑 > 新加卷 (G:) > 软件工具 > java EE > apache-tomcat-9.0.37			
名称	修改日期	类型	大小
bin	2020/6/30 21:12	文件夹	
conf	2020/6/30 21:11	文件夹	
lib	2020/6/30 21:11	文件夹	
logs	2020/6/30 21:09	文件夹	
temp	2020/6/30 21:09	文件夹	
webapps	2020/6/30 21:12	文件夹	
work	2020/6/30 21:09	文件夹	
BUILDING.txt	2020/6/30 21:11	文本文档	20 KB
CONTRIBUTING.md	2020/6/30 21:11	MD 文件	6 KB
LICENSE	2020/6/30 21:11	文件	57 KB
NOTICE	2020/6/30 21:11	文件	3 KB
README.md	2020/6/30 21:11	MD 文件	3 KB
RELEASE-NOTES	2020/6/30 21:11	文件	4 KB
RUNNING.txt	2020/6/30 21:11	文本文档	17 KB

图 1.9 Tomcat 目录结构

下面是 Tomcat 的一些关键目录:

- /bin:存放用于启动及关闭(停止)Tomcat 服务的文件,以及其他一些脚本。主要有两大类:以.sh 结尾的文件和以.bat 结尾的文件。UNIX 系统专用的 *.sh 文件在功能上等同于 Windows 系统专用的 *.bat 文件。
- /conf:存放配置文件及相关的 DTD。.xml 是很重要的,尤其是 server.xml,这是容器的主配置文件。
- /lib:存放 Tomcat 运行需要加载的 jar 包。
- /logs:日志文件的默认目录。存放 Tomcat 在运行过程中产生的日志文件,非常重要的是在控制台输出的日志(清空不会对 Tomcat 运行带来影响)。
- /webapps:核心目录。存放客户端可以访问的资源,如 Java 程序,当 Tomcat 启动时会去加载 webapps 目录下的应用程序。可以以文件夹、war 包、jar 包的形式发布应用。其中的每一个文件夹都是一个网站,或者是一个 web 应用;一个 Tomcat 可以有若干个网站。
- /work:存放 Tomcat 在运行时的编译后文件,例如 JSP 编译后的文件。清空 work 目录,然后重启 Tomcat,可以达到清除缓存的作用。

1.7　环境搭建

1.7.1　开发工具准备

要完成一个最简单的 Web 项目,只需要编写一个 HTML 文件并将它放置在 Tomcat 的 webapps 目录下就行了。所以准备任何可以进行代码编辑的编辑器,就可以完成 HTML 文件内容的编写。安装 Java EE 应用服务器是为了向外发布网站供客户端访问。

(1)代码编辑器

编辑器只要能录入代码字符就可以,Windows 自带的记事本和写字板也能完成 HTML 的代码编写。通常,诸如 Notepad++、EditPlus、Sublime Text 等都是开发人员常用的代码编辑器。

(2)Java EE 应用服务器

在 Tomcat 官网下载 Tomcat,本书采用的是 Tomcat 9.0 版本。

1.7.2　开发工具的安装

在安装 Tomcat 之前需安装并配置 JDK 和 JRE,在安装并配置完毕后才可以进行 Tomcat 的安装。Tomcat 安装还是比较方便的,步骤如下:

①双击下载的 apache-tomcat-9.0.37.exe 文件进入安装界面,如图 1.10 所示,单击 Next (下一步)。

图 1.10　Tomcat 安装界面

②直接默认设置,一路单击 I Agree(我同意)。

③设置 Tomcat 的端口号(4 位),默认为 8080,如图 1.11 所示(不建议设置成其他端口号,因为若设置成其他端口号可能会与其他端口冲突导致 Tomcat 无法正常启用),单击 Next。

图 1.11 设置 Tomcat 的端口号

④这是配置 JRE 的关键步骤,确保在安装 Tomcat 之前已经安装并配置了 JDK,Tomcat 会找到 JRE 的默认安装路径,如图 1.12 所示。如果安装 JRE 的时候是自定义路径,这里就需要改成自定义的 JRE 安装路径,选择完后单击 Next。

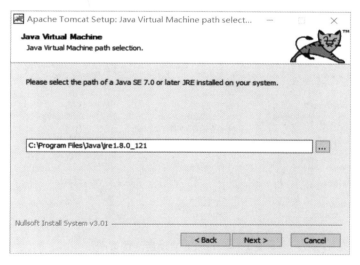

图 1.12 添加 JRE 默认安装路径

⑤指定 Tomcat 默认安装路径,也可以自定义路径,选择完后单击 Install(安装),如图 1.13 所示。

⑥点选 Run Apache Tomcat(启动 Tomcat 服务),点击 Finish(结束),Tomcat 安装完成,随后 Tomcat 开始启动,在任务栏右下角出现一个绿色三角形"▶"标志,即代表启动完成。

至此,Tomcat 安装完成,但 Tomcat 是否能够正常使用还需测试。打开浏览器,在地址栏中输入 HTTP 协议://本机名:Tomcat 端口号,即 http://localhost:8080/,如果进入 Tomcat 页面则表示成功,如图 1.14 所示。否则失败,需要对 Tomcat 卸载、重装,同时检查 JDK 是否安装配置,安装时 JRE 的路径选择是否正确等。

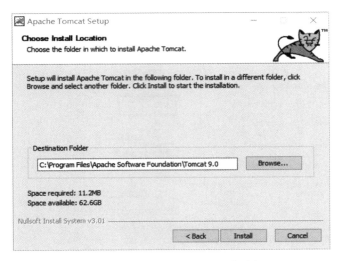

图 1.13　指定 Tomcat 默认安装路径

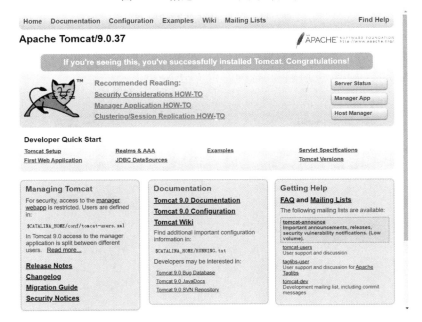

图 1.14　Tomcat 启动后测试页面

安装了 Tomcat 后,把相关的资源复制到 Tomcat 的 webapps 目录下,因为它存放客户端可以访问的资源(如 Java 程序),当 Tomcat 启动时会加载 webapps 目录下的应用程序,发布这些项目,这样客户端就可以访问这些资源了。

1.8　案例:构建和运行一个简单的 Web 项目

1.8.1　构建 Web 项目

本案例要求构建和运行一个简单的 Web 项目。

打开Tomcat9.0的安装路径"D:\Program Files\Apache Software Foundation\Tomcat 9.0\"，在其发布站点的webapps目录下新建一个子目录MyFirstWebSite，这是作为发布网站的文件夹，所有与此相关的资源都应放在此目录中。如图1.15所示，Web项目MyFirstWebSite就建好了。

此电脑 › 新加卷 (D:) › Program Files › Apache Software Foundation › Tomcat 9.0 › webapps ›			
名称	修改日期	类型	大小
docs	2022/3/26 16:14	文件夹	
manager	2022/3/26 16:14	文件夹	
ROOT	2022/3/26 16:14	文件夹	
MyFirstWebSite	2022/3/26 16:35	文件夹	

图1.15 新建站点MyFirstWebSite

1.8.2 创建 HTML 文件

Web项目建好后，可以开始创建一个HTML文件。创建HTML文件的步骤如下：

①在目录MyFirstWebSite下新建一个HTML文件hello.html，如图1.16所示，即hello.html文件放置在"D:\Program Files\Apache Software Foundation\Tomcat 9.0\webapps\MyFirstWebSite"目录下。

此电脑 › 新加卷 (D:) › Program Files › Apache Software Foundation › Tomcat 9.0 › webapps › MyFirstWebSite			
名称	修改日期	类型	大小
hello.html	2022/3/26 17:01	Chrome HTML D...	1 KB

图1.16 在站点MyFirstWebSite中放入网页

②使用任意代码编辑器打开hello.html文件，输入如下代码：

```html
<html>
    <head>
    <title>myFirstPage</title>
    </head>
    <body>
        hello,world!
    </body>
</html>
```

1.8.3 运行 Web 项目

运行Web服务器Tomcat。

打开浏览器窗口，在地址栏中输入"http://localhost:8080/MyFirstWebSite/hello.html"，按回车键，在浏览器中出现了"hello,world!"，如图1.17所示。这表明了Web项目已经建立运行并可以从客户端访问网页资源。

图 1.17　访问 Web 项目测试完成

小　结

1.万维网的主要内容包括创建网页、放置网页、传输网页、定位网页和浏览网页。要进行 Web 开发,首先必须要有 Web 浏览器与 Web 服务器。

2.网站分为前端和后端。前端主要负责页面的展示,后端则是业务逻辑的实现。在经典的 Java Web 的开发模式中,通常使用 JSP 技术作为表现层的实现,其实也就是所谓的前端。当然只懂得 JSP 是不够的,还需要懂 HTML、CSS、JavaScript 和 Ajax 等一些前端的基础技术,JSP 技术在其中扮演外层包装的角色。

后端是由一些实现了业务逻辑 Java 代码和数据库组成的,来实现 Java Web 项目。但是只会写而不会部署,Web 项目仍然不能使用。项目代码已经写好,需要找一个容器来运行这些代码。这里说的容器就是 Java EE 应用服务器,其实这些都是服务器软件,只是主机运行了这些软件。

3.MVC 框架可以使得 HTML 和 Java 混合编程改变为纯 HTML 或 Java 编程,可以实现 MVC 编程规范。MVC 框架是大智慧,用来对软件设计进行分工。

4.只要把 Web 项目部署在 Web 服务器上并发布,客户端浏览器就可以通过访问 Web 服务器上的资源,这是很典型的 B/S 架构。

习　题

一、思考题

1.什么是 Web? Web 的作用是什么? 举例说明。

2.万维网的主要内容包括 5 个,它们分别是什么?

3.HTTP 协议与 TCP/IP 协议是什么关系?

4.什么是 Java Web? 举例说明。

5.Java Web 技术主要有三大组件,它们分别是什么?

6.什么是 XML? 举例说明。

二、实做题

1.Tomcat 是一个免费的开放源代码的 Servlet 容器,安装 Tomcat 并配置和测试。

2.创建一个 HTML 文件并发布。

3.新建一个简单的 Java Web 项目,用 HTML 通过浏览器提交用户名和密码,然后用 JSP 通过 Tomcat 做出响应,显示户名和密码。

第 2 章　Web 前端开发

天下皆知美之为美,斯恶已;皆知善之为善,斯不善已。——老子

前端开发是提供 Web 页面或 App 前端人机交互界面,通过互联网呈现给用户,通过 HTML、CSS 及 JavaScript 以及衍生出来的各种技术、框架、解决方案,来实现互联网用户界面交互。

在互联网的演化进程中,网页制作是 Web1.0 时代的产物,早期网站的主要内容都是静态,以图片和文字为主,用户使用网站的行为也以浏览为主。当前 Web 页面制作加入了 HTML5、CSS3 的应用,Web 页面主要强调美观和互交功能。

本章讨论 HTML 基本标签、表单、表格、CSS 布局、JavaScript 语法和对象、BOM 与 DOM 编程、HTML5 新特性,进行实践性训练包括网页设计与制作、网页发布与浏览。

2.1　HTML 简介

HTML 的全称是超文本标记语言,它包括一系列标签。通过这些标签可以将网络上的文档格式统一,使分散的互联网资源链接为一个逻辑整体。HTML 文本是由 HTML 命令组成的描述性文本,HTML 命令可以说明文字、图形、动画、声音、表格、链接等。

超文本是通过超级链接将文本中的文字、图表与其他信息媒体相关联。这些相互关联的信息媒体可能在同一文本中,也可能是其他文件,或是地理位置相距遥远的某台计算机上的文件。这种组织信息方式将分布在不同位置的信息资源用随机方式进行连接,为人们查找、检索信息提供方便。

2.1.1　HTML5 新功能

HTML5 是互联网的新一代标准,被认为是互联网的核心技术之一。HTML5 在以前 HTML4.01 的基础上进行的改进,HTML 5.1 于 2014 年 10 月由万维网联盟(W3C)完成标准制定。该版本推出了很多新功能,包括 HTML 和 XHTML 的标签,以及相关的 API、Canvas 等,同时 HTML5 的图像 img 标签及 svg 也进行了改进,性能得到进一步提升。因此 HTML5 是一个新版本的 HTML 语言,具有新的元素、属性和行为。

HTML5 表单是实现用户与页面后台交互的主要组成部分,HTML5 在表单的设计上功能更加强大。input 类型和属性的多样性大大地增强了 HTML 可表达的表单形式,再加上新增加的一些表单标签,使得原本需要 JavaScript 来实现的控件,可以直接使用 HTML5 的表单来实现,一些如内容提示、焦点处理、数据验证等功能,也可以通过 HTML5 的智能表

单属性标签来完成。

HTML5 的 canvas 元素可以实现画布功能,该元素通过自带的 API 结合使用 JavaScript 脚本语言在网页上绘制图形和处理,拥有绘制线条、弧线以及矩形,用样式和颜色填充区域,书写样式化文本,以及添加图像的方法,且使用 JavaScript 可以控制其每一个像素。HTML5 的 canvas 元素使得浏览器无须 Flash 或 Silverlight 等插件就能直接显示图形或动画图像。

HTML5 最大的特色之一就是支持音频、视频,通过<audio>、<video>两个标签来实现对多媒体中的音频、视频使用的支持,只要在 Web 网页中嵌入这两个标签,而无须第三方插件(如 Flash)就可以实现音视频的播放功能。HTML5 对音频、视频文件的支持使得浏览器摆脱了对插件的依赖,加快了页面的加载速度,扩展了互联网多媒体技术的发展空间。

HTML5 引入 Geolocation 的 API 可以通过 GPS 或网络信息实现用户定位功能,定位更加准确、灵活。通过 HTML5 进行定位,除了可以定位自己的位置,还可以在他人对你开放信息的情况下获得他人的定位信息。

HTML5 是专门为承载丰富的 Web 内容而设计的,并且无须额外插件;HTML5 是跨平台的,被设计为在不同类型的硬件(PC、平板、手机、电视机等)之上运行。HTML5 中最重要的 3 项技术是 HTML5 核心规范、CSS(Cascading Style Sheets,层叠样式表)和 JavaScript。这 3 项技术的作用如下:

- HTML5 核心规范定义用以标记内容的元素,并明确其含义;
- CSS 用于控制标记过的内容呈现在用户面前的外貌;
- JavaScript 用来操纵 HTML 文档的内容以及响应用户的操作。

HTML5 还引入了原生的多媒体支持(用于媒介回放的 video 和 audio 元素),并引入了可编程内容(用于绘画的 canvas 元素,必须用到 JavaScript)和语义 Web。HTML5 具有若干新特性:

- 对本地离线存储更好的支持;
- 新的特殊内容元素,比如 article、footer、header、nav、section;
- 新的表单控件,比如 calendar、date、time、email、url、search。

不管是移动 App 还是仍然占重要地位的 Web 应用程序,越来越多的开发人员选择 HTML5 技术。在企业的前端开发中,HTML5 的使用率也很高,因为 HTML5 作为开发工具而言,具有灵活、语法规定较松散的特点,使开发更快捷、更轻松。

随着互联网全面的快速发展,现代的浏览器都已经支持 HTML5。作为最前沿的 Web 技术,HTML5 持有 canvas 标签和多种选择的游戏开发引擎,也让游戏开发更便捷;同时它可以更丰富地展现页面,让用户体验得到极大提高。

2.1.2 HTML 常用基础标签

HTML 常用的基础标签包括超链接标签和表格类标签等。

（1）超链接标签<a>

<a>标签定义超链接，用于从一个页面链接到另一个页面。<a>标签最重要的属性是 href 属性，它指定链接的目标。在所有浏览器中，链接的默认外观如下：

- 未被访问的链接带有下划线，而且是蓝色的；
- 已被访问的链接带有下划线，而且是紫色的；
- 活动链接带有下划线，而且是红色的。

表 2.1　超链接标签属性

属性	说明
href	用于指定超链接地址，可以是绝对路径（需要提供完全的路径，包括适用的协议，如 http 或 ftp 等），也可以是相对路径（只要属于同一网站之下就可以，可以不在同一个目录下）
hreflang	用于指定超链接位置所使用的语言，仅在 href 属性存在时使用
name	用于指定超链接的标识名，HTML5 不支持
type	用于指定超链接位置所使用的 MIME 类型，仅在 href 属性存在时使用
charset	用于指定超链接位置所使用的编码方式，HTML5 不支持
target	定义被链接的文档在何处显示。可选值，见表 2.2。仅在 href 属性存在时使用
accesskey	用于设置访问元素的键盘快捷键

表 2.2　超链接中 target 属性说明

target 属性	说明
_blank	浏览器总在一个新打开、未命名的窗口中载入目标文档。
_self	这个目标的值对所有没有指定目标的<a>标签是默认目标，它使得目标文档载入并显示在相同的框架或者窗口中作为源文档。这个目标是多余且不必要的，除非和文档标题<base>标签中的 target 属性一起使用。
_parent	这个目标使得文档载入父窗口或者包含来超链接引用的框架集。如果这个引用是在窗口或者在顶级框架中，那么它与目标_self 等效。
_top	这个目标使得文档载入包含这个超链接的窗口，用_top 目标将会清除所有被包含的框架并将文档载入整个浏览器窗口。

语法：

```
<a href=" URL ">超链接显示内容</a>
```

实例：demo2_1_a_tag.html

```
<! DOCTYPE html>
<html>
    <head>
        <meta charset =" utf-8 ">
        <title>&lt;a&gt;的用法</title>
    </head>
    <body>
        <p>
            <! -- 默认情况下,target 的值就是_self,所以即使不指定 target 的值,也是直接在本页
面中打开超链接。下面这行代码显示为:重庆人文科技学院,点击这个超链接会把用户带到网站的首
页。-->
            这是一个网址链接<a href ="//www.cqrk.edu.cn/" target ="_self ">重庆人文科技学院
</a>。
        </p>


        <p>
        这是一个站内链接<a href ="/lesson2-frontend/html/p_tag.html ">段落标记文档</a>。
        </p>
            <! -- 把图片作为链接 点击跳转到指定 URL-->
        <a href =" http://www.cqrk.edu.cn/"><img src ="/lesson2-frontend/img/logo.png "
alt="单位图片"></a>
    </body>
</html>
```

运行结果如图 2.1 所示：

图 2.1 ＜a＞标签的运行结果

点击第一个链接,可以在本页面打开外部链接的指定网页;点击第二个链接,可以打开本项目内的网页。除了文字之外还能把图片作为链接,第三个链接就是一个 logo 图标,在网页中点击 logo 图标就可以跳转到目标网页。

（2）表格类标签

表格类标签包括表格标签＜table＞、表格中的表头单元格标签＜th＞、表格中的行＜tr＞、表格中的单元＜td＞、表格标题标签＜caption＞、表格的表头标签＜thead＞、表格的页脚（脚注或表注）标签＜tfoot＞、表格主体（正文）标签＜tbody＞。

＜table＞标签定义 HTML 表格。HTML 表格由 table 元素以及一个或多个 tr、th 或 td 元素组成,更复杂的 HTML 表格也可能包括 caption、thead、tfoot 以及 tbody 元素。其中,td 或

th 可以使用下面的两个属性达到跨行或跨列的目的。

- 表格跨行 rowspan
- 表格跨列 colspan

实例：demo2_2_table_tag.html

```
<! DOCTYPE html>
<html>
    <head>
        <meta charset=" utf-8 ">
        <title>&lt;table&gt;的用法</title>
    </head>
    <body>
        <! -- <table></table>分别表示一个表格的开始与结束。
        tr 是"table row(表格行)"的缩写,用于表示一行的开始和结束。
        td 是"table datacell(表格数据)"的缩写,用于表示行中各个单元格(cell)的开始和结束。
        cellspacing 属性用来指定表格各单元格之间的空隙。
        cellpadding 表示单元格内容与单元格边界之间的距离。-->
        <table border=" 10 " cellspacing=" 1 " cellpadding=" 5 ">
        <caption>表格</caption>
        <tr>
            <th colspan=" 5 ">课程表</th>
        </tr>
        <tr style=" background: yellow;">
            <th>星期一</th>
            <th>星期二</th>
            <th>星期三</th>
            <th>星期四</th>
            <th>星期五</th>
        </tr>
        <tr>
            <td>语文</td>
            <td>数学</td>
            <td>体育</td>
            <td rowspan=" 2 ">信息</td>
            <td>品德</td>
        </tr>
        <tr>
            <td>英语</td>
            <td>历史</td>
            <td>政治</td>
            <td>地理</td>
        </tr>
        <tr>
            <td>合计</td>
```

```
                <td colspan=" 4 " align=" right "><a href=" # ">上页</a> <a href=" # ">下页</a>
                    <a href=" # ">末页</a>  一共 20 条数据
                </td>
            </tr>
        </table>
    </body>
</html>
```

运行结果如图 2.2 所示。

图 2.2 <table>标签的运行结果

需要注意,在早先发布的 HTML 规范中,
、<hr>、<img>等标记元素是无须"封闭自身"的,这就造成了 HTML 规范不严谨,所以后来出现了更规范的 XHTML 规范语言。在 XHTML 中,所有类似
这样的孤立标签都需要自行封闭,具体的做法就是在标签名字的后面跟个"/"。例如
,逻辑上
等价于
…</br>,这样做的目的是尽量减少网页的代码量,同时保持逻辑严谨。

2.1.3 HTML 常用高级标签

HTML 常用的高级标签包括表单<form>标签、下拉列表<select>标签、多行文本框<textarea>标签和按钮<button>标签等。

(1)表单标签<form>

<form>标签用于为用户输入创建 HTML 表单,用于向服务器传输数据。<form>标签是块级元素,其前后会产生折行。表 2.3 是<form>标签的属性。

表 2.3 <form>标签的属性

属性	值	描述
action	URL	设置当提交表单时向何处发送表单数据
enctype	application/x-www-form-urlencoded multipart/form-data text/plain	设置向服务器发送表单数据之前如何对其进行编码

续表

属性	值	描述
method	get post	设置用于发送表单数据的 HTTP 方法
name	form_name	设置表单的名称
target	_blank _self _parent _top	设置在何处打开 action URL
novalidate	novalidate	如果使用该属性,则提交表单时不进行验证

表 2.3 中的<form>标签的 enctype 属性用来指定将数据发到服务器时浏览器使用的编码类型。它一共有 3 种类型:

- application/x-www-form-urlencoded:窗体数据被编码为"名/值"对,即把表单数据转换成一个字串(类似于 name1 = value1&name2 = value2…),然后把这个字串追加到 URL 后面,用"?"分割,加载这个新的 URL。这是标准的、默认的编码格式。
- multipart/form-data:窗体数据被编码为一条消息,页上的每个控件对应消息中的一个部分,用于一般文件的上传。
- text/plain:窗体数据以纯文本形式进行编码,其中不含任何控件或格式字符。

<form>标签能够包含<input>标签,用于搜集用户信息。根据<input>不同的 type 属性,可以变化为多种形态,比如文本字段、复选框、单选框、提交按钮等,它还可以包含 menus、textarea、fieldset、legend 和 label 元素。表 2.4 是<input>标签的属性,表 2.5<input>标签 type 的属性。

表 2.4　<input>标签的属性

属性	值	描述
type	text、password、radio 等,见表 2.5	规定要显示的<input>元素的类型
value	value	指定<input>元素 value 的值
checked	checked	规定在页面加载时应该被预先选定的<input>元素
disabled	disabled	当<input>标签加载时禁用此元素
multiple	multiple	如果使用该属性,则允许用户输入到<input>元素的多个值
readonly	readonly	规定输入字段为只读

续表

属性	值	描述
placeholder	任意	提供可描述输入字段预期值的提示信息,该提示会在输入字段为空时显示,并会在字段获得焦点时消失。placeholder 属性是 HTML5 中的新属性
required	required	规定必须在提交之前填写输入字段,required 属性是 HTML5 中的新属性

表 2.5 <input>标签 type 的属性

<input> type 属性	描述
text	设置<input>标签为输入框,value 值为默认文本
password	设置<input>标签为密码框,value 值为默认文本
radio	设置<input>标签为单选按钮,其中 name 值相同者为同一组
checkbox	设置<input>标签为复选框,value 属性会在提交表单时作为参数传过去
file	设置<input>标签为文件上传按钮,会打开对话框并获取选中文件的路径
button	设置<input>标签为普通按钮,通常需要添加按钮事件
submit	设置<input>标签为提交按钮,需要配合<form>标签使用。提交数据的时候需用此按钮
reset	设置<input>标签为重置按钮,会让<form>表单内的所有选项恢复为默认状态
image	设置<input>标签为图像形式的提交按钮,把图片当作一个按钮,可以设置图片的宽和高
hidden	在页面上不显示,但是可以将参数传递给下一页,也可以被本页的 JavaScript 函数获取。隐含域主要用于提交表单的时候传递动态参数,以利于被处理表单的程序所使用
number	一个应该包含数值域的输入框;它的属性有:min 表示输入域的最小值,max 表示输入域的最大值,step 表示步长,即每次加或减的数量,默认 step 为 1。该属性是 HTML5 新特性
date	用来表示日期的一个输入框,点开后会给一个日期表供用户选择日期。该属性是 HTML5 新特性
email	验证输入的电子邮件是否符合 email 格式。该属性是 HTML5 新特性
tel	用来输入一个电话号码的输入框,在电脑端与 type="text" 差不多,在移动手机端会自动将输入法换成是数字。该属性是 HTML5 新特性

实例：demo2_3_form_tag.html

```
<! DOCTYPE html>
<html>
<head>
    <meta charset =" UTF-8 ">
    <title>&lt;form&gt;的用法</title>
</head>
<body>
    <h2>用户注册</h2>
    <form action =" # " method =" get" enctype =" application/x-www-form-urlencoded " name =
" form1 ">
        用户名:<input type =" text " name =" username " value ="请填写用户名" /><br/>
        密  码:<input type =" password " name =" userpswd " /><br/>
        电  话:<input type =" text " name =" tel " disabled =" disabled " /><br
        性  别:<input type =" radio " name =" sex " value =" male " checked />男
        <input type =" radio " name =" sex " value =" famale "/>女
        爱好:
        <input type =" checkbox " name =" hobby " value =" football " checked =" checked " />K 歌
        <input type =" checkbox " name =" hobby " value =" Eng " checked />运动
        <input type =" checkbox " name =" hobby " checked />摄影
        <input type =" checkbox " name =" hobby " />旅行<br/>

        选择要上传文件:<input type =" file " name =" myself_img " /><br/>
        日期:<input type =" date " name =" date " /><br/>

        专业:
        <! -- multiple 支持多选 -->
        <select name =" major " multiple =" multiple " size =" 2 ">
            <option value =" cs ">计算机科学与技术</option>
            <option>软件工程</option>
            <option>网络工程</option>
        </select><br/>

        自我介绍:
        <! -- 注意<textarea>标签不能写成单标签 -->
        <textarea rows =" 8 " cols =" 50 " name =" self_introduce ">正文</textarea><br/>
        <input type =" submit " value ="提交 " /> 
        <input type =" reset " value ="重置 " /> 
        <input type =" button " value ="按钮 " onclick =" alert('我是普通按钮,请确定')"/> 
        <input type =" image " src ="../img/greenButton.jpg " height =" 20 " width =" 70 " onclick =
" alert('我是图像按钮,请确定')" />
        </form>
</body>
</html>
```

运行结果如图 2.3 所示。

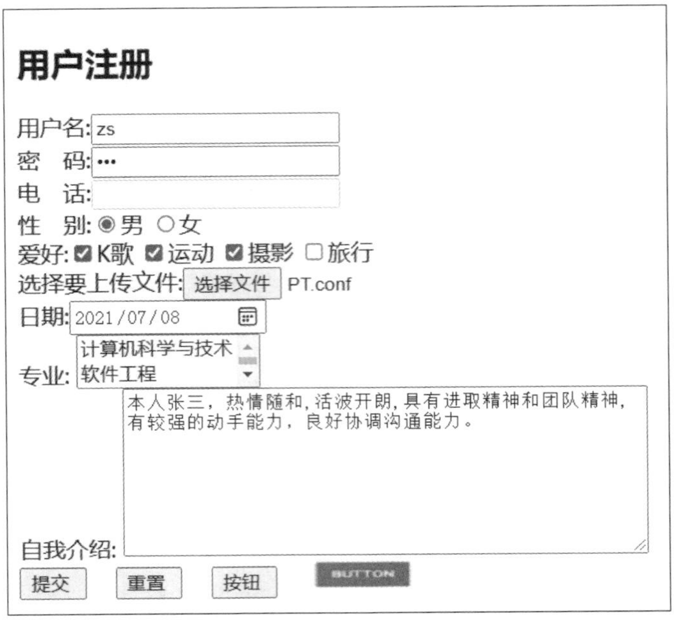

图 2.3   <form>表单运行结果

由于表单标签使用广泛,可以说它是 HTML 使用频率很高的标签了。在 HTML5 中表单有不少的新特性。

实例:demo2_4_form_tag_html5.html

```
<!DOCTYPE html>
<html>
    <head>
        <meta charset="UTF-8">
        <title>HTML5 新特性中的 &lt;form&gt;</title>
    </head>
    <body>
        <h2>用户注册</h2>
        <form action="#" method="get" enctype="application/x-www-form-urlencoded" name="form1">
            用户名:<input type="text" name="username" required="required" /><br/><br/>
            密  码:<input type="password" name="userpswd" /><br/><br/>
            电  话:<input type="tel" name="telephone" /><br/><br/>
            邮  件:<input type="email" name="mail" /><br/><br/>
            综合分:<input type="number" min="1" max="100" step="5" /><br/><br/>
            地  址:<input type="text" name="address" placeholder="重庆市" /><br/><br/>
            <input type="submit" value="提交" />
        </form>
    </body>
</html>
```

运行结果如图 2.4 所示。

图 2.4　HTML5 新特性

（2）下拉列表标签<select>

<select>标签可创建单选或多选菜单,通常在网页中用来实现下拉菜单,用于表单下拉选择所需项。通常要选择如省、市、县、年、月等数据时,即可使用下拉菜单表单进行设置。

由<select>标签和<option>标签配合使用,其中<select>标签是下拉列表菜单标签,<option>标签是下拉列表数据标签,<option>还有 value 属性,是<option>的数据值(用于数据的传值)。其语法格式如下:

```
<select>
    <option value="值">选项内容</option>
    <option value="值">选项内容</option>
    ……
</select>
```

实例:demo2_5_select_tag.html

```
<! DOCTYPE html>
<html>
    <head>
        <meta charset=" utf-8 ">
        <title>&lt;select&gt;的用法</title>
    </head>
    <body>
        <form action=" # " method=" post ">
            专业:
            <select>
                <option>计算机科学与技术</option>
                <option>软件工程</option>
                <option>网络工程</option>
                <option>通信工程</option>
            </select>
        </form>
        <hr>
```

```
        带有预选值的下拉列表<br><br>
        <form action ="#" method ="post">
            专业：
            <select name ="major">
                <option value ="cs">计算机科学与技术</option>
                <option value ="se" selected ="selected">软件工程</option>
                <option value ="we">网络工程</option>
                <option value ="te">通信工程</option>
            </select>
        </form>
    </body>
</html>
```

运行结果如图 2.5 所示。

图 2.5　<select>标签的运行结果

（3）多行文本框标签<textarea>

<textarea> 标签定义多行输入字段（文本域），是多行纯文本编辑控件，用户可在其文本区域中写入文本。文本区域中可容纳无限数量的文本，其中的文本的默认字体是等宽字体。可以通过 cols 和 rows 属性来设置 textarea 的大小，不过更常用的方式是使用 CSS 的 height 和 width 属性设置。

实例：demo2_6_textarea_tag.html

```
<! DOCTYPE html>
<html>
    <head>
        <meta charset ="utf-8">
        <title>&lt;textarea&gt;的用法</title>
    </head>
    <body>
        <textarea name ="textarea1" rows ="10" cols ="30">这是多行文本框</textarea>
        <hr>
        <textarea name ="textarea2" rows ="10" cols ="30"></textarea>
    </body>
</html>
```

运行结果如图 2.6 所示。

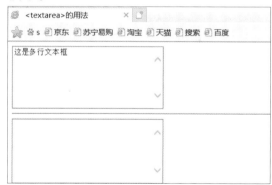

图 2.6　<textarea>标签的运行结果

需要注意,<textarea></textarea>开始结束标签要放在一行,否则部分浏览器会出现文本框左边不能编辑的现象。

（4）按钮标签<button>

<button>标签定义一个按钮,在该标签中可以放置一些内容(文本、图像等),这是该标签与使用 <input>标签创建的按钮之间的不同之处。<input>标签也可以用来定义按钮,但它是一个空标签(没有元素内容),不能放置元素内容,因此它的功能没有<button>标签强大。所以,<button>标签与<input type = " button ">相比,提供了更为强大的功能和更丰富的内容。<button>与</button>标签之间的所有内容都是按钮的内容,其中包括任何可接受的正文内容,比如文本或多媒体内容。例如,可以在按钮中包括一个图像和相关的文本,用它们在按钮中创建一个吸引人的标记图像。

实例:demo2_7_button_tag.html

```
<! DOCTYPE html>
<html>
    <head>
        <meta charset =" utf-8 ">
        <title>&lt;button&gt;的用法</title>
    </head>
    <body>
        <form action =" https：//www.baidu.com " method =" GET ">
            输入文本：<input type =" text "> <br><br>
            <button type =" button ">普通按钮</button>
            <button type =" submit ">提交按钮</button>
            <button type =" reset ">重置按钮</button>
            <!-- 图片按钮 -->
            <button>
                <img src ="../img/greenButton.jpg " width =" 50 " alt ="图片按钮">
            </button>
        </form>
```

```
        <hr>
        <form action="https://www.baidu.com" method="GET">
            输入文本：<input type="text"> <br><br>
            <!-- 把<button>标签放到了<form>标签中,这个 button 就是提交按钮,相当于<input
type="submit"/> -->
            <button>按钮</button> <br><br>
            <button type="button" onclick="alert('Hello JavaWeb!')">点我! </button>
            <hr>
            <input type="button" value="普通按钮">
            <input type="submit" value="提交按钮">
            <input type="reset" value="重置按钮">
            <!-- <a>标签来实现不用于提交的按钮 -->
            <a href="http://www.baidu.com" target="_blank">
                <img src="../img/greenButton.jpg" width="60" alt="a 标签图片">
            </a>
        </form>
    </body>
</html>
```

运行结果如图 2.7 所示。

图 2.7 <button>标签的运行结果

需要注意,<button>标签功能虽然强大,但是在<form>中建议使用<input>标签来创建按钮,因为在<form>中的<button>标签,不同的浏览器可能提交不同的按钮值。

同时也要注意,在实际应用中经常出现以下情况,在<form>表单中,用<a>标签来实现不用于提交的按钮,原因是<a>标签在 IE 各浏览器下的兼容性好,而<input>标签的伪类选择器用 CSS 在 IE 各浏览器下体现不出来;另外,<a>标签可以控制行高,<input>标签在各浏览器参差不齐,对齐不太好控制。

2.1.4 HTML5 常用新特性

为了更好地处理互联网应用,HTML5 添加了很多新元素及功能,比如图形绘制、多媒体内容、更好的页面结构、更好的形式处理等。

(1)视频和音频标签

HTML5 提供了播放音频文件的标准,即使用<video>标签,controls 提供了播放、暂停和音量控件来控制视频,也可以使用 DOM 操作来控制视频的播放暂停,如 play( )和 pause( )方法。同时<video>标签也提供了 width(宽度)和 height(高度)属性来设置控制视频的尺寸,所需的视频空间会在页面加载时保留这两个属性。如果没有设置这些属性,浏览器就无法在加载视频时保留特定的空间,页面就会根据原始视频的大小而设定。

<video>标签支持多个<source>标签,该标签可以链接不同的视频文件,浏览器将使用第一个可识别的视频格式文件,目前<video>标签支持两种视频格式文件:MP4 和 WebM 格式。

HTML5 提供了播放音频文件的标准,即使用<audio>标签,<audio>元素允许使用多个<source>标签,该标签可以链接不同的音频文件,浏览器将使用第一个可支持的音频文件,目前<audio>标签支持三种音频格式文件:MP3、WAV 和 OGG 格式。

实例:demo2_8_video_audio_tag.html

```html
<!DOCTYPE html>
<html>
    <head>
        <meta charset="utf-8">
        <title>&lt;video&gt;和 &lt;audio&gt;的用法</title>
    </head>
    <body>
        <!-- 视频播放,允许使用多个<source>标签来链接不同的视频文件
            如果第一个视频文件不能识别,可以播放第二个视频文件,以此类推 -->
        <video width="640" height="480" controls>
            <source src="https://www.erke.com/upload/Video/mrsb/30384_1807041013354762684.mp4" type="video/mp4" />
            <source src="../resources/风之甬道.mp4" type="video/mp4" />
            <source src="../resources/高桥优《ヤキモチ》.mp4" type="video/mp4" />
        </video>
        <hr>
        <!-- 音频播放,允许使用多个<source>标签来链接不同的音频文件
            如果第一个音频文件不能识别,可以播放第二个音频文件,以此类推-->
        <audio controls>
            <source src="../resources/BINGO.mp3" type="audio/mp3" />
            <source src="../resources/BINGO.ogg" type="audio/ogg" />
        </audio>
    </body>
</html>
```

程序运行如图 2.8 所示。

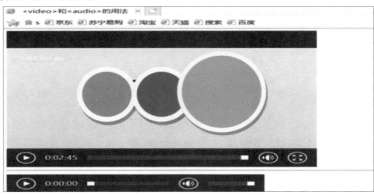

图 2.8 　＜video＞和＜audio＞标签的运行结果

（2）语义化标签

HTML5 提供了若干语义化标签,通过标签名就能判断出该标签内容。比如＜header＞、＜footer＞、＜article＞、＜section＞、＜nav＞、＜aside＞、＜hgroup＞等都是 HTML5 新增的语义化区块标签。和传统 HTML 文档中书写方式的标签相比,使用这些标签的好处是使得 HTML 文档结构层次清晰、规范、可读性好,有利于代码编写和开发。

实例:demo2_9_semantization_tag.html

```html
<! DOCTYPE html>
<html>
    <head>
        <meta charset=" utf-8 ">
        <title>语义化标签的用法</title>
    </head>
    <body>
        <! -- <header>标签一般用于存放标题相关的内容概括整个标题 -->
        <header>
            <! -- <hgroup>标签用于对网页或区段(section)的标题进行组合 -->
            <hgroup>
                <h1>计算机工程学院</h1>
                <a href="#">[计算机科学与技术专业]</a>
                <a href="#">[软件工程专业]</a>
                <a href="#">[网络工程专业]</a>
            </hgroup>
            <! -- <nav>标签定义导航链接的部分 -->
            <nav>
              <ul>
                <li><a href="#">专业介绍</a></li>
                <li><a href="#">教师风采</a></li>
                <li><a href="#">教学论坛</a></li>
              </ul>
```

```
            </nav>
        </header>
<!-- </header>标签表示 header 部分到这里结束 -->
<!-- 用<div>标签来布局整个最外层,用<section>来定义内部的章节 -->
<div id=" bodies ">
    <nav>
        <ul>
            <li>part1</li>
            <li>part2</li>
            <li>part3</li>
        </ul>
    </nav>
    <!-- <section>标签定义文档中的节(section、区段) -->
    <section id=" part1 ">
        <!-- <article>标签代表了文档、页面或者是应用程序当中的独立完整可以被外部引
用的内容,它可以以一篇文章、一篇帖子、一段评论或者是独立的插件形式出现。除了内容主题以外,
一个<article>标签通常会有自己的标题及脚注。-->
        <article>
            <header>
                <h1>part1</h1>
            </header>
            <p>这是第一个段落</p>
            <p>这是第二个段落</p>
            <section>
                <p>这是第三个段落,它和 &lt;section&gt;外层的段落(即上面的两个段落)
不是兄弟关系,是包含关系。</p>
            </section>
            <p>这是第四个段落,它和最上面的第一、二个段落属于兄弟关系。</p>
        </article>
    </section>
    <section id=" part2 ">
        <article>
            <header>
                <h1>part2</h1>
            </header>
            <p>这是第一个段落</p>
            <p>这是第二个段落</p>
            <section>
                <header>
                    <h2>这个 &lt;section&gt;有分节的小标题</h2>
                </header>
                <p>这是第三个段落,它和 &lt;section&gt;外层的段落(即上面的两个段落)
不是兄弟关系,是包含关系。</p>
            </section>
```

```
                    <p>这是第四个段落,它和最上面的第一、二个段落属于兄弟关系。</p>
            </article>
        </section>
        <section id=" part3 ">
            <article>
                <header>
                        <h1>part3</h1>
                </header>
                <p>这是第一个段落</p>
                <p>这是第二个段落</p>
                <section>
                        <header>
                            <h2>这个 &lt;section&gt;有分节的小标题</h2>
                        </header>
                        <p>这是第三个段落,它和 &lt;section&gt;外层的段落(即上面的两个段落)
不是兄弟关系,是包含关系。</p>
                        <! -- <footer>标签用来存放一些尾部信息 -->
                        <footer>这里的内容对于这个 &lt;section&gt;是一个尾部,它区别于上面的
段落。</footer>
                </section>
                <p>这是第四个段落,它和最上面的第一、二个段落属于兄弟关系。</p>
            </article>
        </section>
    </div>
  </body>
</html>
```

运行结果如图 2.9 所示。

图 2.9　语义化标签的运行结果

在实际操作中,采用<div>标签来布局整个最外层部分,采用<section>标签来定义内部的章节。从语法上来说,也可以用<section>标签来代替<div>标签,但是通常不建议使用<section>标签来代替<div>标签进行布局。通常采用<nav>标签进行导航。

另外就是<div id="bodies">的区域内的具体章节的定义,因为涉及内部章节,所以可以采用<section>标签来定义。采用若干个<section>标签来定义若干个章节,而每个章节的内部又都是一个<article>标签,它是描述有关 part 的具体文章;每个<article>内部,有时候文章的结构又会有嵌套关系,那么这个被嵌套的区域就可以采用<section>标签来表示整个文章内的又一个分节。所以,如果仍然采用<div>标签的话,在语义上就显得很不合适。

还有一点需要说明,使用了这些语义化标签和不使用这些标签,看上去可能效果差不多,导航等并没有显示出应该有的状态,这只是 HTML 在内容上的显示效果,通常语义化标签最终还是需要和 CSS 相结合,对网页进行美化。因此使用语义化标签最终目的还是使得 HTML 文档清晰、规范,有助于代码开发维护。

2.2 JavaScript 脚本语言

JavaScript(简称 js)是最重要的前端开发工具语言,也是前端最核心的语言。

JavaScript 是一种嵌入 HTML 页面中的脚本语言,它的作用是对 HTML 网页添加动态功能,与 HTML 和 CSS 一起实现动态网页的效果。

1997 年,JavaScript 1.1 作为提案提交给欧洲计算机制造商协会(ECMA)。技术委员会#39(TC39)被委派来"标准化一个通用、跨平台、中立于厂商的脚本语言的语法和语义"。由来自 Netscape、Sun、微软、Borland 和其他一些对脚本编程感兴趣的公司的程序员组成的 TC39 锤炼出了 ECMA-262,该标准定义了全新脚本语言:ECMAScript 。

ECMAScript 描述了包括语法、类型、语句、关键字、保留字、运算符、对象等内容。

尽管 ECMAScript 是一个重要的标准,但它并不是 JavaScript 唯一的部分,一个完整的 JavaScript 实现是由以下 3 个不同部分组成(图 2.10)。

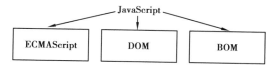

图 2.10 JavaScript 的 3 个组成部分

- 核心(ECMAScript)
- 文档对象模型(Document Object Model, DOM)
- 浏览器对象模型(Browser Object Model, BOM)

2.2.1 引入 JavaScript 的三种方式

JavaScript 是一种直译式脚本语言,是一种轻量级的编程语言,是可插入 HTML 页面的编程代码。JavaScript 插入 HTML 页面后,可由所有的主流浏览器执行。所谓的直译式是指,它不需要经过编译器先行编译为机器码,它只需要通过浏览器中的 JavaScript 引擎

（简称 js 引擎）进行分析、编译和执行脚本，JavaScript 引擎根据 JavaScript 数据类型和对象的需要进行内存的分配和释放操作。

引入 JavaScript 通常有 3 种方式：

（1）行内内嵌

行内内嵌的方式是将 JavaScript 代码作为 HTML 标签的属性值来使用。例如，点击超链接时，弹出一个警告框提示"警告内容"，语法如下：

```
<a href="javascript：alert('警告内容');">超链接文本</a>
```

或者点击按钮时，弹出一个警告框提示"警告内容"，语法如下：

```
<input type=" button " value="按钮文本" onclick=" alert('警告内容') ; ">
```

实例：demo2_10_js_1.html

```
<!DOCTYPE html>
<html>
    <head>
        <meta charset=" utf-8 ">
        <title>js 行内内嵌</title>
    </head>
    <body>
        <a href=" javascript：alert('软件工程专业介绍');">软件工程</a>
        <br>
        <input type=" button " value="软件工程" onclick=" alert('软件工程专业介绍') ; ">
    </body>
</html>
```

运行结果如图 2.11 所示。

图 2.11　JavaScript 行内内嵌

点击"软件工程"超链接时，弹出一个警告框提示"软件工程专业介绍"，点击"软件工程"按钮时，同样会弹出一个警告框提示"软件工程专业介绍"。

通常说来，Web 网页开发提倡 HTML 网页内容、样式、行为的分离，即分离 HTML、

CSS、JavaScript 三部分的代码。因此在实际开发中,不推荐使用行内内嵌这方式,避免把 JavaScript 代码直接写在 HTML 标签的属性中。

（2）页面内嵌

页面内嵌的方式是在 HTML 页面中使用<script></script>标签及其相关属性来嵌入 JavaScript 脚本代码。语法如下:

```
<script type=" text/javascript "> js 脚本 </script>
```

或者

```
<script>js 脚本 </script>
```

type 是<script>标签的常用属性,该属性用来指定 HTML 中使用的脚本语言类型。type=" text/JavaScript" 就是告诉浏览器,里面的文本为 JavaScript 脚本代码。该属性在编写 JavaScript 代码时可以省略。

通常,JavaScript 脚本代码放置常见的位置有两个:一个位置是<head></head>标签里面,另一个是<body>标签快结束的位置,也就是</body>上面,但也有放在</body>闭合标签之后的情况。一般情况下,两个位置都可以放,但放置在不同地方会对 JavaScript 脚本代码的执行顺序有一定影响。其中,如果放在<head></head>位置,有时会有不执行脚本的问题,这是因为,在页面 DOM 元素加载完之前,JavaScript 脚本就已经执行完了,所以<head></head>位置的 JavaScript 适合做一些全局定义且后期不怎么变化的事情;而如果 JavaScript 脚本代码放在</body>上面,等页面元素加载完才执行 JavaScript 脚本,所以脚本一定会执行。如果只想 JavaScript 写在<head>里而又想达到这个效果,那么需要把代码写进 onload 事件中(等页面加载好的一个事件),使其成为内嵌函数。

实例:demo2_11_js_2.html

```
<! DOCTYPE html>
<html>
    <head>
        <meta charset=" utf-8 ">
        <title>js 页面内嵌</title>
        <script type=" text/javascript ">
            alert("我是 JavaScript 脚本代码! ");
        </script>
    </head>
    <body>
    </body>
</html>
```

运行结果如图 2.12 所示。

图 2.12　JavaScript 页面内嵌

（3）外部引入

外部引入的方式是在页面中加入外部的 JavaScript 文件（后缀名是 ∗.js，也就是创建一个有 JavaScript 代码的 ∗.js 文件），此方式通过<script>的 src 属性来指明需要引入的 JavaScript 文件，语法如下：

```
<script src ="∗.js" type ="text/javascript"></script>
```

创建一个 test1.js 文件，代码如下：

test1.js

```
/∗ 将需要执行的 JavaScript 代码写在 test1.js 中 ∗/
var str = "这是 JavaScript 文件！";
alert( str);
```

再创建一个 demo3.html 文件，其 src 的属性值是 test1.js 文件的路径，因为这两个文件在同一文件夹下，所以直接写 test1.js 的文件名即可，如果不是同一文件夹，需要写出 javascript 文件的相对路径。代码如下：

实例：demo2_12_js_3.html

```
<! DOCTYPE html>
<html>
    <head>
        <meta charset =" utf-8 ">
        <title>js 外部引入</title>
        <script src =" test1.js " type =" text/javascript ">
            <! -- 不能插入 js 代码 -->
            <! -- 即使插入了代码也不执行 -->
        </script>
    </head>
    <body>
```

在引入外部 js 文件的情况下,如果在<script></script>之间插入了代码,则只执行引入的外部 js 文件,插入的代码不执行。

```
    </body>
</html>
```

运行结果如图 2.13 所示。

图 2.13　JavaScript 外部引入

外部引入的方式页面代码跟 JavaScript 代码实现有效分离,降低耦合度,具有可缓存(加载一次,无须多次加载)、扩展性好、复用性高、便于维护等特点。

通常<script>标签要单独使用,要么引入外部 JavaScript,要么定义内部 JavaScript,不应混搭使用;如果都使用,外部引入优先,内部 JavaScript 代码不执行。

2.2.2　JavaScript 流程控制语句

JavaScript 流程控制语句包括顺序执行语句、条件语句、循环语句,顺序执行语句就是按语句出现的先后执行,这里不再累述。

(1)条件语句(分支语句)

条件语句用于基于不同的条件(决定)来执行不同的动作(分支)。写代码时需要为不同的决定执行不同的操作,使用条件语句就可以完成该任务。

在 JavaScript 中的条件语句有:
- if 语句:只有当指定条件为 true 时,执行代码;
- if… else 语句:当条件为 true 时执行代码,当条件为 false 时执行其他代码;
- if… else if… else 语句:有两个以上的条件时选择代码块之一来执行;
- switch 语句:有两个以上的条件时选择代码块之一来执行。

实例:demo2_13_js_11.html

```
<! DOCTYPE html>
<html>
    <head>
        <meta charset =" utf-8 ">
        <title>js 条件语句</title>
        <script>
```

```
/* if...else 语句 */
var result = window.prompt("你是哪个专业的？","计算机科学与技术");
if ( result == '计算机科学与技术') {
      alert('我也是计算机科学与技术专业的！');
} else {
      alert("哎哟,不错哦！")
}
/* if...else if...else 语句 */
var score = window.prompt("你的英语成绩是多少？","75");
if ( score >= 90 && score <= 100) {
    document.write("优秀");
} else if ( score >= 80 && score < 90) {
    document.write("良好");
} else if ( score >= 70 && score < 80) {
    document.write("中等")
} else if ( score >= 60 && score < 70) {
    document.write("及格")
} else {
    document.write("不及格");
}
/* switch 语句 */
var grade = prompt("请输入你的成绩等级,比如 A,B,C...","B");
switch ( grade ) {
      case 'A':
          document.write("优秀");
          break;
      case 'B':
          document.write("良好");
          break;
      case 'C':
        break;
          document.write("中等");
      case 'D':
        document.write("及格");
          break;
      case 'E':
          document.write("不及格");
      }
   </script>
  </head>
  <body>
  </body>
</html>
```

运行结果如图 2.14 所示。

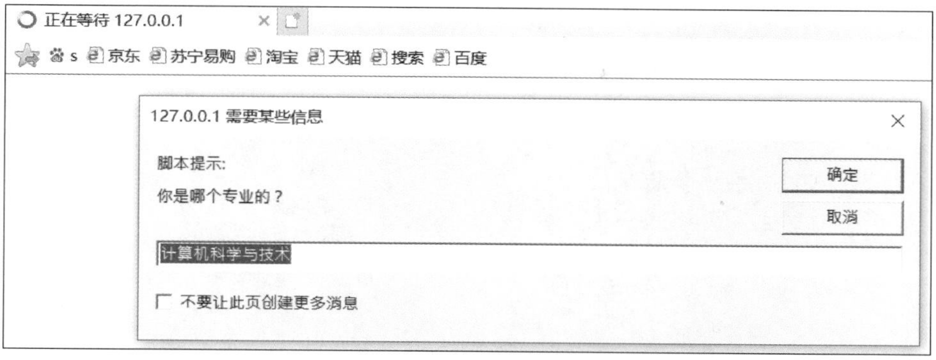

图 2.14　JavaScript 的条件语句运行结果

（2）循环语句

循环语句用来指定代码块执行的次数。JavaScript 支持不同类型的循环：

- for：执行确定次数循环的代码块；
- while：当指定的条件为 true 时，循环执行指定的代码块；
- do/while：当指定的条件为 true 时，循环执行指定的代码块。

for 循环通常执行确定了次数的循环，如果没有第一个和第三个表达式，则语法和 while 是非常相似的。while 和 do while 的区别是：while 先判断再执行循环体；do while 先执行一次循环体再判断是否执行指定的代码块。

实例：demo2_14_js_12.html

```html
<! DOCTYPE html>
<html>
    <head>
        <meta charset =" utf-8 ">
        <title>js 循环语句</title>
        <script>
            var i = 0,
                j = 0,
                k = 0;
            while (i < 5) {      // while 循环
                document.write(i + " ") ;
                i++;
            }
            document.write("<br>") ;
            do {                 // do/while 循环
                document.write(j + " ") ;
                j++;
            } while (j < 5) ;
```

```
        document.write("<br>");
        for ( ; k < 5; ) {        // for 循环
            document.write( k + " ");
            k++;
        }
    </script>
    <script type =" text/javascript ">
        document.write("<hr><h3>九九乘法表</h3>");
        for ( var i = 1; i <= 9; i++) {
            for ( var j = 1; j <= i; j++) {
                document.write(i + " * " + j + " = " + i * j + " ");
            }
            document.write("<br>");
        }
    </script>
</head>
<body>
</body>
</html>
```

运行结果如图 2.15 所示。

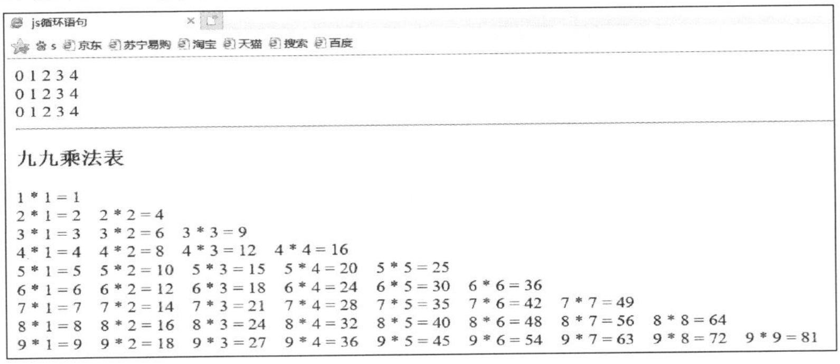

图 2.15　JavaScript 的循环语句运行结果

2.2.3　JavaScript 输入及显示常用函数

JavaScript 用得比较频繁的输入函数是 window.prompt( )。

window.prompt( )函数用于显示可提示用户进行输入的对话框。显示的对话框中包含一条文字信息,用来提示用户输入文字。此函数返回用户输入的字符串。语法:

```
result = window.prompt( text, value);
```

result 用来存储用户输入文字的字符串,或者是 null;text 用来提示用户输入文字的字符串,如果没有任何提示内容,该参数可以省略不写;value 文本输入框中的默认值,该参数也可以省略不写。

```
var result = window.prompt( ) ; // 打开空的提示窗口
var result = prompt( ) ;              // 打开空的提示窗口
var result = window.prompt('你的英语成绩是多少? ') ;     // 打开显示提示文本为"你的英语成
绩是多少?"的提示窗口
var result = window.prompt('你的英语成绩是多少? ','80') ;          // 打开显示提示文本为"你的
英语成绩是多少?"并且输入框默认值为 80 的提示窗口
```

JavaScript 用得比较频繁的显示函数如下：
- window.alert( ) :显示带有一段消息和一个确认按钮的警告框；
- console.log( ) :用于在控制台输出信息；
- document.write( ) :写入 HTML 输出；
- innerHTML:写入 HTML 标签。

①使用 window.alert( ) 写入警告框,使用警告框来显示数据。

```
<script>
    window.alert(5 + 6) ;
</script>
```

②使用 console.log( ) 写入浏览器控制台。

在浏览器中,使用 console.log( ) 方法来显示数据。通过 F12 来激活浏览器控制台,并在菜单中选择"控制台或 console"。此函数方便程序测试。

```
<script>
    console.log(5 + 6) ;
</script>
```

③使用 document.write( ) 写入 HTML 输出。

出于测试目的,使用 document.write( ) 比较方便。

```
<script>
    document.write (5 + 6) ;
</script>
```

④使用 innerHTML 写入 HTML 标签。

如需访问 HTML 标签,JavaScript 可使用 document.getElementById(id) 方法。

```
<html>
    <body>
        <h1>我的第一张网页</h1>
        <p>我的第一个段落</p>
        <p id=" demo "></p>
```

```
        <script>
                    ocument.getElementById("demo").innerHTML = 5 + 6;
        </script>
    </body>
</html>
```

id 属性定义 HTML 元素,innerHTML 属性定义 HTML 内容。

2.2.4　DOM 基本操作

　　文档对象模型(Document Object Model,DOM)是 W3C 组织推荐的、处理可扩展标志语言的标准编程接口。它是一种与平台和语言无关的应用程序接口(API),给 HTML 文档提供了一种结构化的表示方法,可以改变文档的内容和呈现方式。

　　也就是说,为了能以编程的方式操作 HTML 文档的内容(比如添加某些元素、修改元素的内容、删除某些元素),可以把 HTML 看作一个对象树(DOM 树),HTML 文档本身和它里面所有的标签都看作一个个对象,每个对象都叫作一个节点(Node),节点可以理解为 DOM 中所有 Object 的父类。按照 DOM 标准,浏览器接收的各种网页元素,不仅仅只是一种显示格式,而是一个个“对象”。DOM 定义了访问和操作 HTML 文档的标准方法,DOM 将 HTML 文档表达为树结构。整个 DOM 是一种由对象组成的层次结构,就像一棵倒立的树(树根在上),这棵树就是 DOM,如图 2.16 所示。

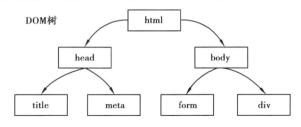

图 2.16　DOM 树的结构

　　a、div、p、h1 之前叫“标签”,在 DOM 中就叫“DOM 对象”或“DOM 节点”或“DOM 元素”,每个标签都是 HTMLElement 这个类的对象,形如 HTMLXxxElement,例如,div 对象命名为 HTMLDivElement。这些节点构成了 DOM 节点树。

　　浏览器下载了一个 HTML 网页,这个 HTML 就叫 document(document 同时也是 DOM 树中的一个 node),从图 2.16 可以看到,document 通常是整个 DOM 树的根节点。document 包含了标题(document.title)、URL(document.URL)等属性,可以直接在 JavaScript 中访问到。在一个浏览器窗口中可能有多个 document,例如,通过 iframe (内联框架)加载的页面,每一个页面都是一个 document。

　　使用 JavaScript 对 DOM 树的节点进行添加、修改、删除等操作时,需要找到对应的节点。在 DOM 中,Document 对象表示文档的根节点,即:树的根节点可以通过 window.document 或 document 访问该对象(根节点是 window,因为所有的元素都是 window 的子节点,所以可以省略 window)。Document 对象中包含一些 Node(节点)对象,Node 对象可以是 Element、Text 等对象。Node 对象提供了一些属性,通过这些属性可以查找文档中的指定位置的元素。

通过 document 访问其子节点(其实任何节点都可以),如:

document.body;

document.getElementById("xxx");

可以说,HTML 的 document 页面是一切的基础,没有它 DOM 就无从谈起。当创建好一个页面并加载到浏览器时,DOM 就悄然而生,它会把网页文档转换为一个文档对象,DOM 就可以处理网页内容了。

(1)DOM 模型中的节点类型

文档就是由节点构成集合,节点表示网络中的一个连接点,只不过它们是构成节点树上的树枝树叶而已。这些节点有许多不同的类型,例如文档节点(整个文档是一个文档节点)和注释节点,常见的有元素节点、文本节点和属性节点 3 种。

1)元素节点

HTML 页面中的各种元素(即标签)就是页面中元素节点的名称。可以这么理解,整个 DOM 模型都是由元素节点(element node)组成。比如文本段落元素"<p>",无序清单的名称"<ul>",元素节点包含其他元素(或节点)。

2)文本节点

HTML 页面中的文本就是文本节点,例如<h2>中的文本"标题 1",<li>中的文字内容,这些具体文本在 DOM 称为(text node),它们被包含在元素节点内部。

3)属性节点

作为页面中的元素,或多或少会有一些属性,例如几乎所有元素都有 title 属性。由于属性都是放在标签里,因此,属性节点(attribute node)总是包含在元素节点内部以修饰元素节点的。

(2)访问 HTML 元素节点的几种方式

1)通过标签 ID 访问 HTML 元素节点

使用 document 文档对象的 getElementById() 方法来查找有相应 ID 属性的元素。getElementById 方法是 document 对象特有的函数,传入一个参数也就是元素的 ID 属性值,将返回相应的 HTML 元素对象。

实例:demo2_15_js_23.html

```
<!DOCTYPE html>
<html>
    <head>
        <meta charset="utf-8">
        <title>通过标签 ID 访问 HTML 元素节点</title>
        <script type="text/javascript">
            function printContent() {
                var topTitle = document.getElementById("top_title");   /*通过标签 ID 返回对
拥有指定 ID 的对象的引用 */
                var username = document.getElementById("username");
```

```
                var resume = document.getElementById("resume");
                window.alert(topTitle.innerHTML +"," + username.value + "," + resume.value);
            }
        </script>
    </head>
    <body>
        <div id="top_title">计算机工程学院</div>
        姓名：<input type="text" id="username" value="张三"/><br>
        介绍：<textarea id="resume" rows="4" cols="30" placeholder="个人简介">
</textarea><br>
        <button onclick="printContent()">点击显示</button>
    </body>
</html>
```

运行结果如图 2.17 所示。

图 2.17　通过标签 ID 访问 HTML 元素节点运行结果

2）通过标签名字访问 HTML 元素节点

函数 getElementBytagName(tagName)返回当前节点的具有指定标签名的所有子节点。该函数的返回值是一个对象数组，数组的元素是和 getElementById 差不多的获取到的对象。

实例：demo2_16_js_24.html

```
<!DOCTYPE html>
<html>
    <head>
        <meta charset="utf-8">
        <title>通过标签名字访问 HTML 元素节点</title>
        <script type="text/javascript">
            function printContent() {
                var divs = document.getElementsByTagName("div");  /*通过标签名字返回
对拥有指定名字的对象引用 */
```

```
                var str = " ";
                for ( var i = 0; i < divs.length; i++) {
                    str = str + divs[i].innerHTML + ",";
                }
                alert( str);
            }
        </script>
    </head>
    <body>
        <div>div1 的内容</div>
        <div>div2 的内容</div>
        <div>div3 的内容</div>
        <button onclick=" printContent( )">点击显示</button>
    </body>
</html>
```

运行结果如图 2.18 所示。

图 2.18 通过标签名字访问 HTML 元素节点运行结果

3）通过选择器的方式访问 HTML 元素节点

通过函数 document.querySelector( ) 将 CSS 选择器作为参数传入即可访问 HTML 元素节点。

实例：demo2_17_js_25.html

```
<! DOCTYPE html>
<html>
    <head>
        <meta charset=" utf-8 ">
        <title>通过选择器的方式访问 HTML 元素节点</title>
        <script type=" text/javascript ">
            function printContent( ) {
                var div1 = document.querySelector(".box1 ");
                var div2 = document.querySelector(".box2 ");
                var div3 = document.querySelector(".box3 ");
```

```
                var str = "";
                str = str + div1.innerHTML + "," + div2.innerHTML + "," + div3.innerHTML;
                alert( str );
            }
        </script>
    </head>
    <body>
        <div class ="box1">div1 的内容</div>
        <div class ="box2">div2 的内容</div>
        <div class ="box3">div3 的内容</div>
        <button onclick ="printContent( )">点击显示</button>
    </body>
</html>
```

运行结果如图 2.19 所示。

图 2.19 通过选择器的方式访问 HTML 元素节点运行结果

4)使用节点关系访问 HTML 元素节点

如果获取了某个 HTML 元素,由于该元素与 DOM 树某个节点对应,因此可以利用节点之间的父子关系、兄弟关系来访问 HTML 元素。利用节点关系访问 HTML 元素的属性和方法如下:

- Node Parentnode:返回当前节点的父节点。
- Node previousSibing:返回当前节点的前一个兄弟节点。
- Node nextSibing:返回点前节点的后一个兄弟节点。
- Node[ ] childNodes:返回当前节点的所有子节点。
- Node firstChild:返回当前节点的第一个子节点。
- Node LastChild:返回当前节点的最后一个子节点。

实例:demo2_18_js_26.html

```
<! DOCTYPE html>
<html>
    <head>
        <meta charset ="utf-8">
        <title>使用节点关系访问 HTML 元素节点</title>
        <style type ="text/css">
```

```
            /*对目标节点加入CSS*/
            #network{
                color:#0000FF;
            }
        </style>
    </head>
    <body>
        <ul>
            <li>计算机科学与技术</li>
            <li>软件工程</li>
            <li id="network">网络工程</li>
            <li>通信工程</li>
            <li>物联网</li>
            <li>人工智能</li>
        </ul>
        <script type="text/javascript">
            var curTargetNode = document.getElementById("network");
            var change = function(curTargetNode){
                document.write(curTargetNode.innerHTML);
            }
        </script>
        <input type="button" value="父节点" \
                onclick="change(curTargetNode.parentNode);" />
        <input type="button" value="第一个" \
            onclick="change(curTargetNode.parentNode.firstChild.nextSibling);" />
        <input type="button" value="上一个" \
            onclick="change(curTargetNode.previousSibling.previousSibling);" />
        <input type="button" value="下一个" \
            onclick="change(curTargetNode.nextSibling.nextSibling);" />
        <input type="button" value="最后一个" \
            onclick="change(curTargetNode.parentNode.lastChild.previousSibling);" />
    </body>
</html>
```

运行结果如图2.20所示。

图2.20 使用节点关系访问HTML元素节点运行结果

（3）HTML 元素节点的其他操作

Node 中节点遍历的属性都是只读,不能对文档节点进行增删改等其他操作,所以 DOM 还提供了一些方法,用于对节点进行添加、复制、修改（替换）、删除等操作,具体方法见表 2.6。

表 2.6　DOM 的方法

方法名	说明
document.createElement(element)	创建一个 HTML 节点
document.removeChild(element)	移除一个 HTML 节点
document.appendChild(element)	添加 HTML 节点
document.insertBefore(element)	在指定的已有的子节点之前插入新节点
document.replaceChild(element)	替换 HTML 节点
document.write(text)	写入 HTML 的输出流

实例: demo2_19_js_27_liuyanban.html

```
<!DOCTYPE html>
<html>
    <head>
        <meta charset="UTF-8">
        <title>留言板</title>
        <style type="text/css">
            .wrapper {
                margin: 0 auto;
                width: 550px;
            }
            h1 {
                text-align: center;
            }
            textarea {
                width: 430px;
                height: 200px;
            }
            .wrapper h1 {
                position: relative;
                right: 50px;
            }
```

```
            .wrapper.button_liuyan {
                position: relative;
                top: 40px;
                right: 300px;
            }
            .wrapper.button_tongji {
                position: relative;
                top: 40px;
                right: 220px;
            }
        </style>
    </head>
    <body>
        <div class="wrapper">
            <h1>留言板</h1>
            <div class="box">
                <!-- 此盒子用来显示留言 -->
                <ul id="list"></ul> <!-- 留言使用无符号列表 -->
            </div>
            <textarea id="message"></textarea>
            <button id="btn1" class="button_liuyan">留言</button>
            <button id="btn2" class="button_tongji" onclick="statistics()">统计</button>
        </div>

        <script type="text/javascript">
            /* 通过标签 ID 获取相应的文档标签对象 */
            var ul = document.getElementById("list");    /* ul 对象 */
            var message = document.getElementById("message"); /* 留言(多行文本框)
对象 */
            var btn1 = document.getElementById("btn1"); /* 留言按钮对象 */
            var btn2 = document.getElementById("btn2"); /* 统计按钮对象 */
            var li_count = 0; /* li_count 记录留言数量 */
            btn1.onclick = function() {
                if (!message.value) {
                    alert("留言板里没有内容");
                } else { /* 将留言插入 box 顶部 */
                    var li = document.createElement("li"); /*创建一个 li 节点 */
                    /*插入信息同时插入一个 span 标签,用来设置关闭按钮 */
                    li.innerHTML = message.value + "   <span><b>[关闭]
</b></span>";
                    /* 判断 ul 中有无元素,没有则使用 append,有则使用 insertbefore */
```

Java Web开发技术

```
            if ( li_count == 0 ) {
                ul.appendChild( li );      /* 添加节点 */
                li_count++;                /* 统计留言数加 1 */
            } else {
                ul.insertBefore( li, ul.childNodes[ 0 ] );/* 在指定的已有的子节点之前
插入新节点 */
                li_count++;                /* 统计留言数加 1 */
            }
            message.value = "";
        }
        /* span 标签设置关闭按钮点击事件,设置 span 标签点击事件必须在 btn1 按
钮内 */
        var spans_obj = document.getElementsByTagName( "span" );
        for ( var i = 0; i < spans_obj.length; i++ ) {
            spans_obj[ i ].onclick = function( ) {
                ul.removeChild( this.parentNode );   /* 移除一个节点 */
                li_count--;
            }
        }
    };
    /* 统计按钮调用此函数 */
    function statistics( ) {
        alert( "一共有 " + li_count + " 条留言" );
    }
    </script>
    </body>
</html>
```

运行结果如图 2.21 所示。

图 2.21　DOM 实现留言板运行结果

2.2.5　BOM 基本操作

BOM(Browser Object Model)是浏览器对象模型,JavaScript 是运行在浏览器中的,浏览器对象模型提供了一系列的、独立于内容的、可以与浏览器窗口进行交互的对象结构。BOM 由多个对象构成,其中 window 对象是 BOM 的顶层对象,它代表浏览器窗口,window 对象是 BOM 的核心对象,它表示浏览器的一个实例。其他的 BOM 对象都是 window 对象的子对象,也是 window 对象的属性,它们是:

- document 对象:文档对象,返回该窗口内装载的 HTML 文档,也就是用户看到的网页内容;
- location 对象:返回该窗口内装载的 HTML 文档 URL,即浏览器当前 URL 信息;
- navigator 对象:返回当前页面的浏览器本身信息,包括浏览器的若干属性(名称、版本号、平台等);
- screen 对象:返回客户端当前浏览者屏幕信息;
- history 对象:返回浏览器访问历史信息。

在浏览器中,window 对象有双重角色,它既是通过 JavaScript 访问浏览器窗口的一个接口,又是 ECMAScript 规定的 Global 对象。因此,所有 JavaScript 全局对象、函数以及变量均自动成为 window 对象的成员。

window 对象中的常用方法如下:

(1)弹框类方法(前面可以省略 window)

- window.alert("提示信息");
- window.confirm("确认信息");
- window.prompt("弹出输入框");
- window.open("URL 地址"," _self 或_blank","新窗口的大小")。

在 open( )方法中,如果第一个参数"URL 地址"为空,则默认打开一个空白页面;如果打开方式为"_self",表示在当前窗口方式打开页面;如果打开方式为"_blank",则表示为新窗口方式打开页面。此方法的返回值为返回新打开窗口的 window 对象。

(2)close( )方法

- window.close( )方法:关闭当前的网页(浏览器)。

需要注意,此方法存在浏览器的兼容问题,Firefox 禁止设置关闭浏览器的代码,Chrome 默认直接关闭,IE 询问用户是否关闭。

(3)调整窗口类方法

- window.moveTo( ):移动当前窗口到指定点(x,y);
- window.moveBy( ):从指定点移动当前窗口,位移是 x,y;
- window.resizeTo( ):调整(重设)当前窗口的尺寸到指定大小(x,y);
- window.resizeBy( ):从目前的窗口大小调整(重设)当前窗口的尺寸,调整的幅度为 x,y。

需要注意,此类方法存在浏览器的兼容问题,只有 IE 支持,Firefox 和 Chrome 等不支持。

（4）滚动当前窗口 HTML 文档的方法

- window.scrollTo（）：滚动当前窗口 HTML 文档到指定；
- window.scrollBy（）：滚动当前窗口 HTML 文档。

（5）设置定时器、清除定时器的方法

- window.setTimeout（）：设置定时器，只执行一次；
- window.setInterval（）：设置定时器，无限执行；
- window.clearTimeout/clearInterval（）：清除定时器。

实例：demo2_19_js_28_window.html

```
<! DOCTYPE html>
<html>
    <head>
        <meta harset =" utf-8 ">
        <title></title>
        <script type =" text/javascript ">
            /* 弹框类方法 */
            /* 在 confirm 弹出框里点击"OK"则正常返回,返回值是 true,否则是 false */
            var answer = window.confirm("确定要关闭窗口吗? ");
            if ( answer ) {
                console.log("返回了");
            } else {
                console.log("返回失败");
                window.alert("警告! 返回失败"); // alert 警告框
            }
            /* prompt 弹出输入框 */
            var str = window.prompt("你的专业是? ","计算机应用技术");
            console.log( str );
        </script>
        <script type =" text/javascript ">
            function openFn( ) {
                /* window.open(" http://www.cqrk.edu.cn ","_self "," left = 100, top = 20,
width =400, height =400, location =no, toolbar =no, status =no, resizable =no "); */
                // 指定尺寸打开自身窗口
                window.open(" http://www.cqrk.edu.cn ", "_self ", "fullscreen =1 "); // 全屏打
开自身窗口
            }
            /*调整窗口类方法 */
            function moveToFn( ) {
                window.moveTo( 100, 100 );
            }
```

```
        function moveByFn( ) {
            window.moveBy( 100，100 )；
        }
        function resizeToFn( ) {
            window.resizeTo( 100，100 )；
        }
        function resizeByFn( ) {
            window.resizeBy( 100，100 )；
        }
        /＊滚动当前窗口 HTML 文档方法 ＊/
        function scrollToFn( ) {
            window.scrollTo( 100，100 )；
        }
        function scrollByFn( ) {
            window.scrollBy( 100，100 )；
        }
    </script>
    <script type＝" text/javascript ">
        /＊设置定时器、清除定时器的方法 ＊/
        var count ＝ 0；                      // 设置指定次数清除定时器
        function getTime( ) {
            var time ＝ new Date( )；
            var hour ＝ time.getHours( )；
            var min ＝ time.getMinutes( )；
            var sec ＝ time.getSeconds( )；
            var nowTime ＝ hour ＋ ":" ＋ min ＋ ":" ＋ sec；
            count++；                          // 时钟刷新一次,增加 1
            if ( count ＝＝ 5) {      // 当 5 次以后,清除定时器,参数是设置的定时器对象
                window.clearInterval( timer )；
            }
            document.getElementById( " timer_now ").innerHTML ＝ nowTime；
        }
        /＊设置定时器,返回定时器对象 ＊/
        var timer ＝ window.setInterval( " getTime( )", 1000 )；
    </script>
</head>
<body>
    <button type＝" button " onclick＝" openFn( )">openFn 按钮</button>
    <button type＝" button " onclick＝" moveToFn( )">moveToFn 按钮</button>
    <button type＝" button " onclick＝" moveByFn( )">moveByFn 按钮</button>
    <button type＝" button " onclick＝" resizeToFn( )">resizeToFn 按钮</button>
```

```
        <button type ="button" onclick =" resizeByFn( )">resizeByFn 按钮</button>
        <button type =" button " onclick =" scrollToFn( )">scrollToFn 按钮</button>
        <button type =" button " onclick =" scrollByFn( )">scrollByFn 按钮</button>
        <! -- window.close( ):关闭当前的网页(浏览器) -->
        <button type =" button " onclick =" window.close( );">关闭网页按钮</button>
        <div id =" timer_now ">
    </div>
    <br><br><br><br><br><br><br><br><br><br><br><br><br><br><br><br><br><br>
<br><br><br><br><br>
    <br><br><br><br><br><br><br><br><br><br><br><br><br><br><br><br><br><br>
<br><br><br><br><br>
        <hr>
    我是有底线的
    </body>
</html>
```

运行结果如图 2.22 所示。

图 2.22　window **对象的常用方法运行结果**

2.2.6　JavaScript **事件**

JavaScript 能够让用户与 Web 页面交互,要完成交互功能,需要用到 JavaScript 事件机制来进行控制。HTML 事件是发生在 HTML 元素上的"事情",当在 HTML 页面中使用 JavaScript 时,JavaScript 能够"应对"这些事件。

(1)JavaScript 事件和事件绑定

JavaScript 事件是可以被 JavaScript 侦测到的行为,网页中的每个元素都可以产生某些可以触发 JavaScript 函数的事件。当在 HTML 页面中使用 JavaScript 时, JavaScript 可以触发发生在 HTML 标签上的事情,比如,用户点击某按钮时产生一个 onClick 事件来触发某个函数,或者是处理表单验证,用户输入的用户行为及浏览器动作。JavaScript 事件既可以是浏览器行为,也可以是用户行为,事件在 HTML 页面中定义。

事件绑定是指给元素的某一个事件行为绑定方法,目的是行为触发时可以执行方法中定义好的功能。JavaScript 事件适用实例如下:

- HTML 页面完成加载:页面加载时、关闭时触发事件;
- HTML input 字段改变时:验证用户输入内容的合法性;
- HTML 按钮被点击:用户点击按钮执行动作。

(2)JavaScript 中的 DOM0 级和 DOM2 级事件

所谓的 DOM 事件就是如何定义事件处理,以及使用时有哪些不同之处。DOM0 级和

DOM2 级事件处理,在形式上和功能上都是有差异的。

　　DOM 事件模型包括冒泡和捕获,冒泡是从当前元素,也就是目标元素依次往上到 window;捕获刚好相反,是由 window 从上往下到达目标元素。JavaScript 事件流所描述的就是从页面中接受事件的顺序,事件流分为两种:事件冒泡和事件捕获。通常,浏览器在为当前页面与用户做交互的过程中,比如点击鼠标左键,这个左键点击事件如何传到页面上,还有怎么响应事件,都是 DOM 事件规定的问题。

　　1)DOM0 级事件绑定

　　DOM0 级事件就是 onxxx 通过开头的事件,在 DOM0 级事件处理中,后定义的事件处理会覆盖前面定义的事件处理。

　　其常见用法有两种,一种是在标签中写 onxxx 事件,另一种是在 JavaScript 中写 element.onxxx = function( ){ },具体语法如下:

```
<tag id="click" onxxx="函数( );">
// 或
element.onxxx = function( ){
    ...
}
;
```

　　这种基于 DOM0 级事件的绑定方式,比如说,给元素 element 的 click 事件绑定了一个方法,当触发点击事件时会执行绑定的方法。当元素的某个事件行为被触发,不仅会把之前绑定的方法执行,还会给绑定的方法传递一个值(浏览器默认传递的),我们把传递的这个值称为事件对象。例如:

```
element.onclick = function(e){
    arguments[0] = e;          // e 就是事件对象,Firefox/Opera/Safari/Chrome 中是作为句柄
的第一个参数传入
    e = e || window.event;  // IE 中事件的对象,兼容版获取事件对象的写法
};
```

　　实例:demo2_20_js_31_bubbling.html

```
<!DOCTYPE html>
<html>
    <head>
        <meta charset="utf-8">
        <title>冒泡事件</title>
        <style type="text/css">
            * {
                margin: 0;
                padding: 0;
            }
```

```
        div {
            width: 200px;
            height: 200px;
            background-color: gold;
        }
        p {
            width: 80px;
            height: 80px;
            background-color: blue;
        }
    </style>
</head>
<body>
    <div id="box">
        <p id="p1"></p>
    </div>
    <script type="text/javascript">
        var p = document.getElementById("p1");
        var box = document.getElementById("box");
        p.onclick = function() {
            alert("p 被点击--1");
        }
        p.onclick = function() {
            alert("p 被点击--2");
        }
        box.onclick = function() {
            alert("box 被点击");
        }
        document.body.onclick = function() {
            alert("body 被点击");
        }
        document.onclick = function() {
            alert("document 被点击");
        }
        window.onclick = function() {
            alert("window 被点击");
        }
    </script>
</body>
</html>
```

运行结果如图 2.23 所示。

图 2.23　DOM0 级事件触发事件冒泡运行结果

从运行结果来看,click 事件首先在<p>标签上发生,然后逐级向上传播,后定义的事件处理会覆盖前面定义的事件处理,这就是事件冒泡。DOM0 级事件只能触发事件冒泡阶段不能触发事件捕获阶段。

2)DOM2 级事件绑定

DOM2 级只有一个监听方法,添加事件处理程序:addEventListener( ),其中第一个参数是事件的类型,如 click;第二个参数是回调函数;第三个参数是布尔值,如果为 true,则触发事件捕获阶段,如果为 false,则触发事件冒泡阶段。

```
element.addEventListener("事件类型", function(){        // 适合标准浏览器
    …
}, true)
element.attachEvent("on 事件类型", function(){          // 适合 IE6-8
    …
})
```

DOM2 级事件中,既可以触发事件捕获阶段,也可以触发事件冒泡阶段,事件捕获的概念与事件冒泡相反,它认为当某个事件发生时,父元素应该更早接收到事件,而具体元素则最后接收事件。DOM2 级事件中,后定义的事件处理不会覆盖前面定义的事件处理,它适合为同一标签定义同一事件类型的多个事件处理函数。

实例:demo2_21_js_32_dom2.html

```
<! DOCTYPE html>
<html>
    <head>
        <meta charset ="utf-8">
        <title>DOM2 级事件</title>
        <style type ="text/css">
            * {
                margin: 0;
                padding: 0;
            }
```

```
            div {
                width: 200px;
                height: 200px;
                background-color: gold;
            }
            p {
                width: 80px;
                height: 80px;
                background-color: blue;
            }
        </style>
    </head>
    <body>
        <div id=" box ">
            <p id=" p1 "></p>
        </div>
        <script type=" text/javascript ">
            var p = document.getElementById(" p1 ");
            var box = document.getElementById(" box ");
            p.addEventListener(" click ", function() {
                alert(" p 被点击--1 ");
            }, true);
            p.addEventListener(" click ", function() {
                alert(" p 被点击--2 ");
            }, true);
            box.addEventListener(" click ", function() {
                alert(" box 被点击");
            }, true);
            document.body.addEventListener(" click ", function() {
                alert(" body 被点击");
            }, true);
            document.addEventListener(" click ", function() {
                alert(" document 被点击");
            }, true);
            window.addEventListener(" click ", function() {
                alert(" window 被点击");
            }, true);
        </script>
    </body>
</html>
```

运行结果如图 2.24 所示。

图 2.24 DOM2 级事件触发两类事件运行结果

（3）JavaScript 事件绑定的方法

在 JavaScript 中，有 3 种常用的事件绑定的方法。

1）基于 DOM0 级事件的绑定方式（直接绑定在 DOM 元素上）

这种方式就是在 HTML 标签中直接通过 onXXX=" " 来绑定，它使用了 HTML 的 on-属性。

实例：demo2_22_js_33_bound_1.html

```
<! DOCTYPE html>
<html>
    <head>
        <meta charset=" utf-8 ">
        <title>基于 DOM0 级事件的绑定方式</title>
        <script type=" text/javascript ">
            function test( ) {
                alert(" hello,Javascript! ");
            }
            function loadFn( ) {
                p1.style.fontStyle = " Italic ";
                p2.style.fontWeight = " Bold ";
                p3.style.fontWeight = " 900 ";
                p4.style.textDecoration = " underline ";
            }
            function cancal( ) {
                p1.style.fontStyle = " normal ";
                p2.style.fontWeight = " normal ";
                p3.style.fontWeight = " normal ";
                p4.style.textDecoration = " none ";
            }
```

```
        function mouseOver(object){
            object.style.backgroundColor = "gold";
            object.style.color = "green";
        }
        function mouseOut(object){
            object.style.backgroundColor = "";
            object.style.color = "";
        }
    </script>
</head>
<body onload="loadFn()">   <!-- 对象已加载时触发-->
    <input type="button" value="点我!" onclick="alert('hello, Javascript!')" />
  
    <button type="button" onclick="test()">点我!</button>
    <p id="p1">p1 内容</p>
    <p id="p2">p2 内容</p>
    <p id="p3">p3 内容</p>
    <p id="p4">p4 内容</p>
    <p onmouseover="mouseOver(this)" onmouseout="mouseOut(this)">p5 内容</p>
    <a id="a1" href="#" onmousemove="cancal()">鼠标移动到此处撤销 p1-p4 的样式
</a>  
    <a id="a2" href="#" onmousemove="loadFn()">鼠标移动到此处恢复 p1-p4 的样式</a>
</body>
</html>
```

运行结果如图 2.25 所示。

图 2.25　基于 DOM0 级事件的绑定方式运行结果

2）在 JavaScript 代码中绑定

这种方式通过查找 DOM 对象对其绑定，一般使用 element.onclick = function(){} 的格式进行绑定，它利用了元素节点的事件属性来指定监听函数。

实例：demo2_23_js_34_bound_2.html

```html
<!DOCTYPE html>
<html>
    <head>
        <meta charset="utf-8">
        <title>在 JavaScript 代码中绑定</title>
    </head>
    <body>
        <input id="button1" type="button" value="点我!!" />  
        <input id="button2" type="button" value="点我!!" />
        <script type="text/javascript">
            function test2() {
                alert("hello,Javascript!");
            }
        </script>
        <script type="text/javascript">
            /* 值是可以是非匿名函数 */
            /* document.getElementById("button1").onclick = function test1() {
                alert("hello,Javascript!");
            } */
            /* 值也可以是匿名函数 */
            document.getElementById("button1").onclick = function() {
                alert("hello,Javascript!");
            }
            document.getElementById("button2").onclick = test2;/* 此方式中调用函数不加() */
        </script>
    </body>
</html>
```

运行结果如图 2.26 所示。

图 2.26 在 JavaScript 代码中绑定运行结果

这里通过 document.getElementById( ) 返回了对拥有指定 ID 的第一个对象的引用，通过"对象.onclick＝函数调用"的方式进行绑定，如果已经定义了函数，则调用时直接写函数名即可,无须再写函数括号及实现方法。这种方法与第一种方法"直接绑定在 DOM 元素上"的不同之处在于,它的值是一个匿名函数,或者是函数名。

同一个事件只能定义一个监听函数,也就是说,如果定义两次 onclick 属性,后一次定义会覆盖前一次。

3)绑定事件监听函数

addEventListener( )事件监听方法将事件处理程序附加到指定的元素,该方法将事件处理程序附加到标签元素,而不覆盖现有的事件处理程序。所以可以向一个元素添加多个事件处理程序,即两个"单击"事件。事件监听器可以被添加到任何 DOM 对象,而不仅仅是 HTML 元素(即 window 对象)。使用 removeEventListener( )方法删除事件监听器。

使用 addEventListener( )方法的另一个好处在于,JavaScript 与 HTML 标记分离,以提高可读性和可维护性。

该方法的语法如下:

```
element.addEventListener( event, function, useCapture) ;
```

event 参数是事件的类型(如"click"或"mouseover"等),这里不能为事件使用"on"前缀;function 参数是在事件发生时调用的函数;useCapture 参数是一个布尔值,指定是使用事件冒泡还是事件捕获。此参数是可选的。

实例:demo2_24_js_35_bound_3.html

```
<! DOCTYPE html>
<html>
    <head>
        <meta charset=" utf-8 ">
        <title>绑定事件监听函数</title>
    </head>
    <body>
        <input id=" button1 " type =" button " value ="点我!! " />   
        <input id=" button2 " type =" button " value ="点我!! " />   
        <script type =" text/javascript ">
            document.getElementById(" button1 ").addEventListener(" click ", test) ;
            function test( ) {
                alert(" hello,Javascript! ") ;
            }
            document.getElementById(" button2 ").addEventListener(" click ", function( ) {
                alert(" Hello,Javascript!! ") ;
            }) ;
        </script>
    </body>
</html>
```

2.3 JavaScript 实例

2.3.1 利用 JavaScript 实现动态轮播图

功能需求：图片（图片需自己准备）自动轮流播放，当鼠标移动到图片上时停止，移开鼠标后继续自动轮播。

思路：ul 里面放着所有轮播图的图片，所以 ul 的宽度必须足够大到能够容纳所有图片。

实例：demo2_25_js_36_lunbotu.html

```html
<! DOCTYPE html>
<html>
    <head>
        <meta charset =" UTF-8 ">
        <title>轮播图</title>
        <style type =" text/css ">
            * {
                padding: 0;
                margin: 0;
            }
            .wrapper {
                position: relative;
                width: 1000px;
                height: 200px;
                margin: 40px auto;
                background-color: red;
                overflow: hidden;
            }
            ul {
                width: 300%;     /*  ul 的宽度必须足够大 */
                position: absolute;
                top: 0;
                left: 0;
                list-style: none;
            }
            ul li {
                float: left;
            }
```

```html
            img {
                    height: 200px;
                    width: 300px;
            }
        </style>
    </head>
    <body>
        <div class="wrapper">
            <ul id="picts">
                <li><img src="img1.png" alt=""></li>
                <li><img src="img2.png" alt=""></li>
                <li><img src="img3.png" alt=""></li>
                <li><img src="img4.png" alt=""></li>
                <li><img src="img5.png" alt=""></li>
                <li><img src="img6.png" alt=""></li>
                <li><img src="img7.png" alt=""></li>
            </ul>
        </div>
    </body>
    <script type="text/javascript">
        var ul = document.getElementById("picts");
        var count = 0;                  /* 图片移动位移初始值 */
        var time = null;                /* 定时器对象 */

        function pictureMove() {   /* 此函数功能是让 ul 标签向左移动 1 像素 */
            count -= 1;
            if (count <= -1100) {  /* 7 张图片总宽度减去 wrapper 的宽度 */
                count = 0;             /* 全部图片都移动完毕,定位的位置恢复最初状态 */
            }
            ul.style.left = count + "px";    /* 让 ul 标签向左移动 1 像素 */
        }
        time = setInterval(pictureMove, 10);  /* 每 10 ms 调用 pictureMove 函数一次 */

        ul.onmousemove = function() {           /* 鼠标在对象上移动事件 */
            clearInterval(time);
        };
        ul.onmouseout = function() {            /* 鼠标移出事件 */
            time = setInterval(pictureMove, 10);
        }
    </script>
</html>
```

运行结果如图 2.27 所示。

图 2.27 轮播图显示效果

2.3.2 利用 JavaScript 实现选项卡

功能需求:当点击某个选项卡时,下面出现与该选项卡相关的内容。

思路:获取选项卡里面的对象,记录每个标签的遍历位置,清除所有标签上的 class 选择器名字,将单击的 li 和 p 标签都添加 class 选择器属性。

实例:demo2_26_js_37_xuanxk.html

```html
<!DOCTYPE html>
<html lang="en">
    <head>
        <meta charset="UTF-8">
        <title>选项卡</title>
        <style type="text/css">
            * {
                padding: 0;
                margin: 0;
            }
            body {
                height: 100%;
            }
            .wrapper {
                width: 1000px;
                border: 1px solid pink;
                margin: 30px auto;
            }
            ul {
                list-style: none;
                overflow: hidden;    /*清除浮动*/
            }
            ul a {
                display: block;
                text-decoration: none;
```

```
                width: 200px;
                height: 50px;
                text-align: center;
                line-height: 50px;
                color: black;
            }
        ul li {
                float: left;
                background-color: rgba(0, 0, 0, 0.1);
            }
        p {
                width: 1000px;
                height: 350px;
                background-color: rgba(78, 155, 36, 0.2);
                line-height: 150px;
                text-align: center;
                display: none;
            }
        ul li.active {
                background-color: pink;
            }
        p.active {
                display: block;
            }
    </style>
</head>
<body>

    <div class="wrapper">
        <ul>
            <li class="active"><a href="#">组织机构</a></li>
            <li><a href="#">就业创业</a></li>
            <li><a href="#">信息公开</a></li>
            <li><a href="#">电子信箱</a></li>
            <li><a href="#">联系我们</a></li>
        </ul>
        <p id="home" class="active">组织机构的内容</p>
        <p id="news">就业创业的内容</p>
        <p id="hotPurchase">信息公开的内容</p>
        <p id="hotPurchase">电子信箱的内容</p>
        <p id="hotPurchase">联系我们的内容</p>
```

```
        </div>
    </body>
    <script type =" text/javascript ">
        var lis = document.getElementsByTagName(" li ");
        var ps = document.getElementsByTagName(" p ");
        for ( var i = 0; i < lis.length; i++) {
            lis[ i ].index = i; /* 记录每个标签的遍历位置。不用 this,这里 this 指代的应该是
window */
            lis[ i ].onclick = function() { /* 清除所有标签上的 active,将单击的 li 和 p 标签都添
加 active 属性 */
                for ( var j = 0; j < lis.length; j++) {
                    lis[ j ].className = " ";
                    ps[ j ].className = " ";
                }
                this.className = " active ";
                ps[ this.index ].className = " active ";
            }
        }
    </script>
</html>
```

运行结果如图 2.28 所示。

图 2.28　选项卡显示效果

小　结

1.HTML 主要用于创建静态网页,它是网页设计与制作的基础,包括各种 HTML 的标签,利用 HTML 标签创建不同的网页内容,Web 页面主要强调美观和互交功能。

2.CSS 和 HTML 相辅相成,通过选择器的各种属性设置、对 HTML 内容进行布局,包括盒模型进行浮动、定位等操作,达到美化 HTML 内容的效果。

3.JavaScript 通过函数定义和调用,可以通过点击按钮、点击键盘按键等事件完成

HTML 页面行为交互,并能实现网站中常见特效,如轮播图、选项卡,并能和后端进行项目整合。最终被提取为一个 HTML 文件,使用 Web 浏览器即可显示。

习　题

一、思考题

1.HTML 常用基础标签有哪些? 举例说明。

2.HTML 常用高级标签有哪些? 举例说明。

3.引入 JavaScript 有哪 3 种方式?

4.什么是 DOM? 什么是 DOM 节点树? 举例说明。

5.什么是 BOM? 它有哪些基本操作?

6.什么是 JavaScript 事件? 举例说明。

二、实做题

1.HBuilder 是常用的前端开发工具,安装 HBuilder,创建项目和 HTML 文件,使用不同的浏览器测试。

2.在 HTML 页面中制作一个用户注册表单,包括姓名、年龄、性别、生日、住址、电话、个人简介等。

3.利用 JavaScript 实现商城搜索栏。

第3章 JSP 技术

不出户,知天下;不窥牖,见天道。——老子

JSP(Java Server Pages)技术是 sun 公司推出的一种动态网页技术。它是在 HTML 中,使用 JSP 标签插入了 Java 代码,是在 Web 服务器上运行的动态页面。所谓动态页面就是页面内容在运行过程中可以改变,通常使用 HTML 语言来设计静态页面内容,使用 JSP 标签来实现动态内容。在 MVC 设计模式中,JSP 负责显示数据,修改业务代码不会影响 JSP 页面代码,实现业务层和视图层分离。

JSP 可以使用 JavaBean 编写业务组件,也就是使用一个 JavaBean 封装业务处理代码或者作为一个数据处理模型,JavaBean 可以重复使用,也可以应用到其他应用程序中。JSP 的本质是 Servlet,JSP 拥有 Servlet 的所有功能。有关 Servlet 的相关知识在本教材第 4 章讲述。

用户首次通过浏览器访问 JSP 页面时,服务器对 JSP 页面代码进行编译,并且仅执行一次编译,编译后被保存,下次访问时直接执行编译过的代码,节约了服务器资源,提升了客户端访问速度。

JSP 是基于 Java 语言的,因而它可以使用 Java 的 API,所以也是跨平台的,可以应用在 Windows、Linux、Mac 和 Solaris 平台上。

本章讨论 JSP 的用途与原理、JSP 的组成部分、JSP 的九大内置对象和四大作用域,进行实践性训练包括客户端发出访问某个 JSP 资源的请求(request)到服务器(Web 容器),请求访问 JSP 网页,JSP 的九大内置对象的实际应用。

3.1 JSP 的作用与运行原理

3.1.1 JSP 的主要作用

JSP 主要有以下两个作用:

(1)将内容的生成和显示进行分离

在服务器端,JSP 引擎解释 JSP 标识和小脚本,动态生成所请求的内容(如访问 JavaBeans 组件,JDBC 访问数据库等),将结果以 HTML(或 XML)页面的形式发送回浏览器。这有助于开发者对代码的维护,又保证任何基于 HTML 的 Web 浏览器的通用性。

(2)组件重用

绝大多数 JSP 页面依赖于可重用的、跨平台的组件来执行应用程序所要求的复杂的处理,JSP 可以使用 JavaBean 编写业务组件,也就是使用一个 JavaBean 类封装业务处理代码或者将其作为一个数据存储模型。在 JSP 页面甚至整个项目中,都可以重复使用这个

JavaBean,同时 JavaBean 也可以应用到其他 Java 应用程序中。

3.1.2　JSP 的运行原理

JSP 的工作方式是请求/应答模式,客户端发出 HTTP 请求,JSP 收到请求后进行处理,并返回处理结果。在一个 JSP 文件首次被请求时,JSP 引擎把这个 JSP 文件转换成一个 Servlet,而该引擎本身也是一个 Servlet。

JSP 运行原理说明如下:

①JSP 引擎把该 JSP 文件转换成一个 Java 源文件(Servlet),在转换时,如果发现 JSP 文件中有任何语法错误,则中断转换过程,并向服务端和客户端报告错误。

②如果转换成功,JSP 引擎用 javac 把该 Java 源文件编译成相应的 class 文件。

③创建一个 Servlet(JSP 页面的转换结果)对象,该 Servlet 的 jspInit( )方法被执行,jspInit( )方法在 Servlet 生命周期中只调用一次。在 jspInit( )中可进行一些初始化工作,如建立与数据库的连接或其他配置。

④用 jspService( )方法处理客户端的请求。对每一个请求,JSP 引擎创建一个新的线程来处理。如果多个客户端同时请求该 JSP 文件,则 JSP 引擎会创建多个线程来处理每个请求。由于该 Servlet 对象始终驻留在内存,所以可以非常迅速地响应客户端的请求。

⑤如果 JSP 文件被修改了,服务器将根据设置决定是否对该文件重新编译,如果需要重新编译,则将以编译结果取代内存中的 Servlet 对象,并继续以上过程。

⑥虽然 JSP 的效率很高,但首次调用时,由于需要转换和编译,会有一些轻微的延迟。此外,在任何时候,由于系统资源不足的原因,JSP 引擎将以某种不确定的方式将 Servlet 中从内存中移去。在此情况下,jspDestroy( )方法首先被调用,然后 Servlet 对象将被回收。

Web 服务器(如 Tomcat)接收到从浏览器传过来的访问 JSP 页面的请求时,它把这个访问请求交给 JSP 引擎去处理,JSP 引擎就负责解释和执行 JSP 页面。每个 JSP 页面在第一次被访问时,JSP 引擎先将它翻译转换成一个 Servlet 源程序,然后把这个 Servlet 源程序编译成 Servlet 的中间字节码文件(.class 文件),最后 Web 容器像调用普通 Servlet 程序一样的方式来装载和解释执行这个由 JSP 页面翻译成的 Servlet 程序。Web 服务器接收并处理 JSP 页面请求如图 3.1 所示。

index.jsp:(文件目录:D:\apache-tomcat\webapps\test_jsp\HelloJSP.jsp)

index.jsp 页面被请求时,Web 服务器中的 JSP 编译器会编译 index.jsp,生成对应的 Java 文件 index_jsp.java,这本质上就是 Servlet 文件。这个 Servlet 文件 index_jsp.java 可以在 Tomcat 主目录\work\Catalina\localhost\工程名\org\apache\jsp 目录下查看,这是服务器的工作目录。打开这个 index_jsp.java 文件可以看到,翻译过后的 Servlet 继承了类 org.apache.jasper.runtime.HttpJspBase,而 HttpJspBase 继承了 HttpServrlet。所以其实 JSP 就是一个 Servlet,访问 JSP 文件本质上就是访问一个 Servlet。在这个 jsp 目录下,还有一个 index_jsp.class 文件,它是这个 index_jsp.java 文件被编译后的中间字节码文件。

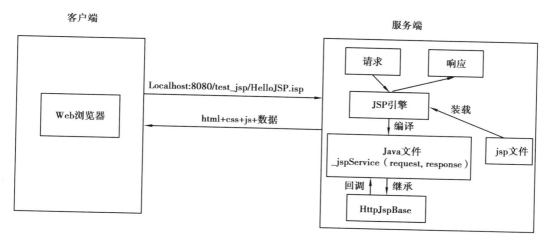

图 3.1   Web 服务器接收并处理 JSP 页面请求

由此可见,JSP 的执行过程(图 3.2)如下:

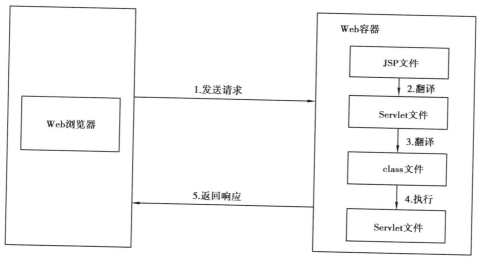

图 3.2   JSP 执行过程

①客户端发出访问某个 JSP 资源的请求(request)到服务器(Web 容器),请求访问 JSP 网页。

②JSP 引擎先将要访问的.JSP 文件翻译成一个 Servlet 源程序(.java 文件)。

③Web 容器将产生的 Servlet 的源代码(.java 文件)进行编译,生成.class 文件。

④Web 容器加载编译后的代码并执行。

⑤把执行结果响应(response)回客户端。

3.2 JSP 的组成

3.2.1 JSP 指令元素

JSP 指令设置整个 JSP 页面相关的属性,如网页的编码方式和脚本语言。JSP 指令是为 JSP 引擎而设计的,它们并不直接输出任何可见内容到页面,而只是告诉引擎如何处理 JSP 页面中的其余部分。同一条指令可以有多个属性,它们以键值对的形式存在,并用空格隔开。也可以使用多条指令语句单独设置每个属性。

JSP 指令语法格式如下:

```
<%@ 指令名 属性名 1="值" 属性名 2="值" ...%>
```

JSP 有三种指令标签:page 指令、include 指令和 taglib 指令,每种指令中又都定义了一些各自的属性。

(1) page 指令

page 指令为容器提供当前页面的使用说明。一个 JSP 页面可以包含多个 page 指令。page 指令可以出现在 JSP 页面中的任何地方,其作用于整个 JSP 页面。为了保持程序的可读性和遵循良好的编程习惯,通常 page 指令放在 JSP 页面的起始位置。

page 指令的语法格式如下:

```
<%@ page 属性名 ="值" %>
```

page 指令的属性说明如下:
- language:指定 JSP 页面所用的脚本语言,默认是 Java,目前也是 JSP 唯一支持的语言。
- import:导入当前 JSP 页面中 Java 程序要使用到的 Java 类,即 JSP 页面转换成 Servlet 应该导入的包中的类(即类的全限定名)。
- contentType:指定当前 JSP 页面的 MIME 类型和字符编码。
- pageEncoding:指定 JSP 输出的编码。
- buffer:指定 out 对象使用缓冲区的大小,默认是 8 kB。
- autoFlush:控制 out 对象的缓存区。
- errorPage:指定当 JSP 页面发生异常时需要转向的错误处理页面。
- isErrorPage:指定当前页面是否可以作为另一个 JSP 页面的错误处理页面。
- extends:指定 servlet 从哪一个类继承。
- info:定义 JSP 页面的描述信息。
- isThreadSafe:指定对 JSP 页面的访问是否为线程安全。
- session:指定 JSP 页面是否使用 session。
- isELIgnored:指定是否支持 EL 表达式。
- isScriptingEnabled:确定脚本元素能否被使用。

1）language 属性

language 属性的作用是指定页面使用的脚本语言，如下所示：

```
<%@ page language="java" %><%--默认设置--%>
```

到目前为止，Java 既是默认选择，也是唯一合法的选择。

2）import 属性

使用 import 属性指定 JSP 页面转换成的 Servlet 应该导入的类的全限定名。在 JSP 中，包是绝对必需的。如果没有使用包，系统则认为所引用的类与当前类在同一个包中。服务器在创建 servlet 时，常常会根据 JSP 页面所在的目录来决定它的包。通常，使用包的类能够正常工作。一个 import 可以引用多个类，中间用英文逗号隔开，可以采用下面两种形式：

```
<%@ page import="package.class" %>
<%@ page import="package.class1, ..., package.classN" %>
```

例如，用通配符来表示 java.util 包和 cn.foololdfat 包中的所有类：

```
<%@ page import="java.util.*, cn.foololdfat.*" %>
```

import 是 page 的属性中唯一允许在同一文档中多次出现的属性。

3）contentType 和 pageEncoding 属性

contentType 属性设置 Content-Type 响应报头，标明即将发送到客户浏览器端的文档的 MIME 类型。JSP 页面的默认 MIME 类型是 text/html（默认字符集为 ISO-8859-1），如果页面有中文，会在浏览器端显示"?"，建议改成字符集 UTF-8。可以采用下面的形式：

```
<%@ page contentType="MIME 类型；charset=字符集" %>
```

例如，指令

```
<%@ page contentType="" %>
```

和下面的 Java 脚本的作用基本相同。

```
<% response.setContentType(""); %>
```

4）session 属性

session 属性控制此页面是否参与 HTTP 会话。也就是说，该 JSP 内是否内置 session 对象，如果为 true，则内置 session 对象，可直接使用 session 的功能，默认设置是 true。如果不自动创建会话，则设置 false，当 JSP 页面转换成 servlet 时，对变量 session 的访问会导致错误。使用这个属性时，可以采用下面两种形式：

```
<%@ page session="true" %>  <%--默认设置--%>
<%@ page session="false" %>
```

5）isELIgnored 属性

isELIgnored 属性用来设置是否忽略 JSP 2.0 表达式语言（EL），如果忽略则设置为 true，如果进行正常求值则设置为 false。注意此属性适用于 JSP 2.0 及以上版本，在只支持 JSP 1.2 及早期版本的服务器中，此属性是不合法的。使用这个属性时，可以采用下面两种形式：

```
<%@ page isELIgnored="false" %>   <%--默认设置--%>
<%@ page isELIgnored="true" %>
```

6）buffer 和 autoFlush 属性

buffer 属性指定 out 变量（其类型为 JspWriter）使用的缓冲区的大小。使用这个属性时，可以采用下面两种形式：

```
<%@ page buffer="size kb" %>   <%--默认设置是 8 KB --%>
<%@ page buffer="none" %>
```

服务器实际使用的缓冲区可能比指定的更大，但不会小于指定的大小。例如，<%@ page buffer="32kb" %> 表示应该对文档的内容进行缓存，除非累积至少为 32 kB、页面完成或明确地对输出执行清空（例如使用 response. flushBuffer），否则不将文档发送给客户。默认的缓冲区大小与服务器相关，但至少 8 kB。

7）autoFlush 属性

autoFlush 属性是否自动运行缓存，如果为 true，则使用 out.println()等方法输出的字符串并不是立刻到达客户端浏览器的，而是暂时存到缓存里，缓存满了或者程序执行完毕或者执行 out.flush()操作时才到客户端，默认为 true。使用这个属性时，可以采用下面两种形式：

```
<%@ page autoFlush="true" %>   <%--默认设置--%>
<%@ page autoFlush="false" %>
```

如果客户端是常规的 Web 浏览器，那么 autoFlush="true" 是通常设置。

8）info 属性

info 属性定义一个可以在 servlet 中通过 getServletInfo 方法获取的字符串，使用 info 属性时，采用下面的形式：

```
<%@ page info="Some Message" %>
```

9）errorPage 和 isErrorPage 属性

errorPage 属性用来指定一个 JSP 页面来处理当前页面中抛出但未被捕获的任何异常（即类型为 Throwable 的对象）。采用下面的形式：

```
<%@ page errorPage="指定 JSP 页面的相对 URL 地址" %>
```

指定的错误页面可以通过 exception 这个内置对象访问抛出的异常，通常使用

exception 的 getMessage() 方法输出错误信息。

isErrorPage 属性表示当前页是否可以作为其他 JSP 页面的错误页面。使用 isErrorPage 属性时,可以采用下面两种形式:

```
<%@ page isErrorPage ="true" %>
<%@ page isErrorPage ="false" %>   <%--默认设置--%>
```

10) extends 属性

extends 属性指定 JSP 页面所生成的 servlet 的父类。它采用下面的形式:

```
<%@ page extends ="package.class" %>
```

此属性一般为开发人员或提供商保留,由他们对页面的运作方式作出根本性的改变 (如添加个性化特性)。通常不用设置此属性。

在 demo3_1_hello.jsp 中,进行了 page 相关指令的设置,其中 page errorPage = "demo3_2_error.jsp" 指定了出错之后要跳转的错误页面。

实例:demo3_1_hello.jsp

```
<%@ page language ="java" contentType ="text/html; charset =UTF-8"
    pageEncoding ="UTF-8"%>
<%@ page autoFlush ="true" buffer ="8kb"%>
<%@ page import ="java.util.Date,java.sql.Connection"%>
<%@ page isELIgnored ="false" isThreadSafe ="true" session ="true"%>
<%@ page errorPage ="demo3_2_error.jsp"%>
<!DOCTYPE html PUBLIC "-//W3C//DTD HTML 4.01 Transitional//EN"
"http://www.w3.org/TR/html4/loose.dtd">
<html>
<head>
<meta http-equiv="Content-Type" content ="text/html; charset =UTF-8">
<title>Insert title here</title>
</head>
<body>
    你好.这是个 JSP 页面,它的文件名是 demo3_1_hello.jsp。<br>
    下面的这个除法出错,跳转到错误页面 demo3_2_error.jsp,这是由 page 指令的 errorPage 属性
设置的。<br>
    <%
        int i = 1 / 0;
    %>
</body>
</html>
```

实例：demo3_2_error.jsp

```
<%@ page language="java" contentType="text/html; charset=UTF-8"
    pageEncoding="UTF-8"%>
<%@ page isErrorPage="true"%>
<!DOCTYPE html PUBLIC "-//W3C//DTD HTML 4.01 Transitional//EN" "http://www.w3.org/TR/
html4/loose.dtd">
<html>
<head>
<meta http-equiv="Content-Type" content="text/html; charset=UTF-8">
<title>Insert title here</title>
</head>
<body>
    <%
        String msg = exception.getMessage();/* exception 的 getMessage()方法输出错误信息 */
    %>
    <%="出错了,原因是:" + msg%>
</body>
</html>
```

运行结果如图 3.3 所示。

图 3.3　isErrorPage 页面

（2）include 指令

JSP 有两种方式进行文件包含,其中一种方式就是通过 include 指令来包含其他文件。被包含的文件可以是 JSP 文件、HTML 文件或其他文本文件。包含的文件就好像是该 JSP 文件的一部分,会被同时编译执行。

include 指令的语法格式如下：

```
<%@ include file="文件相对 URL 地址" %>
```

（3）taglib 指令

taglib 指令指示 JSP 页面包含（引入）哪些标签库。比如 jstl 标签库,struts 中支持的标签库,html 标签库、bean 标签库、logic 标签库。这样,在 JSP 页面中引入其中的标签库或者标签库文件,才可以正常使用其中定义的标签。

JSP API 允许用户自定义标签,一个自定义标签库就是自定义标签的集合。taglib 指令引入一个自定义标签集合的定义,声明此 JSP 文件使用了自定义的标签,同时引用标签库,也指定了他们的标签的前缀。使用自定义标签之前使用<% @ taglib %>指令。

taglib 指令的语法如下：

```
<%@ taglib prefix="prefixOfTag" uri="uri" %>
```

例如：

```
<%@ taglib prefix="c" uri="http://www.xxxx.com/tags" %>
<%@ taglib prefix="bean" uri="http://struts.apache.org/tags-bean" %>
<%@ taglib prefix="logic" uri="http://struts.apache.org/tags-logic" %>
<%@ taglib prefix="html" uri="http://struts.apache.org/tags-html" %>
<%@ taglib prefix="c" uri="http://java.sun.com/jsp/jstl/core" %>
```

prefix 属性指定标签库的前缀，在<c:if>或<c:forEach>中的 c，如果这里不写 c，那是不合法的。虽然前缀可以随意起名，但不要用 jsp、jspx、java、javax、servlet、sun 和 sunw 做前缀；uri 属性确定标签库的位置，根据标签的前缀对自定义的标签进行唯一的命名。

3.2.2　JSP 脚本元素

使用 JSP 脚本元素可以将 Java 代码嵌入 JSP 页面里，使 JSP 将静态内容与动态内容分离出来，这些 Java 代码将出现在由当前 JSP 页面生成的 Servlet 中。脚本元素包含：

（1）声明

JSP 中的声明用于在 JSP 中声明合法的变量和方法。这种声明和 Java 中定义的成员变量（全局变量）是等价的。

语法：

```
<%! declaration; [ declaration; ] ...%>
```

在声明变量和方法时，需要注意以下几点：

①声明以"<%!"开头，以"%>"结尾。在"<%!"与"%>"中不要有空格。

②变量声明必须以";"结尾。

③变量和方法的命名规则与 Java 中的变量和方法的命名规则相同。

④一个声明仅在一个页面中有效。如果想每个页面都用到一些声明，最好把它们写成一个单独的文件，然后用<%@ include %>或元素包含进来。

例如：

```
<!-- Java 全局变量和函数的声明 -->
<%! private String s1 = "hello", s2;
    int score;
    String showTime() {
        Date date = new Date();
        SimpleDateFormat sdf = new SimpleDateFormat("yyyy-MM-dd HH:mm:ss");
        return s1 + "现在时间是:" + sdf.format(date);
    }
%>
```

声明中的变量属于全局变量,就是该 JSP 页面生成的 Servlet 类的成员变量,声明中的方法就成了 Servlet 类的成员方法。

(2)表达式

JSP 表达式是由服务器计算,并将计算结果转换成一个字符串,发送给浏览器端显示输出,起到了动态输出的作用。

语法:

```
<% = expression %>
```

JSP 表达式末尾不能带分号;在"<% ="与"%>"中不要有空格。

例如:

```
<! -- Java 表达式(输出) -->
<% ="s1 的值是:" + s1%>
<% =showTime( )%>
```

(3)脚本

JSP 脚本即 Scriptlet,也就是 JSP 中的代码部分,即一段 Java 代码。脚本中定义的变量实质是 JSP 页面的局部变量,必须在 Java 代码段前声明,否则就会报错"变量未定义"。

脚本定义的变量和方法在后继的页面内有效,当变量所在页面关闭时该变量就会被销毁。

语法:

```
<% 一行或多行程序代码 %>
```

例如下面的代码。

实例:demo3_3_java_script.jsp

```
<! -- Java 代码块 -->
<%
    s2 = "你好,JSP。";
    int[ ] arrs = { -1, 2, 3, -4, 5 };
    for (int element : arrs) {
%>
<% ="<font style =' color: red; ;font-size;39px;background:yellow;'>" + element + "</font>"+
"  "%>
<%
    }
%>
<%
    for (int i = 1; i <= 6; i++) {
%>
```

```
<h<%=i%>> <%=s1 + s2%> </h<%=i%>>
<%
    }
%>
<%
    score = 95;
    out.print("你的成绩是:"+score);
    if ( score <= 100 && score >= 90) {
%>
你是优秀的。
<%
    } else if ( score < 90 && score >= 60) {
%>
你是中等的。
<%
    } else {
%>
加油！继续努力！
<%
    }
%>
<%
    request.setAttribute("username","张三");
    request.setAttribute("age","18");
    String name = (String)request.getAttribute("username");
    String age = (String)request.getAttribute("age");
%>
<%="你的名字是:"+name +",年龄是:" + age%>
```

运行结果如图 3.4 所示。

图 3.4 带有脚本的 JSP 文件运行结果

3.2.3　JSP 动作元素

JSP 动作元素是特殊的标记，通过一个动作元素能够实现多行 Java 代码实现的效果。利用 JSP 动作可以动态地插入文件、重用 JavaBean 组件、把用户重定向到另外的页面、为 Java 插件生成 HTML 代码等。JSP 动作元素和 XML 语法是相同的。

动作元素只有一种语法，它符合 XML 标准。

```
<jsp:action attributeName=" value " />
```

所有的动作元素都有两个属性：id 属性和 scope 属性。

（1）include 动作元素

<jsp:include>动作元素表示在 JSP 文件被请求时包含一个文件，这个文件可以是静态的或者动态的。

该动作元素的语法格式如下：

```
<jsp:include page=" path " flush=" true " />
```

其中，page=" path "表示相对路径，或者认为相对路径的表达式。flush=" true " 表示缓冲区满时会被清空，一般使用 flush 为 true，其默认值是 false。

实例：demo3_4_include.jsp

```
<html>
<head>
<meta http-equiv=" Content-Type " content=" text/html；charset=UTF-8 ">
<title>include 动作元素测试</title>
</head>
<body>
    此页面是 include 动作元素测试页面。
    <br>
    <jsp:include page=" demo3_6_date.jsp " flush=" true "/>
    <br>下面显示一个随机数。<br>
    <jsp:include page=" demo3_5_random.jsp " flush=" true "/>
</body>
</html>
```

实例：demo3_5_random.jsp

```
<%@ page language=" java " contentType=" text/html；charset=UTF-8 "
    pageEncoding=" UTF-8 "%>
<! DOCTYPE html PUBLIC "-//W3C//DTD HTML 4.01 Transitional//EN "
" http://www.w3.org/TR/html4/loose.dtd ">
<html>
<head>
```

```
<meta http-equiv=" Content-Type " content =" text/html; charset =UTF-8 ">
<title>Insert title here</title>
</head>
<body>
    <% =Math.random( ) * 100%>
    </body>
</html>
```

实例：demo3_6_date.jsp

```
<%@ page import =" java.util.Date "%>
<%@ page language =" java " contentType =" text/html; charset =UTF-8 "
    pageEncoding =" UTF-8 "%>
<! DOCTYPE html PUBLIC "-//W3C//DTD HTML 4.01 Transitional//EN "
" http://www.w3.org/TR/html4/loose.dtd ">
<html>
<head>
<meta http-equiv =" Content-Type " content =" text/html; charset =UTF-8 ">
<title>Insert title here</title>
</head>
<body>
    <%
        Date date = new Date( );
        String weekday = " ";
        String dateStr = " ";
        switch ( date.getDay( ) ) {
        case 0:
            weekday = "日";
            break;
        case 1:
            weekday = "一";
            break;
        case 2:
            weekday = "二";
            break;
        case 3:
            weekday = "三";
            break;
        case 4:
            weekday = "四";
            break;
        case 5:
            weekday = "五";
            break;
```

```
case 6：
    weekday = "六";
    break;
}
dateStr = (1900 + date.getYear()) + "年" + (date.getMonth() + 1) + "月" + date.
getDate()
    + "日(星期" + weekday + ")";
%>
<%="今天的日期是:" + dateStr%>
</body>
</html>
```

包含了这两个文件之后,运行结果如图 3.5 所示。

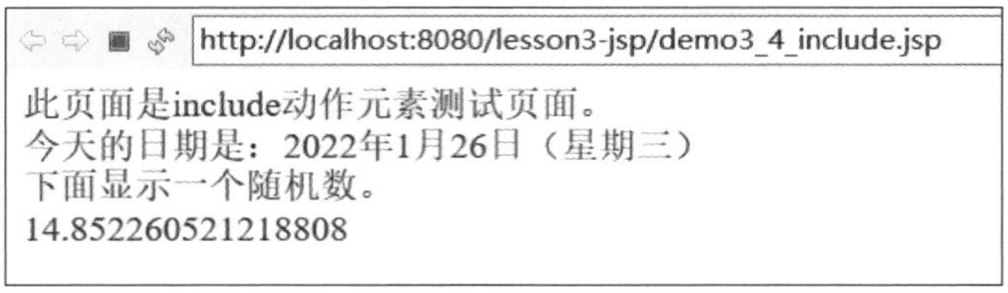

```
http://localhost:8080/lesson3-jsp/demo3_4_include.jsp
此页面是include动作元素测试页面。
今天的日期是：2022年1月26日（星期三）
下面显示一个随机数。
14.852260521218808
```

图 3.5　include 动作标记包含其他文件运行结果

（2）forward 动作元素

<jsp:forward>将客户端所发出来的请求,从一个 JSP 页面跳转到另一个页面(可以是一个 HTML 文件、JSP 文件、PHP 文件、CGI 文件,甚至是一个 Java 程序段等)。

该动作元素的语法格式如下：

```
<jsp:forward page={"relativeURL"|"<%=expression%>"}/>
```

其中,page 属性包含的是一个相对的 URL。page 的值既可以直接给出,也可以在请求的时候动态计算。

<jsp:forward page="URL"/>和请求转发相同,等同于下列代码：

```
<% request.getRequestDispatcher("URL").forward(request,response)
```

实例:demo3_7_forward.jsp

```
<html>
<head>
<meta http-equiv="Content-Type" content="text/html; charset=UTF-8">
<title>Insert title here</title>
</head>
<body>
    <jsp:forward page="welcome.jsp" />
</body>
</html>
```

该文件跳转到了一个 welcome.jsp 文件，注意这种跳转方式地址栏不变，如图 3.6 所示。

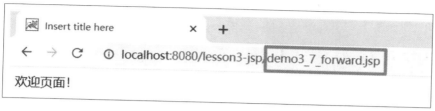

图 3.6　跳转页面

（3）param 动作元素

param 动作元素用于传递参数，使用<jsp:param>将当前 JSP 页面的一个或多个参数传递给所包含的或是跳转的 JSP 页面。该动作元素不能单独使用，必须和<jsp:include>、<jsp:plugin>或<jsp:forward>动作一起使用。

①param 和<jsp:include>动作一起使用的语法如下：

```
<jsp:include page="相对的 URL 值|"<%=表达式%>" flush="true">
    <jsp:param name="参数名 1" value="{参数值|<%=表达式%>}"/>
    <jsp:param name="参数名 2" value="{参数值|<%=表达式%>}"/>
</jsp:include>
```

②param 和<jsp:forward>动作一起使用的语法如下：

```
<jsp:forward page="path">
    <jsp:param name="参数名 1" value="{参数值|<%=表达式%>}"/>
    <jsp:param name="参数名 2" value="{参数值|<%=表达式%>}"/>
</jsp:forward>
```

（4）与 JavaBean 相关的动作元素

<jsp:useBean>、<jsp:setProperty>和<jsp:getProperty>是和 JavaBean 相关的动作元素，其中，<jsp:setProperty>和<jsp:getProperty>是<jsp:useBean>元素的子元素。要使用这些元素，需要理解什么是 JavaBean。

1）JavaBean

JavaBean 就是符合某种特定规范的 Java 类、一种可重用组件。JavaBean 必须是具体的和公共的，并且具有无参数的构造器。JavaBean 通过提供符合一致性设计模式的公共方法将内部域暴露成员属性，set 和 get 方法获取。属性名称符合这种模式，其他 Java 类可以通过自省机制（反射机制）发现和操作这些 JavaBean 的属性。

遵循了 JavaBean 的一个学生类 Student 定义如下：

```
public class Student {
    private String name;
    private String gender;
    private int age;
```

```
public Student ( ) {
}
public String getName( ) {
    return name;
}
public void setName(String name) {
    this.name = name;
}
public String getGender( ) {
    return gender;
}
public void setGender(String gender) {
    this.gender = gender;
}
public int getAge( ) {
    return age;
}
public void setAge(int age) {
    this.age = age;
}
}
```

实例：demo3_8_JavaBean.jsp

```
<body>
    <h1>使用 Java 代码块测试 JavaBean</h1>
    <%
        Student s1 = new Student( );
        Student s2 = new Student( );
        s1.setName("张三");
        s1.setGender("男");
        s1.setAge(18);
        s2.setName("李四");
        s2.setGender("男");
        s2.setAge(19);
    %>
    <h2>学生 1 的信息：</h2>
        姓名：<%=s1.getName( ) %><br>
        性别：<%=s1.getGender( ) %><br>
        年龄：<%=s1.getAge( ) %><br>
    <h2>学生 2 的信息：</h2>
        姓名：<%=s2.getName( ) %><br>
        性别：<%=s2.getGender( ) %><br>
        年龄：<%=s2.getAge( ) %><br>
</body>
```

运行结果如下：

使用 Java 代码块测试 JavaBeans

学生 1 的信息：

姓名：张三

性别：男

年龄：18

学生 2 的信息：

姓名：李四

性别：男

年龄：19

2）三种使用 JavaBean 的动作元素

①<jsp:useBean>：<jsp:useBean>动作元素用来查找或实例化一个 JSP 页面，或在指定范围内使用 JavaBean，其语法如下：

```
<jsp:useBean id="标识符" class="java 类名" scope="范围"/>
```

注意以下几点：

- id 是用来引用 JavaBean 实例的变量。如果能够在 scope 范围内找到和 id 相同的 JavaBean 实例，jsp:useBean 动作将使用已有的 JavaBean 实例，而不是创建新的实例。
- class 指定 JavaBean 的完整包名，即全限定名，表明 JavaBean 具体是对哪个类进行实例化。
- scope 指定 JavaBean 的有效范围，可取 4 个值分别为：page、request、session 和 application。默认值为 page。

②<jsp:setProperty>：<jsp:setProperty>用来设置已经实例化的 JavaBean 对象的属性。此标签等价于调用 JavaBean 中相应的 setXxx( )方法。

<jsp:setProperty>有几种语法实现方式。第一种方式语法如下：

```
<jsp:setProperty name = "JavaBean 实例名" property = "JavaBean 属性名" />
```

使用 request 对象中的一个参数值来指定 JavaBean 中的一个属性值。在这个语法中，property 指定 JavaBean 的属性名，而且 JavaBean 属性和 request 参数的名字应相同。也就是说，如果在 JavaBean 中有 setUserName(String userName)方法，那么，propertyName 的值就是"userName"。这种形式灵活性较强，可以有选择地对 JavaBean 中的部分属性赋值。

第二种方式语法如下：

```
<jsp:setProperty name = "JavaBean 实例名" property = "JavaBean 属性名" value = "BeanValue" />
```

和上面的方式相比，此方式多了一个属性 value，value 用来指定 JavaBean 属性的值，它与表单填写的内容无关。

第三种方式语法如下：

```
<jps:setProperty name = "JavaBean 实例名"  property = "*"/>
```

该方式是设置 JavaBean 属性的快捷方式，根据表单匹配所有属性。使用此方式的前提是，在 JavaBean 中的属性名必须和 request 对象中的参数名相匹配（大小写必须完全一致）。由于表单中传过来的数据类型都是 String 类型的，JSP 内在机制会把这些参数转化成 JavaBean 属性对应的类型。

第四种方式语法如下：

```
<jsp:setProperty name = "JavaBean 实例名" property = "JavaBean 属性名" param = "request 对象中的参数名"/>
```

属性 param 指定用哪个请求参数作为 JavaBean 属性的值。JavaBean 属性和 request 参数的名字可以不同。如果当前请求没有参数，则什么事情也不做，系统不会把 null 传递给 JavaBean 属性的 setXxx( )方法。因此，可以让 JavaBean 自己提供默认属性值，只有当请求参数明确指定了新值时才修改默认属性值。

使用<jsp:setProperty>注意以下几点：
- name 用来表明对应哪个 JavaBean 实例，这个动作和动作<jsp:useBean>中定义的 id 必须完全对应，包括大小写必须一致。这个属性是必须的。
- property 用来表示要设置哪个属性。如果 property 的值是"*"，表示用户在可见的 JSP 页面中输入的全部值，存储在匹配的 JavaBean 属性中。匹配的方法是：JavaBean 的属性名称必须与输入框的名字相同。property 属性是必须的。它表示要设置哪个属性。有一个特殊用法：如果 property 的值是"*"，表示所有的名字和 JavaBean 属性名字匹配的请求参数都将被传递给相应的属性 setXxx( )方法，这个属性是必须的。
- value 属性是可选的，该属性用来指定 JavaBean 属性的值。
- param 属性是可选的，它指定用哪个请求参数作为 JavaBean 属性的值。

下面的代码示例了四种不同的赋值方式。

login.jsp

```
<body>
    <h2 align=" center ">学生登记表</h2>
    <form name=" form1 " action=" javaBeanDemo.jsp " method=" get ">
        <p align=" center ">
            编号    <input type=" text " name=" id " style=" width:200px " />
        </p>
        <p align=" center ">
            姓名    <input type=" text " name=" name " style=" width:200px "/>
```

```
        </p>
        <p align =" center ">
            性别    <select name =" gender " id =" sex " style =" width:200px " />
                <option value ="男" selected>男</option>
                <option value ="女">女</option>
            </select>
        </p>
        <p align =" center ">
            年龄    <input type =" text " name =" age " style =" width:200px "/>
        </p>
        <p align =" center ">
        <input type =" submit " value ="提交" /> 
        <input type =" reset " value ="重置" />
        </p>
    </form>
</body>
```

实例：demo3_9_JavaBean_data.jsp

```
<%@ page language =" java " contentType =" text/html; charset =utf-8 " pageEncoding =" utf-8 "%>
<! DOCTYPE html PUBLIC "-//W3C//DTD HTML 4.01 Transitional//EN "
" http://www.w3.org/TR/html4/loose.dtd ">
<jsp:useBean id =" stu " class =" com.cqrk.domain.Student " scope =" session "/>
<html>
<head>
<meta http-equiv =" Content-Type " content =" text/html; charset =utf-8 ">
<title>在 JavaBean 中存放数据</title>
</head>
<body>
    <! -- 方式一 :根据表单匹配部分属性 -->
    <jsp:setProperty name =" stu " property =" sid " />
    <jsp:setProperty name =" stu " property =" sname " />
    <jsp:setProperty name =" stu " property =" ssex " />
    <jsp:setProperty name =" stu " property =" sage " />
    <jsp:setProperty name =" stu " property =" sdept " />

    <! -- 方式二:与表单无关   -->
    <jsp:setProperty name =" stu " property =" sid " value =" 001 " />
    <jsp:setProperty name =" stu " property =" sname " value =" zs " />
    <jsp:setProperty name =" stu " property =" ssex " value =" 男" />
```

```
<jsp:setProperty name=" stu " property =" sage " value =" 20 " />
<jsp:setProperty name=" stu " property =" sdept " value ="计算机" />


<! -- 方式三：根据表单匹配所有属性 -->
<jsp:setProperty property =" * " name =" stu " />


<! -- 方式四：通过 URL 传参数给属性赋值 -->
<jsp:setProperty name=" stu " property =" sid " param =" sid " />
<jsp:setProperty name=" stu " property =" sname " param =" sname " />
<jsp:setProperty name=" stu " property =" ssex " param =" ssex " />
<jsp:setProperty name=" stu " property =" sage " param =" sage " />
<jsp:setProperty name=" stu " property =" sdept " param =" sdept " />
<h2>学生信息如下：</h2>
    学号：<jsp:getProperty name =" stu " property =" sid " /><br>
    姓名：<jsp:getProperty name =" stu " property =" sname " /><br>
    性别：<jsp:getProperty name =" stu " property =" ssex " /><br>
    年龄：<jsp:getProperty name =" stu " property =" sage " /><br>
    院系：<jsp:getProperty name =" stu " property =" sdept " /><br>
</body>
</html>
```

运行结果如图 3.7 所示。

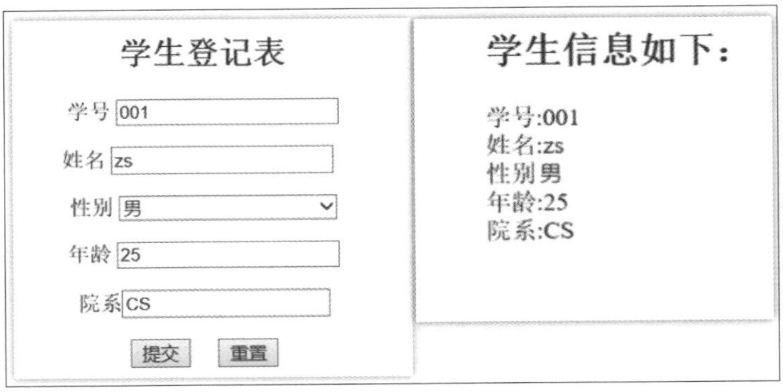

图 3.7　JavaBean 中四种不同的赋值方式

③<jsp:getProperty>：JSP 中的 jsp:getProperty 标签用来从指定的 JavaBean 中读取指定的属性值，并输出到页面中。该 JavaBean 必须具有 getXxx( )方法。

语法如下：

```
<jsp:getProperty  name = "JavaBean 实例名"  property = "JavaBean 属性名">
```

例如：

```
<h2>学生信息如下：</h2>
    学号：<jsp:getProperty name="stu" property="sid" /><br>
    姓名：<jsp:getProperty name="stu" property="sname" /><br>
    性别：<jsp:getProperty name="stu" property="ssex" /><br>
    年龄：<jsp:getProperty name="stu" property="sage" /><br>
    院系：<jsp:getProperty name="stu" property="sdept" /><br>
```

3.2.4 JSP 注释

JSP 有三种注释，分别是 HTML 注释标记、JSP 注释标记、JSP 脚本注释。

（1）JSP 页面中的 HTML 注释

JSP 页面中的 HTML 注释使用"<!--"和"-->"创建，它的具体形式如下所示：

```
<!-- 注释内容 -->
```

当它出现在 JSP 页面时，被原样加入 JSP 响应中，而且出现在生成的 HTML 代码中，此代码将发送给浏览器。使用该注释方法，其中的注释内容在客户端浏览中是看不见的。但是查看源代码时，客户端可以看到这些注释内容。由于 HTML 注释不是简单地被 JSP 忽略，因此它们可以包含内嵌的动态内容。HTML 注释内的 JSP 表达式将被计算和执行，并送给浏览器的响应。

```
<body>
    <!-- <form action="StudentServlet" method="post">
        用户：<input type="text" name="user" /><br>
        密码：<input type="password" name="pswd" /><br>
        <input type="submit" value="登录" />
    </form> -->
</body>
```

（2）JSP 注释标记

JSP 也提供了自己的标记来进行注释，也叫隐藏注释，使用"<%--"和"--%>"创建，其格式一般如下：

```
<%-- 注释内容 --%>
```

使用该注释方法的内容在客户端源代码中是不可见的，其安全性比 HTML 注释高。

```
<%-- <jsp:setProperty name="stu" property="sid" />
<jsp:setProperty name="stu" property="sname" />
<jsp:setProperty name="stu" property="ssex" />
<jsp:setProperty name="stu" property="sage" />
<jsp:setProperty name="stu" property="sdept" />    --%>
```

使用隐藏注释的目的并不是提供给用户的,它可以达到两种目的:一是为了程序设计和开发人员阅读程序的方便,增强程序的可读性,二是增强程序的安全性,用户如果通过Web浏览器查看该JSP页面,看不到隐藏注释中注释的内容。

(3)JSP脚本注释

这里的脚本是嵌入<%和%>标记之间的Java程序代码,在脚本中进行的注释和Java类中的注释方法一样。可以使用"//"来注释单行内容,使用"/ *"和" */"来注释多行内容。具体的使用格式如下:

```
<%
    Student s1 = new Student( );
    Student s2 = new Student( );
    /* s1.setSid("001");  // 多行注释
    s1.setSname("张三");
    s1.setSsex("男"); */
    //s1.setSage(18);        // 单行注释
    //s1.setSid("002");
    s1.setSname("李四");
    s1.setSsex("男");
    s1.setSage(19);
%>
```

3.3　JSP 的九大内置对象

所谓内置对象,指 JSP 中不需要声明和定义,就可以在脚本代码和表达式中直接使用的对象。Web 服务器将 JSP 翻译成 Servlet 时,会在 service( )方法中提供 Web 开发所需要的对象,开发者就可以在 JSP 页面中直接使用这些对象,而无须声明和定义。JSP 中一共定义了 9 个内置对象(图 3.8):request、response、session、application、out、pageContext、config、page、exception。

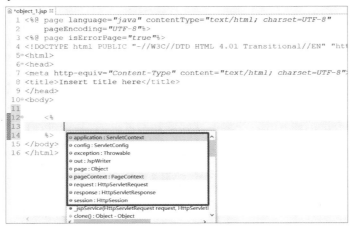

图 3.8　JSP 的 9 大内置对象

JSP 内置对象及其类型和作用域见表 3.1。

表 3.1　JSP 内置对象及其类型和作用域

内置对象	说明	类型	作用域
request	请求对象	javax.servlet.ServletRequest	request
response	响应对象	javax.servlet.SrvletResponse	page
session	会话对象	javax.servlet.http.HttpSession	session
application	应用程序对象	javax.servlet.ServletContext	application
out	字符输出流对象	javax.servlet.jsp.JspWriter	page
pageContext	页面上下文对象	javax.servlet.jsp.PageContext	page
config	当前 Servlet 信息配置对象	javax.servlet.ServletConfig	page
page	当前页面对应的 Servlet 对象	javax.lang.Object	page
exception	异常对象	javax.lang.Throwable	page

3.3.1　request

客户端的请求信息被封装在 request 对象中,首先通过它获取客户的需求信息,然后处理请求信息,才能做出响应。request 是 HttpServletRequest 类的实例。

request 对象提供的常用方法见表 3.2。

表 3.2　request 对象常用方法

方法名	说明
getAttribute( )	获取指定属性的值,如该属性值不存在返回 Null
getAttributeNames( )	获取所有属性名的集合
getCookies( )	获取所有 Cookie 对象
getCharacterEncoding( )	获取请求的字符编码方式
getParameter( )	获取指定名字参数值
getParameterNames( )	获取枚举型所有参数的名字
getParameterValues( )	获取指定名字参数的所有值
getSession( )	获取和请求相关的会话
removeAttribute( )	删除请求中的一个属性
setAttribute( )	设置指定名字参数值

3.3.2 response

response 对象是处理响应信息,包括处理 HTTP 的连接信息,例如设置 HTTP 文件头、设置 Cookie 对象等,但在 JSP 中很少直接用到它。response 是 HttpServletResponse 类的实例。response 对象提供的常用方法见表 3.3。

表 3.3 response 对象常用方法

方法名	说明
addCookie( )	添加一个 Cookie 对象
addHeader( )	添加 HTTP 文件指定名字头信息
containsHeader( )	判断指定名字 HTTP 文件头信息是否存在
encodeURL( )	使用 sessionid 封装 URL
flushBuffer( )	强制把当前缓冲区内容发送到客户端
getBufferSize( )	返回缓冲区大小
getOutputStream( )	返回到客户端的输出流对象
sendError( )	向客户端发送错误信息
sendRedirect( )	重定向,把响应发送到另一个位置进行处理
setContentType( )	设置响应的 MIME 类型
setHeader( )	设置指定名字的 HTTP 文件头信息

3.3.3 session

session 对象是浏览器与服务器的一次会话,从客户端连到服务器的一个 WebApplication 开始,直到客户端与服务器断开连接为止。它不止局限于一个 Servlet,session 是 HttpSession 类的实例。也就是说,它在第一个 JSP 被装载时就自动创建,完成会话期管理。

会话:从一个客户打开浏览器并连接到服务器开始,到客户关闭浏览器离开这个服务器结束(或者超时),被称为一个会话。当一个客户访问一个服务器时,可能会在此服务器的几个页面之间切换,服务器通过创建 session 对象就可以知道这是同一个客户。

由于 HTTP 协议是无状态协议,无法满足互联网日益发展的需求,需要使用 session 来存放用户每次的登录信息。

session 对象提供的常用方法见表 3.4。

表 3.4　session 对象常用方法

方法名	说明
getAttribute( )	获取指定名字的属性
getAttributeNames( )	获取 session 中全部属性名字,枚举类型
getId( )	获取会话标识符
invalidate( )	销毁 session 对象
isNew( )	判断 session 对象是否是新创建
removeAttribute( )	删除指定名字的属性
setAttribute( )	设置指定名字属性值

实例:demo3_10_session.jsp

```
<body>
    <%
        session.setAttribute("id", "p001");      // 设置属性
        session.setAttribute("name","王远");   // 设置属性
    %>
    <%
        String id = (String) session.getAttribute("id"); //getAttribute()方法取得设置的属性
        String name = (String) session.getAttribute("name");
    %>
    <h4>ID 号: ${id}</h4>
    <h4>姓名: ${name}</h4>
    <%
        session.invalidate();    // 销毁 session 对象
    %>
    <h4>ID 号: ${id}</h14>
    <h4>姓名: ${name}</h4>
</body>
```

运行结果如图 3.9 所示。

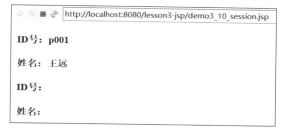

图 3.9　session 对象相关方法的运行结果

3.3.4 application

application 对象代表当前的应用程序,存在于服务器的内存空间中。应用一旦启动便会自动生成一个 application 对象。application 对象实现了用户之间的数据共享,可存放全局变量。它开始于服务器的启动,直到服务器的关闭,在此期间,此对象一直会存在;这样在用户的前后连接或不同用户之间的连接中,可以对此对象的同一属性进行操作;在任何地方对此对象属性的操作,都将影响到其他用户对此的访问。服务器的启动和关闭决定了 application 对象的生命,application 的生命周期比 session 更长。application 是 ServletContext 类的实例。application 对象常用来为多个用户共享全局信息,比如当前的在线人数等。

application 对象提供的常用方法见表 3.5。

表 3.5 application 对象常用方法

方法名	说明
getAttribute( )	获取应用对象中指定名字的属性值
getAttributeNames( )	获取应用对象中所有属性的名字,枚举类型
getInitParameter( )	返回应用对象中指定名字的初始参数值
getServletInfo( )	返回 Servlet 编译器中当前版本信息

实例: demo3_11_application.jsp

```
<body>
    Server 版本信息:<br>
    <%=application.getServerInfo()%><br> 服务器支持的 Server API 的最大版本号:
    <%=application.getMajorVersion()%><br> 服务器支持的 Server API 的最小版本号:
    <%=application.getMinorVersion()%><br> 指定资源(文件及目录)的 URL 路径:
    <%=application.getResource("demo3_11_application.jsp")%>
    <br>
    返回 applicationDemo.jsp 虚拟路径的真实路径:
    <%=application.getRealPath("demo3_11_application.jsp")%>
</body>
```

运行结果如图 3.10 所示。

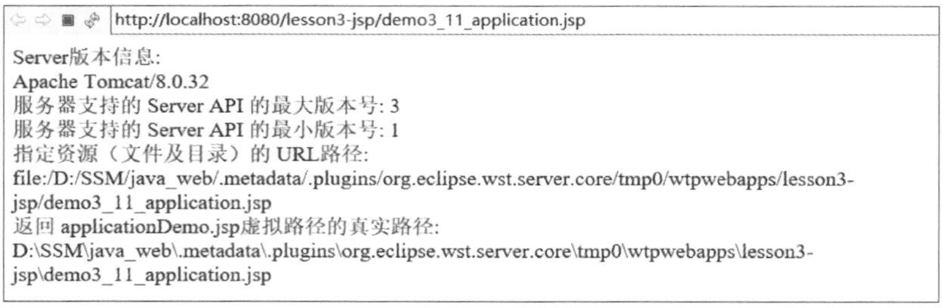

```
http://localhost:8080/lesson3-jsp/demo3_11_application.jsp
Server版本信息:
Apache Tomcat/8.0.32
服务器支持的 Server API 的最大版本号:3
服务器支持的 Server API 的最小版本号:1
指定资源(文件及目录)的 URL路径:
file:/D:/SSM/java_web/.metadata/.plugins/org.eclipse.wst.server.core/tmp0/wtpwebapps/lesson3-
jsp/demo3_11_application.jsp
返回 applicationDemo.jsp虚拟路径的真实路径:
D:\SSM\java_web\.metadata\.plugins\org.eclipse.wst.server.core\tmp0\wtpwebapps\lesson3-
jsp\demo3_11_application.jsp
```

图 3.10 application 对象相关方法的运行结果

3.3.5 out

out 对象是一个输出流,用来向浏览器输出信息,除了输出各种信息外还负责对缓冲区进行管理。out 是 JspWriter 类的实例。out 对象提供的常用方法见表 3.6。

表 3.6 out 对象常用方法

方法名	说明
clear( )	清除缓冲区中数据,但不输出到客户端
close( )	关闭输出流
clearBuffer( )	清除缓冲区中数据,输出到客户端
flush( )	输出缓冲区数据
getBufferSize( )	获得缓冲区大小
getRemaining( )	获得缓冲区中没有被占用的空间
isAutoFlush( )	是否为自动输出
newLine( )	输出换行字符
print 或 println( )	输出数据

JSP 页面转换为 Servlet 后,使用的 out 对象是 JspWriter 类型的,所以是会先将要发送的数据存入 JSP 输出缓存中。JSP 输出底层使用 response.getWriter( ),等 JSP 输出缓存满了,再自动刷新到 Servlet 输出缓存,等 Serlvet 输出缓存满了或程序结束了,就会将其输出到浏览器上。除非使用 out.flush( )方法手动清空缓冲区。

实例:demo3_12_out.jsp

```
<body>
    <%
        int a = 2, b = 3;
        out.write("------------------out.write 只支持字符串和字符数组输出<br>");
        out.write(a + b); // 此输出语句不能输出至浏览器
        out.print("------------------out.print 可支持多个类型输出<br>");
        out.print(true);
        out.print("<br>");
        out.print(a + b);
        // out.flush( );  // 手动清空缓冲区
        response.getWriter( ).print("response.getWriter( ).print( )这条语句先执行!<br>");
        out.print("<br>");
        out.print(3.14);
    %>
</body>
```

输出结果如图 3.11 所示。

图 3.11　out 对象相关方法的运行结果

从输出结果可以看出,out 对象是先将其输出到 JSP 缓存中,所以 out.print()里的内容加入了 JSP 缓存,而 response.getWriter().print("这条语句先执行!")是直接将字符串"这条语句先执行!"输出到 Servlet 缓存中,然后又使用 out 对象将 out.print 里的内容从 JSP 缓存刷新到 Servlet 缓存,最后到浏览器也就得到图 3.11 的输出结果了。JSP 缓存示意图如图 3.12 所示。

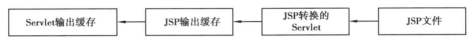

图 3.12　JSP 缓存示意图

3.3.6　pageContext

pageContext 就是 JSP 页面的管理者(上下文),pageContext 对象提供了对 JSP 页面内所有的对象及名字空间的访问,也就是说,它可以访问到本 JSP 页面所在的 session,也可以获取本 JSP 页面所在的 application 的某一属性值,pageContext 是 PageContext 类的实例。它不只是域对象,而且还可以操作所有域对象,它能获取其他八个内置对象,可以认为是一个入口对象,相当于页面中所有功能的集大成者。

通常 JSP 页面中是不建议写 Java 代码的,所有的 Java 代码都需要通过自定义标签来封装,在自定义标签中,程序员无法使用另外八大内置对象,而只能使用 pageContext,因此在自定义标签中必须利用 pageContext 来获取其他内置对象。

pageContext 能作为域对象存储数据,通常称为 page 域,而这个 page 域的范围只是在当前 JSP 页面中。例如可以使用 pageContext.setAttribute()方法和 pageContext.getAttribute()方法来在 page 域中设置和获取某个属性值,即存储的数据。pageContext 还能指定存储的数据应该保存在其他的哪个域中,其中"scope"参数代表各个域的常量。使用 pageContext 可以访问 page、request、session、application 范围的变量。pageContext 对象提供的常用方法见表 3.7。

表 3.7　pageContext 对象常用方法

方法名	说明
findAttribute()	按页面、请求、会话和应用程序共享范围搜索已命名的属性
forward()	将页面导航到指定的 URL
getAttribute()	取得指定共享范围内以 name 为名字的属性值
getXXX()	取得页面的 XXX 对象(其他八大内置对象)

续表

方法名	说明
removeAttribute( )	移除指定名称和共享范围的属性
setAttribute( )	在指定的共享范围内设置属性

findAttribute(name)方法依次从 page、request、session、application 查找以 name 为名的 Attribute,找到就返回对象,都找不到返回 null。

它也可以提供作用域常量:

PageContext.PAGE_SCOPE 代表 1;

PageContext.REQUEST_SCOPE 代表 2;

PageContext.SESSION_SCOPE 代表 3;

PageContext.APPLICATION_SCOPE 代表 4。

实例:demo3_13_scope.jsp

```
<body>
    提供作用域常量分别是:<br>
    <%=PageContext.PAGE_SCOPE%>
    <%=PageContext.REQUEST_SCOPE%>
    <%=PageContext.SESSION_SCOPE%>
    <%=PageContext.APPLICATION_SCOPE%>

    <! -- findAttribute(name)方法执行顺序 page-request-session-application -->
    <br>
    <%
        pageContext.setAttribute("name","张三");
    %>

    用户名: <input type="text" value="${name}"> <br>
    <%
        request.setAttribute("data","办公数据");
    %>
    <%
        String data1 = (String) pageContext.getAttribute("data", pageContext.REQUEST_
SCOPE);
        out.write(data1);
    %><br>
    <%
        String data2 = (String) pageContext.findAttribute("data");
        out.write(data2);
    %>
</body>
```

运行结果如图 3.13 所示。

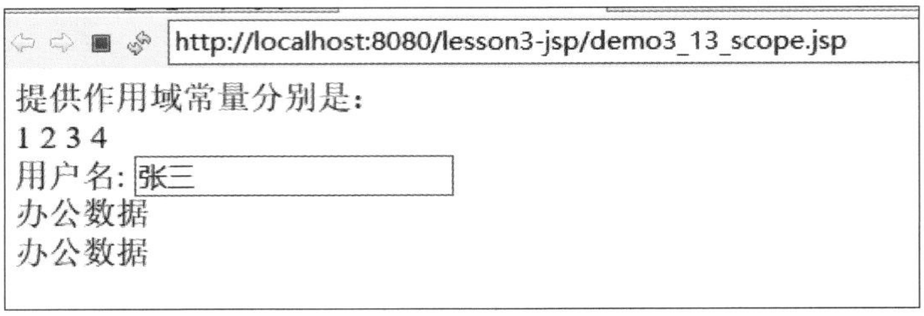

图 3.13   pageContext 相关方法的运行结果图

3.3.7   config

config 对象中存储了一些 Servlet 初始化的数据结构,当 Servlet 初始化时,Servlet 容器通过 config 对象将这些信息传递给这个 Servlet。一般在 web.xml 文件中配置 Servlet 程序和 JSP 页面的初始化参数。实现了 javax.servlet.ServletConfig 接口,通常 config 对象在 JSP 中使用较少。

config 对象提供的常用方法见表 3.8。

表 3.8   config 对象常用方法

方法名	说明
getServletContext( )	获取 Servlet 上下文
getServletName( )	获取 servlet 服务器名
getInitParameter( )	获取服务器所有初始参数名称,返回值为 java.util.Enumeration 对象
getInitParameterNames( )	获取服务器中 name 参数的初始值

3.3.8   page

page 对象有点类似于 Java 中的 this 指针,它指向了当前 JSP 页面本身。page 对象是 java.lang.Object 类的一个实例。

page 对象提供的常用方法见表 3.9。

表 3.9   page 对象常用方法

方法名	说明
toString( )	将当前项目的信息打印出来
getClass( )	返回当前的 Object 类
hashCode( )	返回 page 对象的 hashCode 值
equals( )	用于比较对象是否与当前对象相同

3.3.9 exception

exception 对象表示 JSP 引擎在执行代码时抛出的异常。如果想要使用 exception 对象,那么需要配置编译指令的 isErrorPage 属性为 true。即在页面指令中设置:

```
<%@ page isErrorPage="true"%>
```

exception 对象提供的常用方法见表 3.10。

表 3.10 exception **对象常用方法**

方法名	说明
getMessage( )	返回错误信息
toString( )	以字符串的形式返回一个对异常的描述
printStackTrace( )	以标准错误的形式输出一个错误和错误的堆栈

例如 demo3_2_error.jsp 已经说明了 exception 的 getMessage( )方法。

3.4 JSP 四大作用域

作用域就是指信息共享的范围,也就是说,一个信息能够在多大的范围内有效。JSP 的四大作用域包括 pageContext、request、session、application,其实它们就是 JSP 九大内置对象中的四个,之所以叫它们作用域,因为这四个对象都能存储、取出数据(对象)。这四个作用域使用的方法都相同,区别就在于它们存取数据范围的大小。这四个作用域的对象名和范围见表 3.11。

表 3.11 JSP **的四大作用域**

对象名	作用域范围
pageContext	在当前页面有效
request	在当前请求中有效
session	在当前会话中有效
application	在项目(整个应用程序)中有效

这四个域对象都提供了对数据的存、取、移除,其共同的主要方法是:

```
public Object getAttribute(String name)              // 从域对象中获取信息
public void setAttribute(String name,Object value)   // 向域对象作用域中设置信息
public void removeAttribute(String name)             // 删除域对象中的一个属性
```

3.4.1 pageContext(页面上下文)

page 变量只能在当前页面上生效。对 page 对象的引用将在响应返回给客户端之后被释放,或者在请求被转发到其他地方后被释放。也就是说,page 里的变量只要页面跳转了,它们就不能使用了。如果把变量放到 pageContext 里,说明它的作用域是 page,它的有效范围只在当前 JSP 页面里。从把变量放到 pageContext 开始,到 JSP 页面结束,只有在本页面内,都可以使用这个变量。

实例:demo3_14_page.jsp

```
<body>
    <%
    // pageContext 的属性只能够在本页中取得
    pageContext.setAttribute("id","p001");        // 设置属性
    pageContext.setAttribute("name","李四");   // 设置属性
    %>
    <%
    // getAttribute()方法取得设置的属性
    String id = (String) pageContext.getAttribute("id");
    String name = (String) pageContext.getAttribute("name");
    %>
    <h1>
        ID 号:<%=id%></h1>
    <h1>
        姓名:${name}</h1>
</body>
```

在 demo3_14_page.jsp 中加上<jsp:forward page="demo3_14_page_1.jsp"/>,修改后的内容如下:

实例:demo3_14_page.jsp

```
<body>
    <%
        //pageContext 的属性只能够在本页中取得
        pageContext.setAttribute("id","p001");    //设置属性
        pageContext.setAttribute("name","李四");  //设置属性
    %>
    <%
    //getAttribute()方法取得设置的属性
    String id = (String) pageContext.getAttribute("id");
    String name = (String) pageContext.getAttribute("name");
    %>
    <h1>
        ID 号:<%=id%></h1>
```

```
    <h1>
        姓名:＄｛name｝</h1>
    <!-- 此处设置请求转发(跳转到 demo3_14_page_1.jsp) -->
    <jsp:forward page=" demo3_14_page_1.jsp " />
</body>
```

实例:demo3_14_page_1.jsp

```
<body>
    <%
        //getAttribute()方法取得设置的属性
        String id = (String) pageContext.getAttribute("id");
        String name = (String) pageContext.getAttribute("name");
    %>
    <h1>
        ID 号:<%=id%></h1>
    <h1>
        姓名:＄｛name｝</h1>
</body>
```

运行结果如图 3.14 所示。

http://localhost:8080/lesson3-jsp/demo3_14_page.jsp

ID号: null

姓名:

图 3.14 pageContext 范围的运行结果图

由此可知,因为 page 范围的限制是不能跨页的,所以页面跳转之后,就获取不到属性了。如果希望跳转到其他页面中,依然可以取得对象的值,则可以扩大属性范围,使用request 属性范围即可。

需要注意,所谓的 page 范围,实际上操作的时候是使用 pageContext 内置对象完成的。

3.4.2 request(请求)

request 代表变量能在一次请求中生效,一个 request 可能包含一个页面,也可能包含多个 page 页面(include,forward 及 filter)。比如 a.jsp 请求转发到 b.jsp。所谓一次请求,就是指从浏览器发起 HTTP 请求,到服务器处理结束、返回响应的整个过程。在这个过程中可能使用 forward 的方式跳转了多个 JSP 页面,在这些页面里都可以使用这个 request变量。

实例：demo3_15_ request.jsp

```
<body>
    <%
        // request 的属性既能够在本页中取得,又能够跨页面(跳转至其他页面)
        request.setAttribute("id","p002");    //设置属性
        request.setAttribute("name","陈兰");  //设置属性
    %>
    <%
        // getAttribute()方法取得设置的属性
        String id = (String) request.getAttribute("id");
        String name = (String) request.getAttribute("name");
    %>
    <h1>
        ID 号:<%=id%></h1>
    <h1>
        姓名: ${name}</h1>
    <!-- 此处设置请求转发(跳转到 demo3_15_request_1.jsp) -->
    <jsp:forward page="demo3_15_request_1.jsp" />
</body>
```

实例：demo3_15_ request_1.jsp

```
<body>
    <%
        //getAttribute()方法取得设置的属性
        String id = (String) request.getAttribute("id");
        String name = (String) request.getAttribute("name");
    %>
    <h2>
        ID 号:<%=id%></h2>
    <h2>
        姓名: ${name}</h2>
    <!-- 此处设置请求转发(跳转到 demo3_15_request_2.jsp) -->
    <jsp:forward page="demo3_15_request_2.jsp" />
</body>
```

实例：demo3_15_ request_2.jsp

```
<body>
    <%
        //getAttribute()方法取得设置的属性
        String id = (String) request.getAttribute("id");
```

```
        String name = (String) request.getAttribute("name");
    %>
    <h2>
        ID 号:<%=id%></h2>
    <h2>
        姓名:${name}</h2>
    <!-- 此处设置一个超链接到 demo3_15_request_3.jsp -->
    <a href="demo3_15_request_3.jsp">超链接到 demo3_15_request_3.jsp</a>
</body>
```

运行结果如图 3.15 所示。

图 3.15　request 范围的运行结果图

request 属性范围表示在一次服务器跳转中有效,**只要是服务器跳转(请求转发),则第一个页面设置的 request 属性可以一直传递下去**。如果在页面中出现了超链接,因为属于另一次请求,则不能传递 request 属性了。

需要注意的是请求转发不是重定向,**请求转发是在 Web 应用内部(服务器)进行的,即使是跳转到不同的页面,仍然是一次请求**;既然是一次请求,无论在服务器上如何转发,浏览器地址栏中显示的仍然是最初那个 URL 的地址,请求转发对浏览器是透明的。

3.4.3　session(会话)

session 作用域比 request 大,它允许同一浏览器对服务器进行多次访问(请求),只要浏览器不关闭,在这多次访问之间传递信息。会话是指从用户打开浏览器开始,一直到用户关闭浏览器的过程,这个过程可能包含多次请求响应。也就是说,只要用户不关浏览器,服务器可以利用 cookie 知道这些请求是一个浏览器发起的,这整个过程被称为一个会话(session),如果把变量放到 session 里,就说明它的作用域是 session,它的有效范围是当前会话。浏览器不关闭,cookie 就会一直生效,cookie 生效,session 的使用就不会受到影响。

实例:demo3_16_session.jsp

```
<body>
    <%
        // session 的属性既能够在本页中取得,又能够跨页面(各种方式都可跳转至其他页面)
        // session 的属性不能跨浏览器取得
        session.setAttribute("id", "p003");    // 设置属性
        session.setAttribute("name", "王远");    // 设置属性
    %>
```

```
<%
    //getAttribute( )方法取得设置的属性
    String id = (String) session.getAttribute("id");
    String name = (String) session.getAttribute("name");
%>
<h1>
    ID 号:<%=id%></h1>
<h1>
    姓名: ${name}</h1>
<!-- 此处设置请求转发(跳转到 demo3_16_session_1.jsp) -->
<jsp:forward page="demo3_16_session_1.jsp" />
</body>
```

实例:demo3_16_session_1.jsp

```
<body>
    <%
        //getAttribute( )方法取得设置的属性
        String id = (String) session.getAttribute("id");
        String name = (String) session.getAttribute("name");
    %>
    <h2>
        myID 号:<%=id%></h2>
    <h2>
        my 姓名: ${name}</h2>
    <!-- 此处设置一个超链接到(demo3_16_session_2.jsp) -->
    <a href="demo3_16_session_2.jsp">超链接到 demo3_16_session_2.jsp</a>
</body>
```

实例:demo3_16_session_2.jsp

```
<body>
    <%
        //getAttribute( )方法取得设置的属性
        String id = (String) session.getAttribute("id");
        String name = (String) session.getAttribute("name");
    %>
    ----此页面是超链接跳转过来的----<br>
    <h2>
        my-ID 号:<%=id%></h2>
    <h2>
        my-姓名: ${name}</h2>
</body>
```

运行结果如图3.16所示。

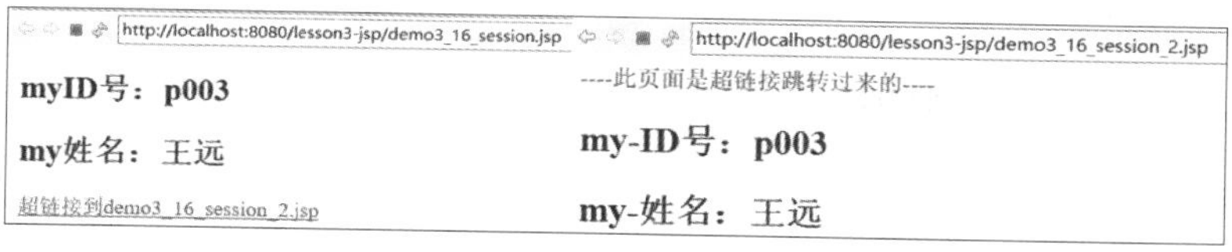

图 3.16　session 范围的运行结果图

由运行结果可以知道,**不管是页面跳转,还是超链接(相当于从客户端跳转),只要是同一浏览器,其他页面都可以获取第一个页面的属性。但如果新打开一个浏览器,则无法获取属性了**。

3.4.4　application(应用)

该对象代表 Web 应用本身,整个 Web 应用共享一个 application 对象,该对象主要用于在多个 JSP 页面或者 Servlet 之间共享变量。它的生命周期从服务器启动到关闭,因此它的存活时间是最长的。在此期间,application 对象将一直存在。这样,在用户的前后连接或不同用户之间的连接中,可以对此对象的同一属性进行操作。在任何地方对此对象属性的操作,都会影响到其他用户的访问。

application 作用域上的信息传递是通过 ServletContext 实现的。

application 通过 setAttribute( )方法将一个值放入某个属性,该属性的值对整个 Web应用有效,因此 Web 应用的每个 JSP 页面或 Servlet 都可以访问该属性,访问属性的方法为 getAttribute( )方法。

实例:demo3_17_application.jsp

```
<body>
  <%!
    int a = 1;
  %>
  <%
    // 将 a 值自加后放入 application 的 count 变量中
    application.setAttribute("count", String.valueOf(a++));
    // getAttribute 方法返回的是 Object 类型
    String str = application.getAttribute("count").toString();
    out.print("count = " + str);   /*每刷新页面一次,count 值增 1*/
  %>
</body>
```

运行结果如图3.17所示。

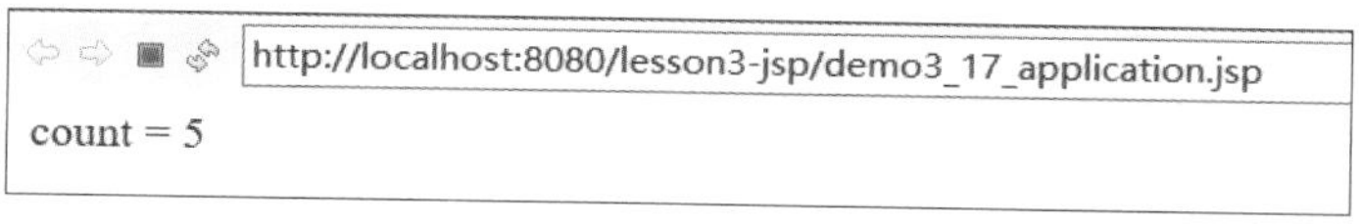

count = 5

图 3.17　application 范围的运行结果图

因为 application 属性范围是在服务器上设置的一个属性,所以一旦设置之后任何用户都可以浏览到此属性,所以 application 是全局范围的域对象。

3.4.5　pageContext 属性作用域的补充说明

pageContext 类继承了 JspContext 类,所以在 pageContext 类中实现了抽象的 setAttribute 方法:

```
public abstract void setAttribute(String name, Object value, int scope)
```

setAttribute()方法如果不写后面的 int 类型的 scope 参数,则此参数默认为 PAGE_SCOPE,则此时 setAttribute()方法设置的就是 page 属性范围,和之前使用的 setAttribute()方法效果是相同的:

```
public abstract void setAttribute(String name, Object value)
```

如果传递过来的 int 类型参数 scope 为 REQUEST_SCOPE,则此时 setAttribute()方法设置的就是 request 属性范围,同理,传递的 scope 参数为 SESSION_SCOPE 和 APPLICATION_SCOPE 时,则表示 setAttribute()方法设置的就是 session 属性范围和 application 属性范围。

pageContext 中代表域的常量如下:

- pageContext. PAGE_SCOPE
- pageContext. REQUEST_SCOPE
- pageContext. SESSION_SCOPE
- pageContext. APPLICATION_SCOPE

实例:demo3_18_pageAdd1.jsp

```
<body>
    <%
        //setAttribute 方法多了个设置范围的参数,以指定不同的范围
        pageContext.setAttribute("id", "p001", pageContext.SESSION_SCOPE);//设置范围
为 session
        pageContext.setAttribute("name", "李四", pageContext.APPLICATION_SCOPE);  //
设置范围为 application
    %>
    <%
    //getAttribute()方法取得设置的属性
    String id = (String) pageContext.getAttribute("id", pageContext.SESSION_SCOPE);
    String name = (String) pageContext.getAttribute("name", pageContext.APPLICATION_
SCOPE);
    %>
    <h1>
        ID 号:<%=id%></h1>
```

```
    <h1>
        姓名: $ |name| </h1>
    <!-- 此处设置一个超链接到 demo3_18_pageAdd2.jsp.jsp) -->
    <a href=" demo3_18_pageAdd2.jsp ">超链接到 demo3_18_pageAdd2.jsp</a>
</body>
```

实例: demo3_18_pageAdd2.jsp

```
<body>
    <%
        //getAttribute()方法取得设置的属性
        String id = (String) pageContext.getAttribute(" id ", pageContext.SESSION_SCOPE);
        String name = (String) pageContext.getAttribute(" name ", pageContext.APPLICATION_
SCOPE);
    %>
    <h2>
        ID 号: <%=id%></h2>
    <h2>
        姓名: <%=name%></h2>
</body>
```

运行结果如图 3.18 所示。

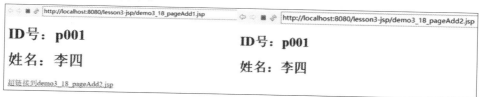

图 3.18　pageContext 范围的运行结果图

3.5　JSP 与 Servlet 的区别和联系

JSP 技术使用 Java 编程语言编写类 XML 的 tags 和 scriptlets, 来封装产生动态网页的处理逻辑。网页还能通过 tags 和 scriptlets 访问存在于服务端的资源的应用逻辑。JSP 将网页逻辑与网页设计和显示分离, 支持可重用的基于组件的设计, 使基于 Web 的应用程序的开发变得迅速和容易。它替代 Servlet 程序回传 HTML 页面的数据。

Servlet 是服务器端的 Java 应用程序, 具有独立于平台和协议的特性, 它最终生成了动态 Web 内容。Servlet 接收客户请求、处理数据并生成结果、返回数据, 所以它担当客户请求(Web 浏览器或其他 HTTP 客户程序)与服务器响应(HTTP 服务器上的数据库或应用程序)的中间层。

JSP 与 Servlet 在本质上是相同的, Web 容器会把 JSP 页面翻译成为一个 Servlet 文件(Java 源文件), 并且把它编译成为.class 字节码程序。

3.6　案　例

3.6.1　Eclipse 中部署 Tomcat

在第 1 章的案例中,把资源文件(如 *.html, *.jsp)直接放置到 Webapps 目录下发布,虽然可以正常访问资源,但通过这样直接拷贝资源的方式发布相当麻烦,因为经常要对程序进行调试,操作烦琐且容易出错,所以不会采用此方式。通常,采用在 Eclipse、MyEclipse 或 Idea 中部署 Tomcat 的方式来进行。

在 Eclipse 中部署 Tomcat 是比较常见的方式。下面列出了此方式的详细步骤:

①双击 eclipse.exe,启动 Eclipse。出现如图 3.19 所示的 Eclipse 主界面。

图 3.19　Eclipse 主界面

②单击菜单栏的"Window",然后选择"Preferences",弹出 Preferences 窗口,如图 3.20 所示。

③单击 Preferences 弹出窗口的"Server",再选择"Runtime Environment",然后单击右边的"Add"按钮,弹出"New Server Runtime Environment"窗口,如图 3.21 所示。

④在该弹出窗口上选择"Apache",然后选择 Tomcat 版本"Apache Tomcat v9.0",这里需要注意的是选择 Tomcat 版本须和实际安装的 Tomcat 版本一致,最后单击"Next",如图 3.22 所示。

⑤在该弹出窗口上选择"Browse"打开浏览路径窗口,在窗口中选择 Tomcat 的安装根目录,点击"确定",则在"Browse"左边的空白框中显示 Tomcat 服务器的安装目录,它的上面"Name"是 Tomcat 服务器的名字,下面 JRE 选自己安装好了的 JDK(所以建议预先安装 JDK,系统自己识别),点击"Finish"即可,如图 3.23 所示。

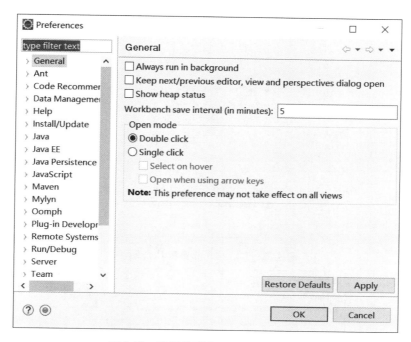

图 3.20　选择并弹出 Preferences 窗口

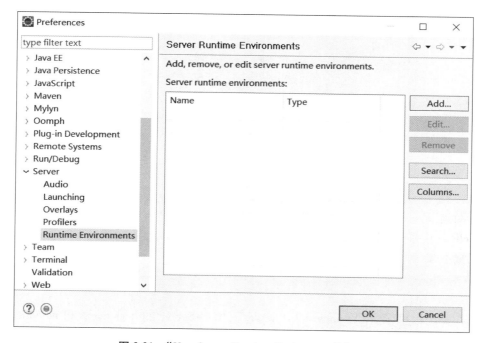

图 3.21　"New Server Runtime Environment"窗口

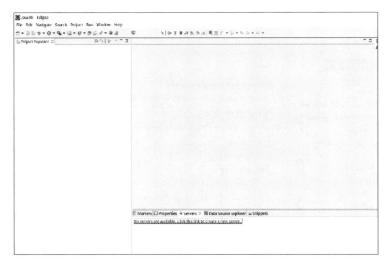

图 3.22　Tomcat 9 部署在 Eclipse 中

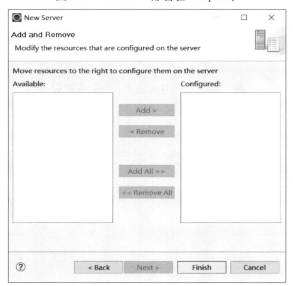

图 3.23　"New Server"窗口

⑥回到"Preferences"窗口,在窗口中出现"Apache Tomcat v9.0",表示 Tomcat 9 已经部署在 Eclipse 中了,点击"OK"。

⑦接下来,需要添加 Server。在 Eclipse 窗口中,点击"No servers are available. Click this link to create a new server...",或菜单"File"→"New"→"Other"→"Server",都会弹出"New Server"窗口。

⑧在弹出框里,选择"Tomcat v9.0 Server",填上 Server 的 host name 和 name 后,也可以直接默认,然后点击"Next"。

⑨出现"Add and Remove",这个窗口是增加和删除项目的,因为现在没有创建任何项目,点击"Finish"。

⑩在 Eclipse 窗口左边出现了 Servers 的文件夹,它里面放了与 Tomcat 相关的配置文

件,这些配置文件不用去修改;在 Eclipse 窗口右边的"No servers are available. Click this link to create a new server…"已然不见,出现了"Tomcat v9.0 Server at localhost〔Stopped, Synchronized〕",说明服务器已经选好没有启动,右键点击它,在浮动菜单中选择"Start", 在控制台可以看到 Tomcat 服务器启动的过程。

⑪在 Eclipse 窗口中,出现了"Tomcat v9.0 Server at localhost〔Started, Synchronized〕", 说明 Tomcat 服务器已经启动完毕,双击这句话,出现了与该服务器相关的各种信息。至 此,Eclipse 中对 Tomcat 的部署完毕。

3.6.2 构建和运行 Java Web 项目

本案例要求构建和运行 Java Web 项目,步骤如下:

①单击"File"按钮,再点击"New",单击"Dynamic Web Project(动态 Web 项目)",选 择创建项目的类型,如果在右侧没有找到"Dynamic Web Project",就选 other,在窗口输入 框中输入"Dynamic Web Project",点击"Next"。

②在弹出的"Dynamic Web Project"窗口中,在"Project name"写上项目名,这里填写 "lesson3-jsp",其他的默认,点击"Next"。

③在弹出的"Java"窗口中确定源代码放在 src 文件夹中,编译后的.class 文件放在 build\classes 文件夹中,默认,点击"Next"。在弹出的"Web Module"窗口中确定根目录的 位置是"lesson3-jsp","WebContent"这个文件夹通常存放 JSP 文件、CSS 文件、JavaScript 文 件、图片、音频视频等。需要注意的是,勾选"Generate web.xml deployment descriptor",则会在 新项目的 WEB-INF 下创建 web.xml 文件,点击"Finish",项目就建好了,如图 3.24 所示。

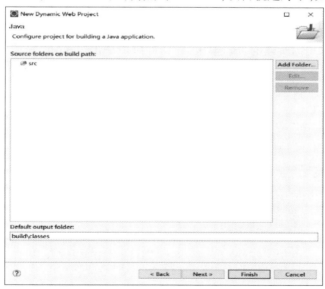

图 3.24 src 文件夹

④在打开"lesson3-jsp"项目,可以很清楚地看到该项目的目录结构。在目录结构中, 有"src"文件夹,是存放 Java 文件的目录;有"WebContent"是存放页面的目录;"WEB-INF" 是 Java 的 Web 应用的安全目录,WEB-INF 下对客户端是不可见的。web.xml 文件也是放

在"WEB-INF"目录下。web.xml 文件是 Web 服务器启动的时候首先加载的文件,它用来配置欢迎页、定制初始化参数、指定错误处理页面、设置添加 servlet、filter、listener 等标签元素,如图 3.25 所示。

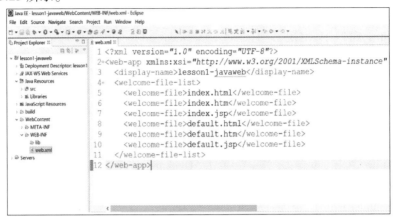

图 3.25　创建 web.xml 文件

3.6.3　创建 JSP 文件 index.jsp

lesson3-jsp 项目建好后,可以开始创建一个 JSP 文件。创建 JSP 文件步骤如下:

①右键点击"WebContent",在浮动窗口中点击"New"→"JSP File",打开"New JSP File"窗口。如果没有"JSP File"显示在的窗口中,就点击"Other",在打开的窗口中输入"JSP"即可找到。

②在"New JSP File"窗口,修改 File name 输入框为"index.jsp",点击"Next"。

③此页面提示我们所建的 JSP 模板,默认即可。单击"Finish"完成 JSP 文件的创建。

④在"WebContent"目录下双击"index.jsp",可以看见 JSP 文件的格式,包括第 1、2 行的指令,从第 3 行开始,都是 HTML 的语法。在<body>标签之间输入"hello,world!",如图 3.26 所示。

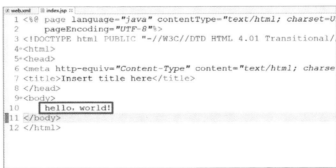

图 3.26　JSP 文件

⑤将项目 lesson3-jsp 部署到 Tomcat 服务器上。右键点击"Tomcat v9.0 Server at localhost［Started，Synchronized］",在浮动窗口中点击"Add and Remove…",打开"Add and Remove…"窗口。

⑥选中"lesson3-jsp",点击"Add","lesson3-jsp"出现在"Configured"框中,点击"Finish"完成项目部署。

⑦单击工具栏中的小三角图标,启动Tomcat。系统打开了自带浏览器,在其地址栏里出现了"http://localhost:8080/lesson3-jsp/index.jsp",网页上出现了"hello,world!"字样,表明浏览器能正常访问Web服务器,测试服务器运行完成。

3.6.4　创建其他JSP文件

通常,application对象在实际Web开发中的应用就是记录整个网络的信息,如上线人数、在线名单、意见调查和网上选举等。在给定的应用程序的多有用户之间共享信息,并在服务器运行期间持久保存数据。本例统计了不同用户的在线人数并显示在浏览器中。

实例:demo3_19_application.jsp

```
<body>
    <%!
    Integer num;    /* num 变量代表在线用户数量 */
    synchronized void visit() {
        ServletContext application = getServletContext();    /* 获取 application 对象 */
        int count = 0;
        if (application.getAttribute("number") == null)    /* 取 count 对象 */
            count = 1;
        else {
            String str = application.getAttribute("number").toString();    /* 取 count 对象 */
            count = Integer.valueOf(str).intValue() + 1;
        }
        application.setAttribute("number", count);    /* 存 count 对象 */
    } %>
    <%
        if (session.isNew()) {    /* 判断 session 是否为新建立的,区分不同用户 */
        visit();                  /* 调用 visit() 方法 */
        num = (Integer) application.getAttribute("number");
        }
    %>
    <p>
        简单的页面访问计数器
    </p>
    <p>
        <font size="5" color="#000000"> 你好,你是第<%=num%>位用户</font>
    </p>
</body>
```

运行结果如图3.27所示。

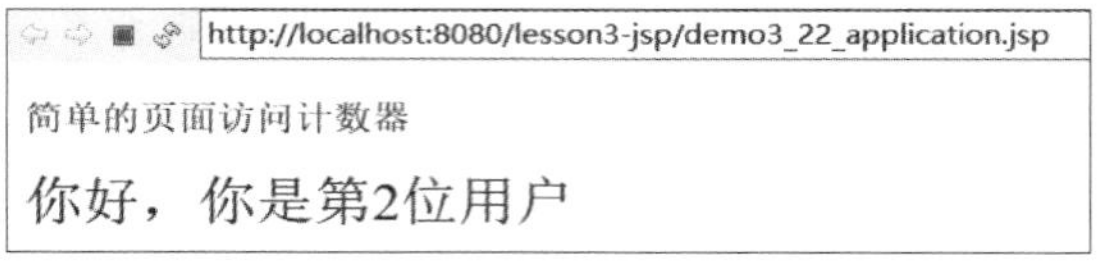

图 3.27 利用 application 统计不同用户的在线人数

小　结

1.JSP 是 Java EE 的标准,也是一种动态网页技术的标准。JSP 页面是带有 JSP 元素的 Web 页面,由静态内容和动态内容构成。静态内容指 HTML 元素,动态内容(JSP 元素)包括指令元素、Java 脚本元素、动作元素、注释等内容。

2.JSP 和 Servlet 一样,也是在服务器端执行的。JSP 本质上就是 Servlet。

用 Servlet 中的 out. println( )工作量繁重,于是 sun 公司推出 JSP 技术,JSP 等于 HTML+Java。

3.JSP 九大内置对象按照内置对象的功能来划分,可以分为以下四类:

- 输出输入对象:request 对象、response 对象、out 对象;
- 通信控制对象:pageContext 对象、session 对象、application 对象;
- Servlet 对象:page 对象、config 对象;
- 错误处理对象:exception 对象。

4.JSP 四大作用域 page、request、session、application,这四个域对象都能存、取数据(对象)。它们使用的方法都相同,区别就在于它们存取数据范围的大小。

习　题

一、思考题

1.什么是 JSP?描述 JSP 页面的运行过程。

2.浏览器、JSP 和 HTML 之间的关系是什么?

3.page 指令的功能是什么?写出它的语法,并描述它的如下属性的功能和用法:import、session、buffer、errorPage、isErrorPage、ContentType、pageEncoding。

4.forward(请求转发)与 redirect(重定向)的区别是什么?有哪些方式实现?

5.简述 JSP 内置对象和作用。

6.页面间对象传递的方法有哪些?哪些 JSP 对象能够进行页面间对象传递?

二、实做题

1.编写一个 JSP 文件,显示九九乘法表。

2.编写一个 user.jsp 页面,向用户显示姓名,页面使用<jsp:useBean>动作元素,使用<jsp:setProperty>动作元素将用户姓名设置为 Tom,使用<jsp:getProperty>动作元素用于获取 Tom 的名字。

3.编写一个 userInfo.jsp 页面,在该页面中设计一个用户 form 表单,提交到一个欢迎用户的 welcome.jsp 页面,在该页面显示用户的相关信息。

第4章　Servlet 技术及应用

道生一,一生二,二生三,三生万物。——老子

第3章已经讲过 JSP 本质就是 Servlet,什么是 Servlet 呢?

本章讨论 Servlet、Servlet 的生命周期、web.xml 的配置,Servlet 中的 request 对象、response 对象、ServletConfig 对象、ServletContext 对象,进行实践性训练包括 Servlet 作为浏览器与服务器交互的技术,把浏览器、服务器和数据库这三者相互串接起来,开发 Web 项目的核心技术。

4.1　Servlet 概述

Servlet(Server Applet)是 Java Servlet 的简称,由 SUN 公司开发的、用 Java 语言编写的、运行在 Web 服务器上的 Java 程序,Servlet 是 Java EE 三大组件(Servlet、Filter 和 Listener)之一,Filter 和 Listener 将在下一章讨论。

在 Web 程序结构中,浏览器与 Web 服务器采用请求/响应模式进行交互,处理请求和发送响应的过程是由 Servlet 的程序来实现的。Servlet 是为了解决实现动态页面而衍生的 Java 程序,是一种独立于平台和协议的服务器端的 Java 技术,可以用来生成动态的 Web 页面。Servlet 是使用 Java Servlet 应用程序设计接口及相关类和方法的 Java 程序。

Servlet 主要用户处理客户端传来的 HTTP 请求,并返回一个响应。通常 Servlet 是指 HttpServlet,用于处理 HTTP 请求,处理请求方法是 doGet()、doPost()、service() 等。在开发 Servlet 时,可以直接继承 javax.servlet.http.HttpServlet。

浏览器通过网址来访问服务器,比如在浏览器网址栏中输入 www.baidu.com,这个时候浏览器就会显示百度的首页,那么这个具体的过程是怎样的呢? 这需要了解一下 HTTP 请求和响应了。HTTP 请求和响应示意图如图 4.1 所示。

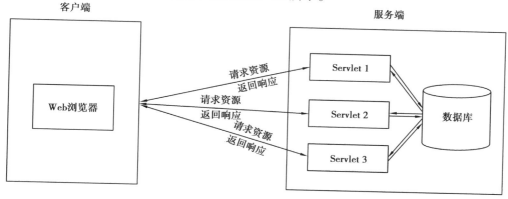

图 4.1　HTTP 请求和响应示意图

4.1.1　Servlet 的主要作用及五种抽象方法

Java Servlet API 是 Servlet 容器（Tomcat）和 Servlet 之间的接口，Servlet 接口中定义了 5 个方法，它是一套处理请求/响应的规范，所有实现 Servlet 的类都需要实现接口中定义的 5 种抽象方法。

（1）init（ServletConfig config）

负责初始化 Servlet 对象，获取 ServletConfig 配置信息，由 Servlet 容器调用。在 Servlet 首次载入时，执行初始化任务，它主要用于一次性的初始化。这个方法它携带了参数 ServletConfig，由于 Servlet 初始化参数的使用非常依赖于部署描述文件（web.xml），该文件可存放 Servlet 所需要的起始参数以及 Web 应用程序的结构数据。当 Servlet 容器读取 web.xml 文件内容后。可以将这些起始参数封装成一个对象并在调用 init（）方法时传递给 Servlet，这个对象就是 ServletConfig 对象。所以可以在 Servlet 里重写 init（）方法，并通过 ServletConfig 对象来取得某些初始化参数。

（2）service（ServletRequest request，ServletResponse response）

service（）是 Servlet 接口中最重要的方法，每次客户向服务器发出请求时，服务器就会调用这个方法。程序员如果想对客户的请求进行响应的话就必须覆盖这个方法，并在这个方法中加入自己的代码来实现对客户的响应。service（）有两个参数（ServletRequest 和 ServletResponse），ServletRequest 保存了客户向服务器发送的请求，而 ServletResponse 用来设置如何对客户进行响应。

service（）与 init（）不同，init（）方法仅在服务器装载 Servlet 时产生 Servlet 对象后，才由服务器调用 init（）方法并且只执行一次，而 service（）方法是每次客户向服务器发请求时，服务器就会调用的方法。

（3）destroy（）

destory（）方法会在 Web 容器移除 Servlet 时执行。客户机第一次访问服务器时，服务器会创建 Servlet 实例对象，它就永远驻留在内存里面了，等待客户机第二次访问，这时有一个用户访问完 Servlet 之后，此 Servlet 对象并不会被摧毁，destory（）方法就不会被执行。

（4）getServletConfig（）

该方法返回一个 ServletConfig 对象。在 Servlet 容器初始化 Servlet 时，Servlet 容器将 ServletConfig 对象传给 Servlet 的 init（）方法并保存在 servlet 对象中。ServletConfig 封装可以通过 @WebServlet 或 web.xml 添加内部初始化参数传给一个 Servlet 配置信息，ServletConfig 对象允许访问两项内容：初始化参数和 ServletContext 对象，前者通常由容器在文件中指定，允许在运行时向 Servlet 传递有关调度信息，比如说 getServletConfig（）.getInitParameter（"ip"），后者为 Servlet 提供有关 Servlet 的环境信息。

（5）getServletInfo（）

该方法提供有关 Servlet 的信息，如作者、版本、版权等。

4.1.2 Servlet 的执行过程

Tomcat 是一个 Web 服务器,也称为 JSP/Servlet 容器。Tomcat 作为 Servlet 容器,负责处理客户请求,把请求传送给 Servlet,并将 Servlet 的响应传送回给客户,而 Servlet 是一种运行在支持 Java 语言的 Web 服务器上的组件,浏览器发出的请求是一个请求文本,而浏览器接收到的也应该是一个响应文本。处理请求的是 request,处理的响应是 response,现在就来探究一下这个过程,HTTP 请求/响应过程示意图如图 4.2 所示。

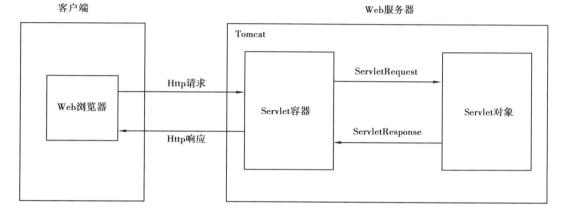

图 4.2 HTTP 请求/响应过程示意图

请求/响应示意图表明了 Servlet 的执行过程,通过图示可以清楚地看出 Web 容器(Tomcat)中是如何工作的。

①Web 客户端通过在地址栏里输入 URL 向 Web 容器发出 HTTP 请求。

②Web 容器接收 Web 客户端的请求并解析这个请求,Web 服务器将请求转发到 Servlet 容器。

③Servlet 容器会根据 URL 中的 Web 元件地址信息到 Servlet 队列中查找对应的 Servlet 对象,如果找到则直接使用,如果没有找到则加载对应的类,并创建对象。Servlet 对象是在第一次被使用的时候才被创建,并且一旦创建就会被反复使用,不再创建新的对象。另外 Web 容器还创建 HttpServletRequest 和 HttpServletResponse 对象,HttpServletRequest 对象用于封装 HTTP 请求消息,简称 request 对象;HttpServletResponse 对象用于封装 HTTP 响应消息,简称 response 对象。

④Servlet 容器调用 init( )方法对 Servlet 对象初始化。

⑤Servlet 容器从 HttpServletRequest 对象中读取数据信息,调用 Servlet 的 service( )方法处理请求消息,service( )方法根据请求方法不同调用 doGet( )或者 doPost( ),此外还有 doHead( )、doPut( )、doTrace( )、doDelete( )和 doOptions( )。

⑥Servlet 容器调用 HttpServletResponse 对象的有关方法生成响应数据,并写入 HttpServletResponse 对象中。

⑦Servlet 容器把生成的响应数据发送给 Web 客户端。

⑧Servlet 容器移除 Servlet 对象时调用 destroy( )方法。所有创建出的 Servlet 对象会在 Web 服务器停止运行的时候统一进行垃圾回收。

需要注意的是:Servlet 被设计为单例、多线程,当 Web 应用程序初始化的时候,Web容器会根据 web.xml 文件中的配置信息去实例化一个 Servlet 类,每当一个用户请求发送到服务器,Servlet 容器(Tomcat)直接调用 Servlet 实例(对象)对应的 doGet( )/doPost( )来处理请求(每一个请求是一个线程),而不会再去实例化一个 Servlet。Tomcat 处理请求并响应结果,这个过程中实例化的 Servlet 会被反复调用,当服务停机或重启之后,调用destroy( )方法销毁 Servlet 实例。

4.1.3 Servlet 的生命周期

Servlet 的生命周期指的是 Servlet 从被 Servlet 容器(Tomcat)装载一直到它被销毁的整个生命过程。

Servlet 运行在 Servlet 容器中,由容器来管理其生命周期,如图 4.3 所示。

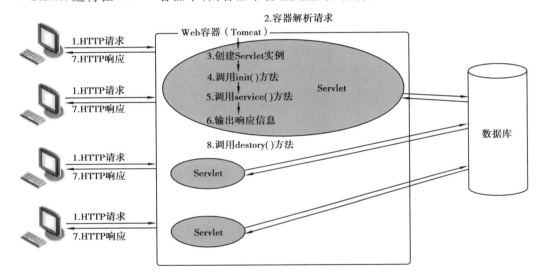

图 4.3　Servlet 生命周期

Servlet 生命周期包含 4 个阶段:

(1)装载阶段:装载并实例化(创建 Servlet 对象)

装载和实例化 Servlet 是由 Servlet 容器来实现的。装载 Servlet 之后,容器会通过 Java的反射机制来创建 Servlet 对象(Servlet 实例)。一个 Servlet 只有一个对象,服务所有的请求。也就是"一次创建,多处服务"。

(2)初始化阶段:调用 init( )方法

在 Servlet 实例创建完之后,容器会调用 Servlet 的 init( )方法来初始化该 Servlet 对象。初始化的目的是让 Servlet 对象在处理客户端请求前先完成一些初始化工作。init( )方法仅在服务器装载 Servlet 时才由服务器执行一次。

(3)运行阶段:调用 service( )方法(doGet( )或 doPost( ))

当客户端请求到来后,Servlet 容器首先针对该请求创建 HttpServletRequest 和HttpServletResponse 两个对象,然后 Servlet 容器会自动调用 Servlet 的 service( )方法来响

应客户端请求,并同时把 HttpServletRequest 和 HttpServletResponse 这两个对象作为参数传给 service( ) 方法。Servlet 对象获得客户端的请求信息是放在 HttpServletRequest 对象中,处理完请求后,则将响应数据放在 ServletResponse 对象中。最后销毁 HttpServletRequest 和 HttpServletResponse 对象。

（4）终止阶段：调用 destroy( ) 方法

当 Servlet 对象需要从容器中移除时,容器会调用 destroy( ) 方法,让该对象释放掉它所使用的资源,并将对象中的数据保存到持久的存储设备中。一个 Servlet 对象一旦终止,就不允许再次被调用,只能等待被卸载（销毁）。之后,Servlet 对象便会被 Java 的垃圾回收器所回收。destroy( ) 方法通常安排释放资源的代码,用来执行一些清理任务。值得注意的是,Servlet 是单例、多线程模式,多个用户（线程）运行同一个 Servlet 实例对象,所以一般 Servlet 对象不会被销毁,除非是服务器关闭等情况才会被销毁。

在 Servlet 的整个生命周期中,初始化和销毁（终止）都只发生一次；而每次客户端向服务器发请求时,Servlet 容器就会调用 service( ) 方法,因此 service( ) 方法的执行次数取决于 Servlet 被客户端所访问的次数。

Servlet 生命周期中的 3 个重要方法是 init( ) 方法、service( ) 方法和 destroy( ) 方法。而 service( ) 方法又是最重要的,它致力于 Servlet 对外提供服务。同时 service( ) 方法是编程人员真正要关心的方法,因为它才是 Servlet 真正开始响应客户端请求,并且处理业务逻辑的方法。service( ) 接收到客户端请求后,再调用 Servlet 的 doGet( ) 方法或者 doPost( ) 方法去处理请求。所以在编写自己的 Servlet 时,一般只需要重写 doGet( ) 和 doPost( ) 方法,在该方法中去处理客户端请求,并把处理结果返回。

另外需要注意的是,在编写程序时,建立一个继承了 HttpServlet 类并重写了该类的 service( )、doGet( ) 和 doPost( ) 方法时,容器只会执行 service( ) 方法,而 doGet( ) 和 doPost( ) 方法不会被执行。如果程序中没有 service( ) 方法,则是根据 JSP 传入方式（GET 或 POST 方式）选择对应的 doGet( ) 和 doPost( ) 方法。通常不建议在程序中重写 service( ) 方法,而只需重写 doGet( ) 和 doPost( ) 方法即可。浏览器访问 Servlet 的过程如图 4.4 所示。

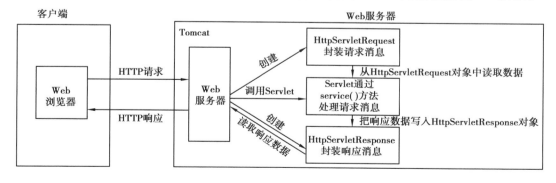

图 4.4　浏览器访问 Servlet 的过程

这里通过实现一个 Servlet 接口的方式来创建 Servlet 对象,说明 Servlet 的生命周期。

实例：ServletDemo4_1.java

```java
package cn.edu.cqrk.servlet.demos;
import java.io.IOException;
import java.io.PrintWriter;
import javax.servlet. * ;
import javax.servlet.annotation.WebServlet;
/ * *
* Servlet 的生命周期：从 Servlet 被创建到 Servlet 被销毁的过程
* 一个类只存在一个对象（单例），当然可能存在多个类
* Servlet 实现类由程序员编写，但是 Servlet 对象由服务器（Tomcat）创建并调用
*/
@WebServlet("/ServletDemo4_1")
public class ServletDemo4_1 implements Servlet {
    int count;
    // 生命周期方法
//当 Servlet 第一次被创建对象之后执行该方法，并且只执行一次
    @Override
    public void init(ServletConfig arg0) throws ServletException {
        System.out.println("调用 init 方法");
    }
// 生命周期方法
//该方法会被执行多次，每次处理请求该 Servlet 都会执行该方法
    @Override
    public void service(ServletRequest request, ServletResponse response) throws ServletException,
IOException {
        count++;
        System.out.println("调用 service 方法");
        response.setContentType("text/html; charset=utf-8");
        PrintWriter out = response.getWriter();
        out.print("你访问了"+count+"次");
    }
    // 生命周期方法
//在 Servlet 对象被销毁之前调用，并且只执行一次，但此方法并不代表销毁对象
    @Override
    public void destroy() {
        System.out.println("调用 destroy 方法");
    }
    // 该方法返回一个 ServletConfig 对象
    @Override
    public ServletConfig getServletConfig() {
        return null;
    }
```

```
// 该方法提供有关 Servlet 的信息,如作者、版本、版权等
@ Override
public String getServletInfo( ) {
    return null;
}
}
```

运行结果如图 4.5 所示。

图 4.5 Servlet 的生命周期方法运行结果

4.2 开发一个 Servlet

4.2.1 Servlet 的继承关系

如果自定义一个 Servlet,采用继承 HttpServlet 的方式,它的继承关系如图 4.6 所示。

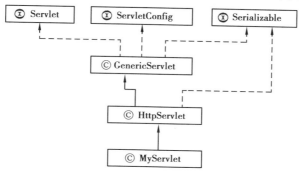

图 4.6 Servlet 的继承关系

从图 4.6 中可以看到,核心的部分在于两个顶级接口:Servlet 和 ServletConfig,另外还有一个 Serializable 接口,其作用是使对象被序列化,此处暂不作讨论;这些接口的实现类是 GenericServlet,但它是一个抽象类,它的实现类是基于 HTTP 协议的 HttpServlet,它也是一个抽象类。可以从 Java EE 的帮助文档中对 GenericServlet 类有详细的了解,如图 4.7 所示。

为了更深入地理解三者之间的关系,可以从图 4.8 中的这两个接口和两个类中的方法进行分析。图 4.8 显示了这些类和接口的继承关系,由此可清晰了解 Servlet 的整体继承关系,也就是 Servlet、GenericServlet、HttpServlet 的关系。

图 4.7　GenericServlet 类的说明

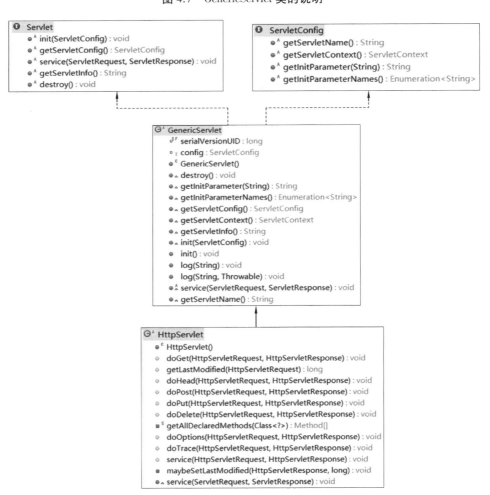

图 4.8　Servlet、GenericServlet、HttpServlet 的关系示意图

（1）Servlet 接口

Servlet 接口有 5 个方法，方法已经在本章 4.1.1 中做了说明。

（2）ServletConfig 接口

Servlet 的配置信息，常用来在 Servlet 初始化时进行信息传递。它主要包括下列方法：

①getServletContext（）：获取当前 Web 应用程序 Servlet 运行的上下文环境对象，该对象包含关于 Servlet 运行环境的信息，可以获取对应信息（如当前服务器信息、获取某个资源、获取 Servlet 路径）。在 Web 容器启动的时候，会为每一个 Web 应用程序创建一个对应的 ServletContext 对象。

②getInitParameter（String name）：获取初始化参数（web.xml 的<servlet></servlet>元素中配置的 init-param）。

（3）GenericServlet 类

此类是实现了 Servlet 接口和 ServletConfig 接口的抽象类，因为其实现了 Servlet 接口，所以 Servlet 接口中的抽象方法在此类中都有体现。它主要包括下列方法：

①init（ServletConfig config）：初始化方法，方法中调用了 init（）。

②init（）：初始化方法，方法体为空，主要用于自定义 Servlet 的覆盖。

首先，为了方便能够在其他地方也能直接使用 ServletConfig 对象，而不仅仅局限在 init（ServletConfig config）方法中，所以创建一个私有的成员变量 config，在 init（ServletConfig config）方法中就将其赋值给 config，这样，GenericServlet 及其子类都可以调用其 getServletConfig（）方法来获取 ServletConfig 对象了。之所以有空的 init（）方法，实际上就是为了后续的扩展和重写，有需要的情况下去覆盖 init（）而不是去覆盖 init（ServletConfig config），因为后者一旦覆盖，就无法通过上述的方法在其他地方便捷地调用 getServletConfig（ ）方法获取 ServletConfig 对象了。系统提供的源代码如图 4.9 所示。

```
@Override
public void init(ServletConfig config) throws ServletException {
    this.config = config;
    this.init();
}

public void init() throws ServletException {
    // NOOP by default
}
```

图 4.9　init( )的源代码

③service（ServletRequest request，ServletResponse response）：抽象方法 service，要求继承类实现。

④destory（）：Servlet 销毁前要执行的方法。

（4）HttpServlet 类

基于 HTTP 协议的实现类。它主要包括下列方法：

①service（ServletRequest request，ServletResponse response）：实现了 GenericServlet 的抽象方法，调用了 service（HttpServletRequest，HttpServletResponse）。系统提供的源代码如图 4.10 所示。

```java
@Override
public void service(ServletRequest req, ServletResponse res)
    throws ServletException, IOException {

    HttpServletRequest  request;
    HttpServletResponse response;

    try {
        request = (HttpServletRequest) req;
        response = (HttpServletResponse) res;
    } catch (ClassCastException e) {
        throw new ServletException(lStrings.getString("http.non_http"));
    }
    service(request, response);
}
```

void javax.servlet.http.HttpServlet.service(HttpServletRequest req, HttpServletResponse resp) throws ServletException, IOException

图 4.10　service( )的源代码

②service(HttpServletRequest request, HttpServletResponse response):根据客户端请求的不同调用了 doGet( )或 doPost( )方法。

此方法先将客户端(浏览器)传来的请求转换成可以处理的类型,还要分析请求的类型是 GET 还是 POST,从而去调用 doGet( )或 doPost( )方法,具体的代码如图 4.11 所示。所以开发人员只需要重写 doGet( )或 doPost( )方法就可以了。

```java
 */
protected void service(HttpServletRequest req, HttpServletResponse resp)
    throws ServletException, IOException {

    String method = req.getMethod();

    if (method.equals(METHOD_GET)) {
        long lastModified = getLastModified(req);
        if (lastModified == -1) {
            // servlet doesn't support if-modified-since, no reason
            // to go through further expensive logic
            doGet(req, resp);
        } else {
            long ifModifiedSince;
            try {
                ifModifiedSince = req.getDateHeader(HEADER_IFMODSINCE);
            } catch (IllegalArgumentException iae) {
                // Invalid date header - proceed as if none was set
                ifModifiedSince = -1;
            }
            if (ifModifiedSince < (lastModified / 1000 * 1000)) {
                // If the servlet mod time is later, call doGet()
                // Round down to the nearest second for a proper compare
                // A ifModifiedSince of -1 will always be less
                maybeSetLastModified(resp, lastModified);
                doGet(req, resp);
            } else {
                resp.setStatus(HttpServletResponse.SC_NOT_MODIFIED);
            }
        }

    } else if (method.equals(METHOD_HEAD)) {
        long lastModified = getLastModified(req);
        maybeSetLastModified(resp, lastModified);
        doHead(req, resp);

    } else if (method.equals(METHOD_POST)) {
        doPost(req, resp);

    } else if (method.equals(METHOD_PUT)) {
        doPut(req, resp);
```

图 4.11　service( )调用其他方法

③doGet( ):处理 GET 方式的请求。GET 把参数包含在 URL 中,所以一般在浏览器中输入网址访问资源都是通过 GET 方式。

④doPost( ):处理 POST 方式的请求。POST 通过 request body(消息主体)传递参数。

4.2.2 Servlet 的三种实现方式

需要知道的是，不管采用的三种方式中的哪一种，开发 Servlet 程序都需要经过配置好 Tomcat 容器、创建一个动态的 Web 项目、在 src 文件夹下创建一个 Servlet 类的步骤。具体的步骤如下：

①在 Eclipse 中配置好 Tomcat 容器。

②在 Eclipse 中创建一个动态 Web 项目 lesson4-servlet。

③在 src 文件夹下创建一个 Servlet 类（通常采用 HttpServlet 的方式）。首先在 src 下建立一个包 cn.edu.cqrk.servlet.demos，如图 4.12 所示。

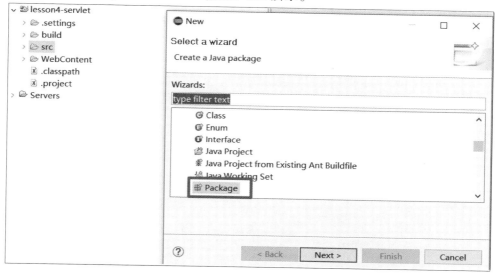

图 4.12　创建动态 Web 项目 lesson4-servlet 并在 src 下建包 cn.edu.cqrk.servlet.demos

然后按照实现 Servlet 接口、继承 GenericServlet 类和 HttpServlet 类的方式之一开发一个 Servlet 类。其中实现 Servlet 接口、继承 GenericServlet 类方式创建 Servlet 类如图 4.13—图 4.15 所示。

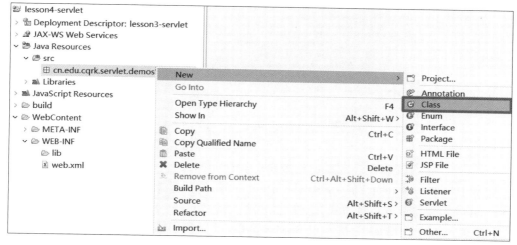

图 4.13　创建 Servlet 类

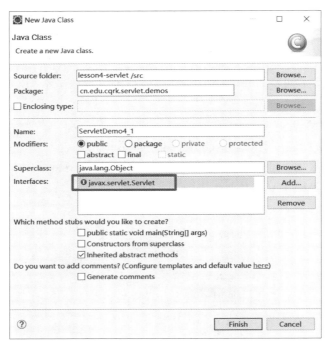

图 4.14　实现 Servlet 接口

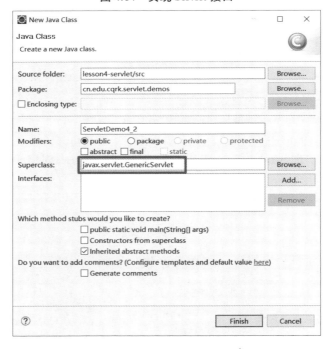

图 4.15　继承 GenericServlet 类

根据上一节的 Servlet、GenericServlet、HttpServlet 的关系来看,开发一个 Servlet,也就是 Servlet 的实现可以有三种方式,也就是"一个实现,两个继承"。

a.**实现 Servlet 接口**:因为是实现 Servlet 接口,所以我们需要实现接口里的方法。在

4.1.3 节中的例 ServletDemo4_1.java 说明了实现 Servlet 接口的方法。理解 Servlet 生命周期会使用这种方式。

b.**继承 GenericServlet 类**：GenericServlet 类是一个抽象类，它实现了 Servlet 和 ServletConfig 接口，GenericServlet 可以直接被一个 Servlet 扩充，GenericServlet 使得写入 Servlet 更加简单。它提供了简单的生命周期方法 init( ) 和 destroy( )，以及 ServletConfig 接口中的方法的版本。创建一个 Java 类继承 GenericServlet 类，重写 service( ) 方法，是继承 GenericServlet 类所需要完成的任务。

继承 GenericServlet 类的具体代码如下：

实例：ServletDemo4_2.java

```java
package cn.edu.cqrk.servlet.demos;
import java.io.IOException;
import java.io.PrintWriter;
import javax.servlet.GenericServlet;
import javax.servlet.ServletException;
import javax.servlet.ServletRequest;
import javax.servlet.ServletResponse;
import javax.servlet.annotation.WebServlet;


@WebServlet("/ServletDemo4_2")
public class ServletDemo4_2 extends GenericServlet {
    @Override
    public void service(ServletRequest request, ServletResponse response) throws ServletException,
IOException {
        //设置响应头信息(即告诉浏览器从服务器发送过来的数据类型和采用的编码)
        response.setContentType("text/html; charset=utf-8");
        // 获取一个向浏览器输出的流对象 writer
        PrintWriter writer = response.getWriter();
        writer.print("这是基于继承 GenericServlet 的方式创建 Servlet 对象");

        String ContextParameter = getServletContext().getInitParameter("ServerName");
        System.out.println("Context 初始化参数是:" + ContextParameter);
    }
}
```

c.**继承 HttpServlet 类**：HttpServlet 类也是一个抽象类，它是一个提供将要被子类化以创建适用于 Web 站点的 HTTP Servlet 的抽象类，它也实现了 Servlet 和 ServletConfig 接口，并把 Servlet 接口中的方法实现了，所以继承 HttpServlet 类实际上也就实现了 Servlet 接口，实现了 Servlet 中定义的生命周期方法。这是目前用得最多（主流）的一种方式。从 HttpServlet 的帮助文档中我们了解，如果要继承 HttpServlet 类通常的做法是重写 do×××( ) 方法，而不是重写 service( ) 方法，如图 4.16 所示。

图 4.16　HttpServlet 类的帮助文档说明

继承 HttpServlet 类的步骤如图 4.17 所示。

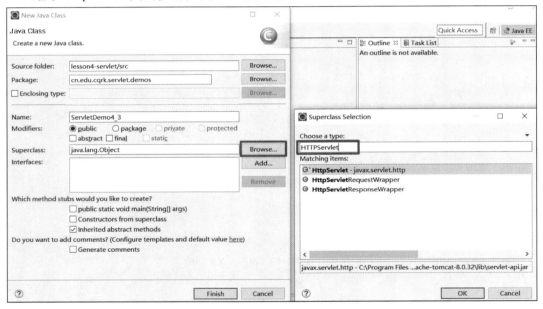

图 4.17　继承 HttpServlet 类界面

在 ServletDemo4_3 类中按下"Alt+/"，弹出了如图 4.18 所示的方法列表，在列表中找到 service（HttpServletRequest arg0，HttpServletResponse arg1）并点击，然后在 ServletDemo4_3 类里重写该 service( )方法，是继承 HttpServlet 类所需要完成的任务。具体代码如下：

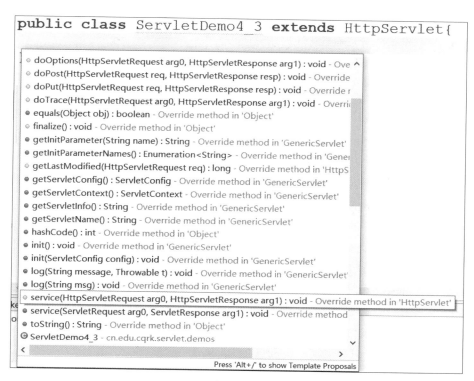

图 4.18　继承 HttpServlet 类后的方法

实例：ServletDemo4_3.java

```java
import java.io.IOException;
import java.io.PrintWriter;
import javax.servlet.GenericServlet;
import javax.servlet.ServletException;
import javax.servlet.http.HttpServlet;
import javax.servlet.http.HttpServletRequest;
import javax.servlet.http.HttpServletResponse;
public class ServletDemo4_3 extends HttpServlet {
    @Override
    protected void service(HttpServletRequest request, HttpServletResponse response) throws
ServletException, IOException {
//设置响应头信息(即告诉浏览器从服务器发送过来的数据类型和采用的编码)
    response.setContentType("text/html; charset=utf-8");
    // 获取一个向浏览器输出的流对象 writer
    PrintWriter writer = response.getWriter();
    // Servlet 响应的时候将响应信息通过 writer 对象输出一条语句到浏览器网页上
    writer.print("这是基于继承 HttpServlet 的方式创建 Servlet 对象");
    }
}
```

运行结果如图 4.19 所示。

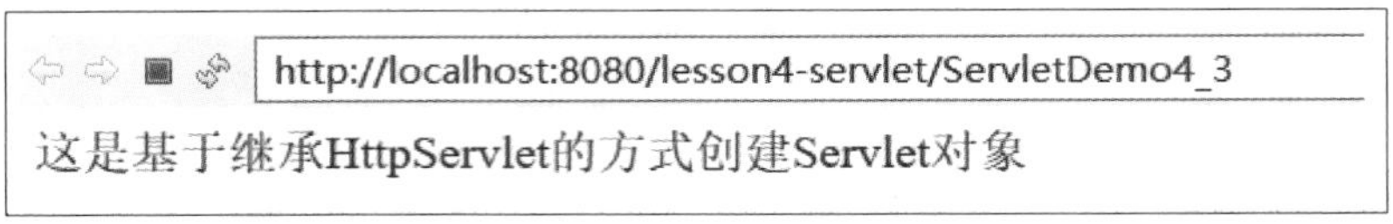

图 4.19　继承 HttpServlet 类重写 service( )方法运行结果

至此,三种开发 Servlet 的方式都一一介绍完毕。目前主流的方式是第三种也就是继承 HttpServlet 的方式。

每一次 Tomcat 收到客户端的 HTTP 请求后,会分别创建一个用于代表请求的 request 对象和代表响应的 response 对象。

service( )方法里的参数是与 request 对象和 response 对象相关的。它包括 HttpServletRequest 和 HttpServletResponse 两种类型。公共接口类 HttpServletRequest 继承自 ServletRequest 接口,所有客户端浏览器发出的请求都会被封装在 HttpServletRequest 对象(此对象由 Tomcat 容器创建)中,对象包含了客户端请求信息包括请求的地址、请求的参数、提交的数据、上传的文件客户端的 IP 地址甚至客户端操作系统都包含在内。HttpServletResponse 继承自 ServletResponse 接口,并提供了与 HTTP 协议有关的方法,这些方法的主要功能是设置 HTTP 状态码和管理 Cookie。

现在需要明确:request 和 response 对象分别代表请求和响应,所以**如果要获取客户端提交过来的数据,只需要找 request 对象;如果要向客户端输出数据,只需要找 response 对象即可。**

4.2.3　Servlet 虚拟路径的映射

编译好的 Servlet 只能运行在 Web 容器中,如何从外面访问 Servlet 呢？因为用户只能通过在浏览器中输入网址来访问服务器,而不能在浏览器中输入源程序的 *.java 文件名进行访问,这就需要把 Servlet 进行映射成对外访问的路径,好让用户通过在浏览器中输入网址来访问服务器。也就是说,要从浏览器访问 Servlet,必须告诉 Servlet 容器要部署哪些 Servlet 以及要将 Servlet 映射到哪个 URL。**为了解决客户端请求地址与 Servlet 之间对应关系问题,Web 容器需要一个用来描述这种对应关系的文件,一般是 web.xml 文件。**

Servlet 路径的映射方式有两种:一种是基于 XML 配置方式的进行 Servlet 映射,这种方式产生的结果就是,如果一个 Web 项目中存在很多个 Servlet,那么 web.xml 文件会变得很庞大;另一种方式是基于@WebServlet 注解方式配置 Servlet 进行映射,在 Servlet 3.0 规范推出之后,允许在 Servlet 代码中使用声明式语法来代替 web.xml 中的描述信息,这样这才使得 web.xml 瘦身成功。目前用得较多的方式是基于@WebServlet 的注解方式。

（1）基于 XML 配置方式进行 Servlet 映射

web.xml 文件其实就是 Servlet 的一个配置文件,通过这个配置文件来寻找对应的 Servlet 处理业务。web.xml 文件主要配置 Servlet、Filter、Listener 等,可以方便地开发 Web 项目。每一个项目的 WEB-INF 下都有一个 web.xml 的设定文件,它用于说明服务器端运行时环境的初始化、请求配置信息等。在 Web 项目启动时去加载配置文件,得到相关的配置信息。(注意:web.xml 不是必须的,一个 Web 工程可以没有 web.xml 文件。)当启动一个 Web 项目时,容器(如 Tomcat 等)首先会读取项目 web.xml 配置文件里的配置,当这一步骤没有出错并且完成之后,项目才能正常地被启动起来。

在基于 XML 配置方式里,如果要让 Servlet 工作,需要在 web.xml 对 Servlet 进行配置。Servlet 创建后必须在 web.xml 文件中进行配置,Servlet 才能生效。如果系统中有 Servlet,则 Servlet 是在第一次发起请求的时候被实例化的,而且一般不会被容器销毁,它可以服务于多个用户的请求。

下面是在 web.xml 中对类 ServletDemo4_1 进行路径访问映射的相关代码。
web.xml

```xml
<!-- ServletDemo4_1 类在 web.xml 中的 Servlet 配置 -->
<servlet>
    <servlet-name>ServletDemo4_1</servlet-name>
    <servlet-class>cn.edu.cqrk.servlet.demos.ServletDemo4_1</servlet-class>
</servlet>
<servlet-mapping>
    <servlet-name>ServletDemo4_1</servlet-name>
    <url-pattern>/ServletDemo4_1</url-pattern>
</servlet-mapping>
```

在映射代码中分成两个部分:通过<servlet></servlet>元素来注册 Servlet 类,体现在代码的前四行;通过< servlet-mapping ></servlet-mapping >元素把注册的 Servlet 类映射成对外访问的路径,体现在代码的后四行。

其中,<servlet></servlet>元素,包含两个子元素<servlet-name>和< servlet-class>。<servlet-name>元素的作用是给指定 Servlet 类(ServletDemo4_1)起别名,一般就是该类的名字;<servlet-class>元素的作用是指定 Servlet 类(ServletDemo4_1)的全限定名即此类完整路径,即包名.类名。

元素包含两个子元素< servlet-name >和< url-pattern>。其中,<servlet-name>**元素的值一定要和前面某个注册中(即****元素)的** < servlet-name >**元素的值完全相同(大小写敏感)**。这个例子中直接使用 ServletDemo4_1 作为此名。<url-pattern>元素的作用是映射对外访问的路径,它的值必须以"/"开始,表示当前项目的路径。

理解了 web.xml 的路径访问映射代码,就可以打开 web.xml 文件进行配置了。

这里以 ServletDemo4_1.java 为例,打开 web.xml 文件并配置的步骤如下:

①查看 Eclipse 中的目录结构,在 WebContent 下的 WEB-INF 中可以看到有 web.xml 配置文件,如果在 WEB-INF 中没有看见此文件,可以找到"java EE Tools"中的"Generate Deployment Descriptor Stub",如图 4.20 所示,就出现如图 4.21 所示的 web.xml 文件。

图 4.20　继承 HttpServlet 类重写 service( )方法运行结果

图 4.21　web.xml 文件

②Servlet 容器要部署哪个 Servlet 以及要将 Servlet 映射到哪个 URL,都需要在文件中配置。可通过 servlet 元素分配一个名称(别名)。最常见的格式包括 servlet-name 和 servlet-class 子元素(注意配置放在 web-app 元素内),如下所示:

```
<servlet>
      <servlet-name> ServletDemo4_1</servlet-name>
      <servlet-class>cn.edu.cqrk.servlet.demos. ServletDemo4_1</servlet-class>
</servlet>
```

这表示位于/lesson4-servlet/src/cn/edu/cqrk/servlet/demos/ServletDemo4_1 的 Servlet 已经得到了别名 ServletDemo4_1。给 Servlet 一个名称具有两个主要的含义:其一,初始化参数、定制的 URL 模式以及其他定制通过此别名而不是类名引用此 Servlet;其二,可在 URL 而不是类名中使用此别名。

servlet-mapping 元素包含 servlet-name、url-pattern 两个子元素。如果 url-pattern 定义的是路径,那么以后所有对这个路径下资源的请求都会由 servlet-name 中定义的 Servlet 处理。需要注意是:XML 元素出现的次序不是随意的。特别是,需要把 servlet 元素放在 servlet-mapping 元素之前。配置如下所示:

```
<servlet-mapping>
    <servlet-name>ServletDemo4_1</servlet-name>
    <url-pattern>/ServletDemo4_1</url-pattern>
</servlet-mapping>
```

容器(如 Tomcat 等)读取 web.xml 配置文件时,首先通过访问<url-pattern>中写的地址去找<servlet-name>,然后通过<servlet-name>去找对应的<servlet-class>。

配置文件(图 4.22)的时候需要注意:

● servlet 元素和 servlet-mapping 元素的 servlet-name 子元素里的别名必须相同;

● servlet 元素中的 servlet-class 子元素包括了包名.类名;

● servlet-mapping 元素的 url-pattern 子元素必须以"/"开始。

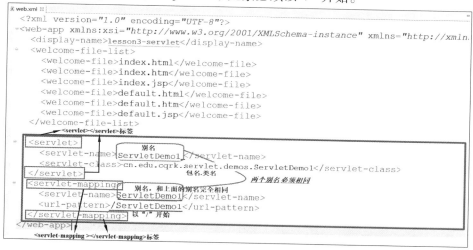

图 4.22　web.xml 文件的配置说明

③启动 Server。如果 Tomcat 没有启动,应该是 Stopped 状态,右击"Tomcat v9.0 Server at localhost",在弹出的菜单点击"Start",启动服务器,如图 4.23 所示。

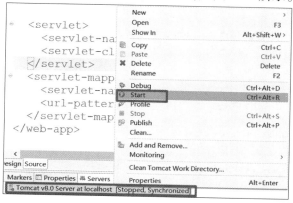

图 4.23　启动 Tomcat 服务器

④点击工具栏中的三角形工具,或右击要启动的 ServletDemo4_1.java,在弹出的菜单中点击"Run As",点击"Run on Server",都可以打开"Run on Server"窗口,如图 4.24 所示。

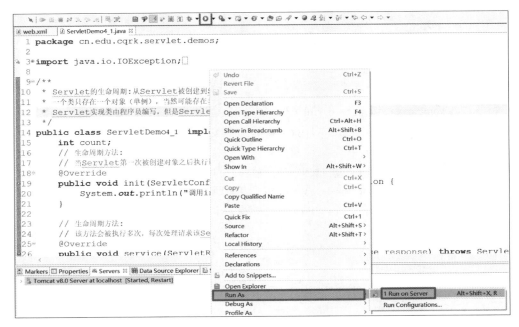

图 4.24　打开"Run on Server"窗口

⑤在"Run on Server"窗口中可以看到 Tomcat 已经启动,然后直接点击"Finish",完成 Servlet 程序的运行,如图 4.25 所示。

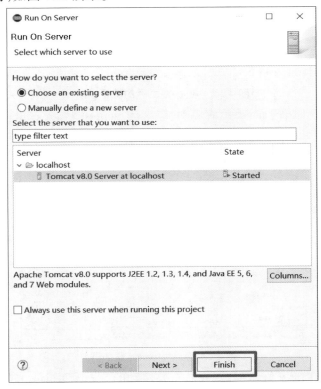

图 4.25　Tomcat 服务器启动设置

从图 4.26 中可以看到,在 Eclipse 的内置浏览器网页中出现了"你访问了 18 次"字样,这是执行了"out.print("你访问了"+count+"次");"语句的结果。out.print 的作用是 Servlet 响应的时候将响应信息通过 out 对象输出一条语句到浏览器网页上,所以用户看到这个输出。在浏览器地址栏上是"http://localhost:8080/lesson4-servlet/ServletDemo4_1",其中"/ServletDemo4_1"是在 web.xml 文件的<servlet-mapping>元素的<url-pattern>子元素写 URL 地址名。

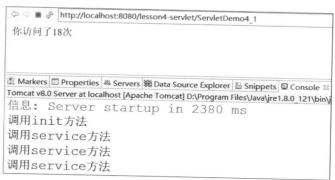

图 4.26　URL 映射到了相应的 ServletDemo4_1 类文件

这样,就通过 URL 映射到了相应的 ServletDemo4_1 类文件。在浏览器地址栏中访问 http://localhost:8080/lesson4-servlet/ServletDemo4_1,即可看到刚才创建的 Servlet 文件被运行。所以,虽然客户端不可以直接访问 Servlet,但通过这种配置 web.xml 文件进行 Servlet 映射的方式就访问到了服务器的 Servlet 对象。

另外,还可以在 web.xml 文件里面配置 Servlet 的初始化参数,这就要用到<init-param></init-param>元素了。<init-param></init-param>里面对应的参数名和值,是给 Servlet 在初始化执行 init()方法的时候,调用这个参数的值。主要是为了 Servlet 初始化时,进行一些配置时候使用的。在 web.xml 中配置 ServletDemo4_5 如下:

```
<servlet>
    <servlet-name>ServletDemo4_5</servlet-name>
    <servlet-class>cn.edu.cqrk.servlet.demos.ServletDemo4_5</servlet-class>
        <!-- <init-param>是放在一个 servlet 内的,所以这个参数是只针对某一个 servlet 而言,
它属于局部的初始化参数(键值对),只能在此 servlet 中读取,读取的方式是 getServletConfig().
getInitParameter("键") -->
    <init-param>
        <param-name>username</param-name>
        <param-value>李云</param-value>
    </init-param>
    <init-param>
        <param-name>userpass</param-name>
        <param-value>123</param-value>
    </init-param>
```

```
    <!-- 标记 Web 容器是否在启动的时候就加载这个 servlet,当值为 0 或者大于 0 时,表示
容器在应用启动时就加载这个 servlet,正数的值越小,启动该 servlet 的优先级越高 -->
    <load-on-startup>1</load-on-startup>
</servlet>
```

这种初始化参数是在 Servlet 范围内的参数,必须在 web.xml 的<servlet></servlet>里面进行配置,并且必须放到 load-on-startup 的前面,而且只能在 Servlet 的 init( )方法中取得。

在 ServletDemo4_5 定义中可以在 init( )方法中通过 getInitParameter( )方法分别取得:

```
public class ServletDemo4_5 extends HttpServlet {
    private String name;
    private String pass;
    private ServletConfig config;
    public ServletDemo4_5 ( ) {
        super( );
    }

    public void init( ServletConfig config) throws ServletException {
        super.init( config);
        System.out.println("这两个参数 username、userpass 是在 Servlet 中存放的! ");
        name = config.getInitParameter(" username");//获取 web.xml 中的 username 初始化信息
        pass = config.getInitParameter(" userpass");  //获取 web.xml 中的 userpass 初始化信息
        System.out.println( name + "," + pass);
    }
}
```

这种配置方式要求每个 Servlet 文件如果要运行,都需要在 web.xml 文件中进行配置。这种配置的方式虽然容易理解,但操作还是比较烦琐的。特别是在 Servlet 类文件比较多、开发人员不止一个的情况下,在 web.xml 文件中进行配置的代码显得非常繁杂且容易出错。下面第 2 种方式基于@ WebServlet 注解配置就解决了这一问题。

(2)基于@ WebServlet 注解配置

基于@ WebServlet 注解(Annotation)进行配置的这种方式,用于将一个类声明为 Servlet,解决了 web.xml 文件的繁杂易错问题,它把对 Servlet 配置放在了 Servlet 类文件中,有效地防止了多人共用 web.xml 文件后易错的弊端;它的代码简洁,有效地防止了代码繁杂的弊端,是目前主要采用的配置方式。

在 Servlet 3.0 以后,开发人员可以不用在 web.xml 里配置 Servlet,只需要加上@ WebServlet 注解就可以修改该 Servlet 的属性了。web.xml 可以配置的 Servlet 属性,在@ WebServlet 中都可以配置,简化了开发流程。

比如,以文件 ServletDemo4_4.java 为例:

```
@ WebServlet( "/ServletDemo4_4 ")
```

这一句注解写到 ServletDemo4_4.java 的类名声明前,就相当于下面的 web.xml 里的这一大段:

```
<! --ServletDemo4_4 类在 web.xml 中的 Servlet 配置 -->
<servlet>
    <servlet-name>ServletDemo4_4</servlet-name>
    <servlet-class>cn.edu.cqrk.servlet.demos.ServletDemo4_4</servlet-class>
</servlet>
<servlet-mapping>
    <servlet-name>ServletDemo4_4</servlet-name>
    <url-pattern>/ServletDemo4_4 </url-pattern>
</servlet-mapping>
```

从这些代码可以看出,只在某个 Servlet 类上设置@ WebServlet 注解即可,不用再配置 web.xml 文件,注解的方式大大地简化了开发。

在 Servlet 上设置@ WebServlet 注解,当请求该 Servlet 时,容器就会自动读取当中的信息。@ WebServlet("/ServletDemo4_4")告诉容器,用"请求路径(地址)…/ ServletDemo4_4"去访问该 Servlet,即请求的 URL 是"http://localhost:8080/lesson4-servlet/ ServletDemo4_4",由 ServletDemo4_4 的实例提供服务。这里的@ WebServlet("/ServletDemo4_4")省略了 urlPatterns 属性名,完整的写法应该是:

```
@ WebServlet( urlPatterns = "/ServletDemo4_4 ")
```

或者是:

```
@ WebServlet(
name ="http://localhost:8080/lesson4-servlet/ServletDemo4_4 ", urlPatterns =
"/ServletDemo4_4 ")
```

一个 Servlet 还可以映射多个地址,如:

```
@ WebServlet( urlPatterns = { "/ServletDemo4_4 ", "/Demo " })
```

另外,如果在@ WebServlet 中需要设置多个属性,必须给属性值加上属性名称,中间用逗号隔开,否则会报错。如果没有设置@ WebServlet 的 name 属性,默认值是 Servlet 类的完整名称。

@ WebServlet 的属性见表 4.1。

表 4.1 @ WebServlet 属性列表

属性名	类型	描述
name	String	指定 Servlet 的 name 属性,等价于< servlet-name>。如果没有显式指定,则默认值是 Servlet 类的完整名称

续表

属性名	类型	描述
value	String[ ]	该属性等价于 urlPatterns 属性。此属性和 urlPatterns 属性不能同时使用
urlPatterns	String[ ]	指定一组 Servlet 的 URL 匹配模式。等价于<url-pattern>元素
loadOnStartup	int	配置 loadOnStartup 为启动时加载的 Servlet,指定 Servlet 加载顺序,等价于<load-on-startup>元素
initParams	WebInitParam[ ]	指定一组 Servlet 初始化参数,等价于<init-param>元素
asyncSupported	boolean	声明 Servlet 是否支持异步操作模式,等价于<async-supported>元素
displayName	String	描述 Servlet 的显示名,通常配合工具使用,等价于<display-name>标签

实例:ServletDemo4_4.java

```
package cn.edu.cqrk.servlet.demos;
import java.io.IOException;
import java.io.PrintWriter;
import javax.servlet.ServletConfig;
import javax.servlet.ServletException;
import javax.servlet.annotation. * ;
import javax.servlet.http.HttpServlet;
import javax.servlet.http.HttpServletRequest;
import javax.servlet.http.HttpServletResponse;
// 注解配置:初始化参数
@ WebServlet( displayName = "ServletDemo4_4",          // 描述 Servlet 的显示名
        name = "ServletDemo4_4",                    // 设置 Servlet 名称
        urlPatterns = { "/ServletDemo4_4", "/AnotherUrl" }, // 设置多个映射地址 URL
        loadOnStartup = 1,                          // 启动项,指定 Servlet 加载顺序
        initParams = {                              // 指定一组 Servlet 初始化参数
            @ WebInitParam( name = "organization", value = "重庆人文科技学院"),
            @ WebInitParam( name = "address", value = "重庆市合川区"),
            @ WebInitParam( name = "tel", value = "023-4246××××")
        },
        asyncSupported = true                       // 声明 Servlet 支持异步操作模式
    )
public class ServletDemo4_4 extends HttpServlet {
    private static final long serialVersionUID = 1L;
    private static final String DEFAULT_USER ="rzm";
```

```java
    private String organization;
    private String address;
    private String tel;
    publicServletDemo4_4 ( ) {
        super( );
    }

        @ Override
    public void init( ServletConfig config) throws ServletException {
        super.init( config);
        organization = config.getInitParameter(" organization ");    //获取初始化信息:重庆人文
科技学院
        address = config.getInitParameter(" address ");       //获取初始化信息:重庆市合川区
        tel = config.getInitParameter(" tel ");               //获取初始化信息:023-4246××××
    }
    /* *
    * doGet( )方法
    */
    protected void doGet( HttpServletRequest request, HttpServletResponse response)
            throws ServletException, IOException {
        response.setContentType(" text/html;charset =UTF-8 ");
        PrintWriter out = response.getWriter( );
        out.println("<html>");
        out.println("<head>");
        out.println("<title>一个 Servlet 实例</title>");
        out.println("</head>");
        out.println("<body>");
        out.print("单位是:" + organization +",");
        out.print("地址是:" + address+ ",");
        out.print("电话是:" + tel);
        out.print( getServletContext( ).getAttribute(" username"));
        out.println(", using the GET method!!! ");
        out.println("</body>");
        out.append(" Served at: ").append( request.getContextPath( ));
        out.flush( );
        out.close( );
    }

    /* *
    * doPost( )方法
    */
    protected void doPost( HttpServletRequest request, HttpServletResponse response)
            throws ServletException, IOException {
        // 调用 doGet( )方法
        doGet( request, response);
    }
}
```

运行输出结果如图 4.27 所示。

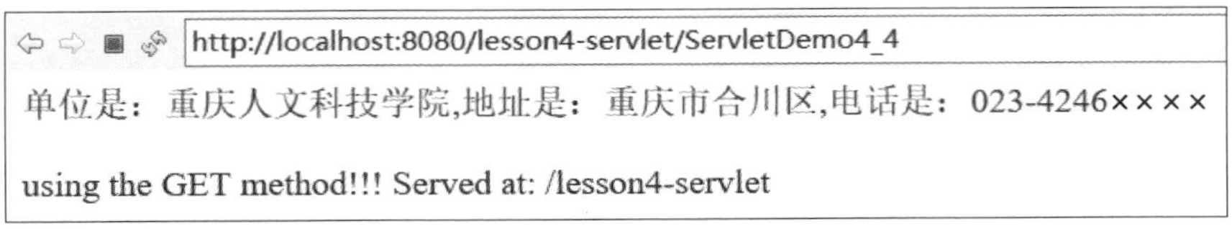

图 4.27 Servlet **进行注解配置后的运行结果**

上面的@ WebServlet 告知容器,ServletDemo4_4 这个 Servlet 的名称是 ServletDemo4_4,这是由 name 属性指定的,如果客户端请求的 URL 是/ServletDemo4 _ 4,则由具 ServletDemo4_4 名称的 Servlet 来处理,这是由 urlPatterns 属性来指定的。

当应用程序启动后,应用服务器并没有创建 Servlet 实例。**容器会在第一次请求需要某个 Servlet 服务时,应用服务器才将对应的 Servlet 类实例化并进行初始化操作,然后再处理请求**。所以在第一次请求该 Servlet 的客户端时,必须等待 Servlet 类实例化、进行初始动作所花费的时间,才能得到请求的处理。如果希望应用程序启动时,就先将 Servlet 类载入、实例化并做好初始化动作,则可以使用 loadOnStartup 设置,根据自己需要改变加载的优先级。设置大于 0 的值(默认值为-1),表示启动应用程序后就要初始化 Servlet(而不是实例化几个 Servlet),当值小于 0 或者没有指定时,则表示容器在该 Servlet 被选择时才会去加载。数字代表了 Servlet 的初始顺序,容器保证了有较小数字的 Servlet 先初始化。

Servlet 3.0 的 web.xml 文件的顶层标签<web-app>有一个 metadata-complete 属性,该属性指定当前的部署描述文件是否是完全的。如果设置为 true,则容器在部署时将只依赖部署描述文件,忽略所有的注解(同时也会跳过 web-fragment.xml 的扫描,亦即禁用可插性支持);如果不配置该属性,或者将其设置为 false,则表示启用注解支持(和可插性支持)。

4.3 ServletConfig 接口概述

在运行 Servlet 程序时,可能需要一些辅助信息,如文件使用的编码、使用 Servlet 程序的共享信息等,当 Tomcat 初始化一个 Servlet 时,会将该 Servlet 的配置信息封装到 ServletConfig 对象中。所以 ServletConfig **的范围是在 Servlet 中,每一个 Servlet 都有一个对应的 ServletConfig。**

如图 4. 28 所示,从 Java EE 帮助文档可以看出,ServletConfig 是一个接口,被 GenericServlet 和 HttpServlet 类实现,它是 Servlet 容器使用的 Servlet 配置对象,它代表的是当前 Servlet 在 web.xml 中的配置信息,该对象在初始化期间将信息传递给 Servlet。

4.3.1 ServletConfig 接口

一个 ServletConfig 接口对象对应于 web.xml 文件的<Servlet></Servlet>**中的配置信息**。如图 4.29 所示,方框里的配置信息就是 ServletConfig 所表示的范围。

```
javax.servlet
Interface ServletConfig

All Known Implementing Classes:
    GenericServlet, HttpServlet


public interface ServletConfig

Implemented by: GenericServlet

servlet 容器使用的 servlet 配置对象，该对象在初始化期间将信息传递给 servlet。
```

图 4.28　ServletConfig 接口的帮助文档说明

```
<servlet>
  <servlet-name>ServletDemo4_5</servlet-name>
  <servlet-class>cn.edu.cqrk.servlet.demos.ServletDemo4_5</servlet-class>
  <init-param>
    <param-name>username</param-name>
    <param-value>李云</param-value>
  </init-param>
  <init-param>
    <param-name>userpass</param-name>
    <param-value>123</param-value>
  </init-param>
  <load-on-startup>1</load-on-startup>
</servlet>
<servlet-mapping>
  <servlet-name>ServletDemo4_5</servlet-name>
  <url-pattern>/ServletDemo4_5</url-pattern>
</servlet-mapping>
```

图 4.29　web.xml 文件中 ServletConfig 所表示的范围

元素是配置初始化参数，<load-on-startup>1</load-on-startup>是配置 Servlet 的优先级为 1，在启动 Tomcat 时，该 Servlet 就会优先被加载。

在 web.xml 文件中，可以使用一个或多个<init-param>元素为 Servlet 配置一些初始化参数。当 Servlet 配置了初始化参数后，Web 容器在创建 Servlet 实例对象时，**会自动将这些初始化参数封装到 ServletConfig 对象中，并在调用 Servlet 的 init(ServletConfig config) 方法时，将 ServletConfig 对象传递给** Servlet。开发人员通过 ServletConfig 对象就可以得到当前 Servlet 的初始化参数信息。

ServletConfig 接口中定义了一系列获取配置信息的方法(表 4.2)。

表 4.2　ServletConfig 接口的常用方法

方法说明	功能描述
String getInitParameter(String name)	根据初始化参数名返回对应的初始化参数值
Enumeration getInitParameterNames( )	返回一个 Enumeration 对象，其中包含了所有的初始化参数名
ServletContext getServletContext( )	返回一个代表当前 Web 应用的 ServletContext 对象
String getServletName( )	返回 Servlet 的名字，即 web.xml 中<servlet-name>元素的值

在 ServletDemo4_5 中,添加代码如下:

System.out.println(config.getServletName( ));

config.getServletName( )方法可以获取当前 Servlet 在 web.xml 中的配置名,就是在 web.xml 中元素中的别名,这里是 ServletDemo4_5。

运行 ServletDemo4_5,可以看到,该 Servlet 已优先被加载,这是<load-on-startup>元素设置的,它加载这个 ServletDemo4_5,即实例化并调用其 init(ServletConfig config)方法。因为 ServletConfig 对象已经传给了 ServletDemo4_5,所以可以在 init( )方法里调用 config.getServletName( )方法,获取此类的别名,如图 4.30 所示。

图 4.30　<load-on-startup>元素的作用

需要注意的是,一个 Servlet 被实例化后,对任何客户端在任何时候访问有效,但仅对 Servlet 自身有效,一个 Servlet 的 ServletConfig 对象不能被另一个 Servlet 访问。也就是说,**初始化参数只能被自己的 Servlet 访问**。

4.3.2　ServletConfig 的用法

刚才提到,Web 容器在创建 Servlet 实例对象时,会自动将这些初始化参数封装到 ServletConfig 对象中,并在调用 Servlet 的 init(ServletConfig config)方法时,将 ServletConfig 对象传递给 Servlet。所以开发者是在 init( )方法中得到 ServletConfig 对象的,拿到这个 ServletConfig 对象后,可以在代码中定义一个私有成员变量对该对象进行的值进行保存,以便在该类的其他方法中使用。在 ServletDemo4_5.java 中设置一个 ServletConfig 类型的变量 config,具体代码如下:

实例:ServletDemo4_5.java

```
package cn.edu.cqrk.servlet.demos;
import java.io.IOException;
import java.io.PrintWriter;
import javax.servlet.GenericServlet;
import javax.servlet.ServletConfig;
```

```
import javax.servlet.ServletException;
import javax.servlet.annotation.WebServlet;
import javax.servlet.http.HttpServlet;
import javax.servlet.http.HttpServletRequest;
import javax.servlet.http.HttpServletResponse;

public class ServletDemo4_5 extends HttpServlet {
    private String name;
    private String pass;
    private ServletConfig config;           // 定义一个私有成员变量

    public ServletDemo4_5() {
        System.out.println("ServletDemo4_5 构造方法,创建 Servlet 对象时调用");
    }
    @Override
    public void init(ServletConfig config) throws ServletException {
        super.init(config);
        System.out.println("这两个参数 username、userpass 是在 Servlet 中存放的!");
        name = config.getInitParameter("username");// 获取 web.xml 中的 username 初始化信息
        pass = config.getInitParameter("userpass");// 获取 web.xml 中的 userpass 初始化信息
        System.out.println(name + "," + pass);

        this.config = config;
        System.out.println(config.getServletName());// 获取当前 Servlet 在 web.xml 中的配
置名
    }
    @Override
    protected void service(HttpServletRequest request, HttpServletResponse response)
            throws ServletException, IOException {
        // 设置响应头信息(即告诉浏览器从服务器发送过来的数据类型和采用的编码)
        response.setContentType("text/html; charset=utf-8");
        // 获取一个向浏览器输出的流对象 writer
        PrintWriter writer = response.getWriter();
        // Servlet 响应的时候将响应信息通过 writer 对象输出一条语句到浏览器网页上
        writer.print("这是基于继承 HttpServlet 的方式创建 Servlet 对象!");
        writer.print("用户是:" + name + ",");
        writer.print("密码是:" + pass + "<br>");
        writer.print(getServletConfig().getServletName());
        writer.print(getServletConfig().getInitParameter("username"));
```

```
        writer.print(getServletConfig().getInitParameter("userpass"));
        writer.print("<br>");
        Object value = getServletContext().getAttribute("uname");
        if(value ! = null) {
            writer.print(("在 ServletDemo4_5 文件中从 ServletContext 读取出数据:" + value.
toString()) + "<br>");
        }
        getServletContext().removeAttribute("uname");
    }

    @Override
    public ServletConfig getServletConfig() {
        return this.config;
    }
}
```

第 4 行定义了 ServletConfig 类型的私有成员变量 config,Servlet 加载时调用了 init()方法,把 init()方法中得到 ServletConfig 对象赋值给成员变量 config,因此成员变量 config现在就有值了,就是封装了初始化参数的 ServletConfig 对象。service()方法虽然没有ServletConfig 类型的参数,但 service()方法可以调用 getServletConfig()方法返回ServletConfig 对象,也可以使用 getServletConfig().getServletName()去获取 Servlet 别名,通过返回的 ServletConfig 对象获取初始化参数的值。在程序最后对 getServletConfig()方法重写,返回成员变量 config 的值。运行结果如图 4.30 所示。

4.4　ServletContext 接口概述

ServletContext 是 Servlet 的上下文环境对象。当 Tomcat 启动时,Tomcat 会为每个 Web应用(工程)创建一个唯一的 ServletContext 对象(实例),代表当前的 Web 应用,该对象封装了当前 Web 应用的所有信息。这个对象全局唯一,而且工程内部的所有 Servlet 都共享这个对象,所以 ServletContext 对象叫全局应用程序共享对象。可以利用该对象获取 Web应用程序的初始化信息、读取资源文件等。ServletContext 接口是 Servlet 中最大的一个接口,呈现了 Web 应用的 Servlet 视图。

这里需要注意的是:ServletContext **是项目层面的,而** ServletConfig **是类层面的,所以可以使用** ServletContext **对象向多个** Servlet **共享或传递数据。**

ServletContext 对象是通过 getServletContext()方法获得的,由于 HttpServlet 继承了GenericServlet,GenericServlet 类和 HttpServlet 类同时具有该方法。

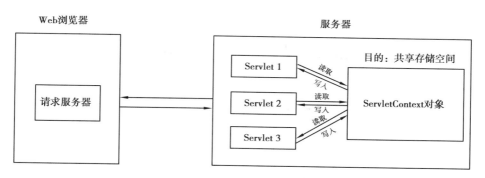

图 4.31 ServletContext 域对象示意图

4.4.1 ServletContext 接口

安装在一个服务器中的一个特定 URL 名字空间(如 /myapplication)下的所有 Servlet,JSP,JavaBean 等 Web 部件的集合构成了一个 Web 应用(就是一个 Java EE 项目或 Web 工程),每一个 Web 应用(同一 JVM)容器都会有一个背景对象,而 javax.servlet.ServletContext 接口就提供了访问这个背景对象的途径,**这个 Web 应用里多个 Servlet 都可以访问该 Web 应用的唯一的 ServletContext 对象。所以 ServletContext 的范围是在 Web 应用(项目)中,每一个 Web 应用都有一个对应的 ServletContext。它的作用范围比 ServletConfig 大。**

ServletContext 对象是在 Tomcat 启动项目时创建,关闭项目时注销。这里也注意 ServletContext 和 ServletConfig 的区分。ServletConfig 对象的创建时当 Servlet 配置了初始化参数后,Web 容器在创建 Servlet 实例对象时产生,并自动将这些初始化参数封装到中 ServletConfig 对象中。也就是说,ServletContext **对象产生后不一定创建了** ServletConfig **对象。**

ServletContext 有四个作用:
- 作为域对象使用;
- 获取 Web 的上下文路径、读取当前 Web 项目的资源文件;
- 获取全局配置参数;
- 请求转发。

4.4.2 ServletContext 的用法

(1)作为域对象使用

域,指一个范围,即取值范围。域对象这里指可以进行数据存、取、读的对象,域对象有点类似 Java 的 Map 集合,也是可以存、取、读数据。可以把域对象理解为一种特殊的集合,就是有专门存放数据的地方。

ServletContext 是 Java Web 的四大域对象之一,利用域对象可以在多个 Servlet 之间传递与共享数据。

①域对象是服务器在内存上创建的存储空间,用于在不同动态资源(Servlet)之间传

递与共享数据。

②域对象方法(表4.3):包括 ServletContext 在内的域对象都有如下 3 个方法。

表4.3　域对象方法及说明

域对象方法	功能描述
public void setAttribute (String name, Object object)	设置键值对,将对象绑定到此 Servlet 上下文中的给定属性名称。如果已将指定名称用于某个属性,则此方法将使用新属性替换具有该名称的属性。
public Object getAttribute (String name)	根据指定的 key 返回具有给定名称的 Servlet 容器属性,如果不具有该名称的属性,则返回 null。
public void removeAttribute (String name)	根据指定的 key 从 Servlet 上下文中移除具有给定名称的属性。完成移除操作后,为获取属性值而对#getAttribute 进行的后续调用将返回 null。

③域对象功能代码:在例 ServletDemo4_6.java 中,使用了域的两个方法:setAttribute 和 getAttribute,对数据进行存取。

实例:ServletDemo4_6.java

```
package cn.edu.cqrk.servlet.demos;
import java.io. * ;
import javax.servlet.ServletException;
import javax.servlet.annotation.WebServlet;
import javax.servlet.http.HttpServlet;
import javax.servlet.http.HttpServletRequest;
import javax.servlet.http.HttpServletResponse;
@WebServlet("/ServletDemo4_6")
public class ServletDemo4_6 extends HttpServlet {
    private static final long serialVersionUID = 1L;
    public ServletDemo4_6() {
        super();
    }
    protected void doGet(HttpServletRequest request, HttpServletResponse response)
            throws ServletException, IOException {
        // getServletContext()方法获取 ServletContext 对象
        // 往 ServletContext 对象里面设置数据
        System.out.println(getServletContext());
        getServletContext().setAttribute("username", "李四"); // 存数据
        response.setContentType("text/html; charset=utf-8");
        PrintWriter writer = response.getWriter();
```

```
        writer.print("username 写入到 ServletContext 成功<br>");
        /*
            * String ContextParameter =
            * getServletContext( ).getInitParameter("ServerName");
            * System.out.println("Context 初始化参数是:" + ContextParameter);
            */
        // 获取 ServletContext 里面的用户名数据
        Object value = getServletContext( ).getAttribute("username"); // 取数据
        if ( value ! = null) {
            writer.print(("在 ServletDemo4_6 文件中从 ServletContext 读取出数据:" + value.
toString( )) + "<br>");
        }
        /*
        * writer.print("这是虚拟路径,工程名字:" + getServletContext( ).getContextPath( ));
        * writer.print("<br>"); writer.print("这是实际路径:" +
        * getServletContext( ).getRealPath("/"));
        */
        InputStream input = getServletContext( ).getResourceAsStream("/db.properties");
        try {
            byte[] b = new byte[1024]; // 定义 byte[]数组 b 准备接收从文件来的字节
            int n; // 定义变量 n 表示从文件来的字节数
        while ((n = input.read(b)) ! = -1) // 通过对象 fis 读入文件内容到内存,返回值为读取
的字节数
            { // n 为-1 时退出
                String s = new String(b, 0, n); // 从 0 到 n,字节变成 String 类型并存储在 s 中
                System.out.println(s);
            }
        } catch (Exception e) {
            // TODO Auto-generated catch block
            e.printStackTrace( );
        }
    }
    protected void doPost(HttpServletRequest request, HttpServletResponse response)
            throws ServletException, IOException {
        doGet(request, response);
    }
}
```

运行结果如图 4.32 所示。

图4.32 域对象相关方法运行结果

图 4.32 是使用了 setAttribute（"username"，"李四"）和 getServletContext（）.getAttribute（"username"）的方法，它将"李四"这个字符串装入 username 中，然后又取出来，需要明确的是，现在这两个方法都是写在同一个 Java 文件的同一个方法 doGet（）中，而 ServletContext 是一个全局的概念，所以 getServletContext（）.getAttribute（"username"）这个方法可以写在另外的 Servlet 中，一样可以进行数据的存、取。现在将此语句放在 ServletDemo4_5.java 中，可以看到它的页面中把 username 里存储的值读出来了。

这里 ApplicationContextFacade 作为 ApplicationContext 的门面，内部包含 ApplicaitonContext 对象，在 Web 应用中获取的 ServletContext 实际上是 ApplicationContextFacade 对象，对 ApplicationContext 进行了封装。

db.properties 文件代码如下。

```
db.properties
jdbc.driver = com.mysql.jdbc.Driver
jdbc.url = jdbc:mysql://localhost:3306/db_jsp? useUnicode=true&characterEncoding=utf-8
jdbc.username = root
jdbc.password = 123456
```

在 ServletDemo4_3.Java 中，加入语句：

```
getServletContext( ).removeAttribute("username");
```

此方法删除了这种存储关系，运行 ServletDemo4_3.Java 之后，再次运行 ServletDemo4_6.java，发现此处为 null。当 username 没有存储"李四"这个字符串，仍然要去读 username，结果当然是空了。

（2）获取 Web 的上下文路径、读取当前 Web 项目的资源文件

可以通过表 4.4 列出的方法读取该项目的虚拟路径（如"/index.html"）和绝对路径，读取当前 Web 项目的资源路径。

表 4.4 ServletContext 中与 Web 项目相关的方法

方法	功能描述
public String getContextPath( )	返回 Web 应用程序的上下文路径。上下文路径是用来选择请求上下文的请求 URI 的一部分。请求 URI 中首先出现的总是上下文路径。路径以 "/" 字符开头但不以 "/" 字符结束。对于默认(根)上下文中的 servlet,此方法返回 ""。即获取当前工程名字。
public String getRealPath(String path)	为给定虚拟路径返回包含实际路径的 String。例如,可以通过对" http://host/contextPath/index.html" 的请求使路径"/index.html" 返回服务器文件系统上的绝对文件路径,其中 contextPath 是此 ServletContext 的上下文路径。
public InputStream getResourceAsStream (String path)	以 InputStream 对象的形式返回位于指定路径上的资源。InputStream 中的数据可以是任意类型或长度。该路径必须根据 getResource 中给出的规则指定。如果指定路径上没有资源,则此方法返回 null。

1)getContextPath( )方法

该方法读取项目的虚拟路径。

writer.print("这是虚拟路径,工程名字:" + getServletContext( ).getContextPath( ));

2)getRealPath(String path)方法

writer.print("这是实际路径:" + getServletContext( ).getRealPath("/"));

3)getResourceAsStream(String path)方法

如果需要动态获取某个文件的位置,从而能够获取此文件的资源,那么使用 getResourceAsStream( )方法便可以,它读取文件生成一个 InputStream。也就是说,通过传入的文件名去加载对应文件,它相当于使用 getResource( )取得 File 文件后,再用 new InputStream(file)获取到输入流。最常用到的地方就是读取配置文件,如数据库配置文件,日志配置文件等。参数 path,默认从 Web Application 根目录下的 WebContent 下取资源。获得输入流 InputStream 后,使用输入流的 read( )方法获取文件中的内容。

下面代码是一个取得配置文件 db.properties 的例子:

```
{
    /* writer.print("这是虚拟路径,工程名字:" + getServletContext( ).getContextPath( ));
    writer.print("<br>");
    writer.print("这是实际路径:" + getServletContext( ).getRealPath("/")); */
    InputStream input = getServletContext( ).getResourceAsStream("/db.properties");
    try {
        byte[ ] b = new byte[1024]; // 定义 byte[ ]数组 b 准备接收从文件来的字节
        int n; // 定义变量 n 表示从文件来的字节数
```

```
    while ((n = input.read(b)) ! = -1) // 通过对象 fis 读入文件内容到内存,返回值为读取的字
节数
        { // n 为-1 时退出
            String s = new String(b, 0, n); // 从 0 到 n,字节变成 String 类型并存储在 s 中
            System.out.println(s);
        }
    } catch (Exception e) {
        e.printStackTrace();
    }
}
```

配置文件放在 WebContent 下,此代码段将获取的配置文件的内容读取并输出到控制台,如图 4.33 和图 4.34 所示。

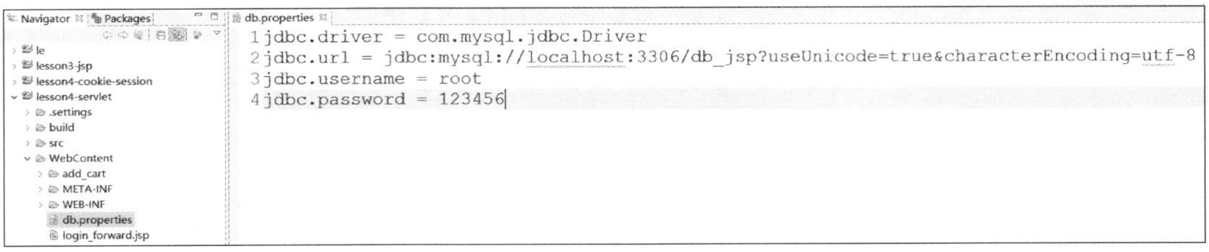

图 4.33　配置文件 db.properties

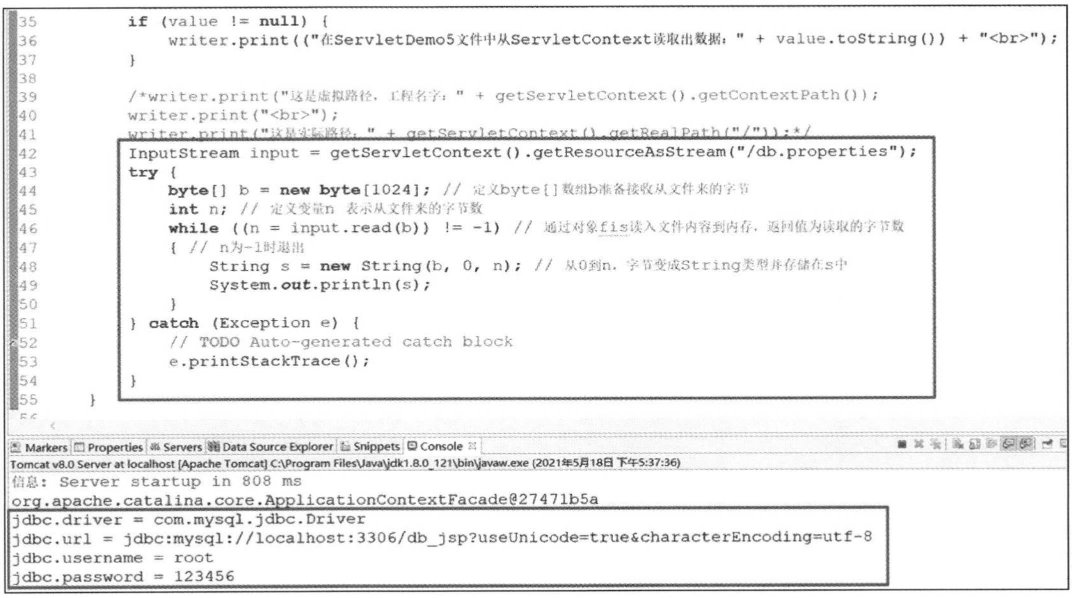

图 4.34　此代码段获取配置文件的内容

(3) 获取全局配置参数

ServletContext 全局配置参数就是 ServletContext 上下文初始化参数,它对应于 web.xml

文件的<web-app></web-app>中的配置信息。如图 4.35 所示,方框里的配置信息就是 ServletContext 所表示的范围。所以,ServletContext 全局配置参数不能放在<servlet></servlet>中,因为它是全局性的,不是属于某个 Servlet 的。任何一个 Servlet 都可以使用它。

图 4.35 显示了 web.xml 文件中的 ServletContext 全局配置参数的配置实例。

```
<servlet>
  <servlet-name>ServletDemo4_5</servlet-name>
  <servlet-class>cn.edu.cqrk.servlet.demos.ServletDemo4_5
  <init-param>
    <param-name>username</param-name>
    <param-value>李云</param-value>
  </init-param>
  <init-param>
    <param-name>userpass</param-name>
    <param-value>123</param-value>
  </init-param>
  <load-on-startup>1</load-on-startup>
</servlet>
<servlet-mapping>
  <servlet-name>ServletDemo4_5</servlet-name>
  <url-pattern>/ServletDemo4_5</url-pattern>
</servlet-mapping>
<context-param> <!-- 这里定义context上下文的初始化参数, 即项目初始化参数 -->
  <param-name>ServerName</param-name>
  <param-value>重庆人科专用服务器</param-value>
</context-param>
```

图 4.35　web.xml 中 ServletContext 全局配置参数配置

下面代码在该项目任一个 Servlet 文件中运行,都可取得全局配置参数 ServerName 的值。

```
String ContextParameter = getServletContext( ).getInitParameter("ServerName");
System.out.println("Context 初始化参数是:" + ContextParameter);
```

将此值输出至控制台运行,控制台输出如图 4.36 所示。

```
org.apache.catalina.core.ApplicationContextFacade@3251541d
Context初始化参数是: 重庆人科专用服务器
```

图 4.36　读取 ServletContext 的初始化参数

请注意:ServletContext 的全局配置参数只能在 web.xml 文件中配置,不可以在 Servlet 中进行注解配置。这一点和 ServletConfig 是不同的,ServletConfig 是可以在 Servlet 中进行注解配置的。原因就在于 ServletContext 是全局的(项目的),ServletConfig 是某个 Servlet 的。

ServletContext 既具有全局配置参数进行数据的读取,又能作为域对象进行数据的读取,在概念和使用上初学者容易混淆。表 4.5 列出了两者的主要异同点。

表 4.5　ServletContext 的全局配置参数和 ServletContext 域对象异同点

	ServletContext 全局配置参数	ServletContext 域对象
相同点	在 Web 项目内多个 Servlet 共享,即在此 Web 项目(工程)中的所有 Servlet 都能操作	
特点	静态(运行前设置,运行期不能改)	动态,可在程序中进行存储、读取和删除
存储	在 web.xml 文件中,通过标签 < context - param> </context-param>存储	在 Java 文件中,通过 getServletContext(). setAttribute()方法存储
读取	在 Java 文件中,通过 getServletContext(). getInitParameter()方法读取	在 Java 文件中,通过 getServletContext(). getAttribute()方法读取
删除	运行期不能删除	在 Java 文件中,通过 getServletContext(). removeAttribute()方法进行删除

4.5　Servlet 请求与响应

4.5.1　HttpServletRequest 请求

在 Servlet API 中,定义了一个 HttpServletRequest 接口,它继承自 ServletRequest 接口,专门用来封装 HTTP 请求消息。由于 HTTP 请求消息分为请求行、请求消息头和请求消息体三部分,因此,在 HttpServletRequest 接口中定义了获取请求行、请求头和请求消息体的相关方法。

通常在创建 Servlet 时会重写 service()方法,或 doGet()、doPost()方法,这些方法都有两个参数,一个参数是代表请求的 request,另一个参数是代表响应的 response。

service()方法中的 request 的类型是 ServletRequest,而 doGet()和 doPost()方法的 request 的类型是 HttpServletRequest,HttpServletRequest 是 ServletRequest 的子接口,功能和方法更加强大。

4.5.2　HttpServletResponse 响应

在 HTTP 响应消息中,大量数据都是通过响应消息体传递的,因此 ServletResponse 遵循以 I/O 流传递大量数据的设计理念。在发送响应消息体时,定义了两个与输出流相关的方法。一个是 getOutputStream()方法,该方法所获取的字节输出流对象为 ServletOutputStream 类型。由于 ServletOutputStream 是 OutputStream 的子类,它可以直接输出字节数组中的二进制数据。因此要输出二进制格式的响应正文,就需要使用 getOutputStream()方法。另一个 getWriter()方法,该方法所获取的字符输出流对象为 PrintWriter 类型。由于 PrintWriter 类型的对象可以直接输出字符文本内容,因此,要输出内容全部为字符文本的网页文档,则需要使用 getWriter( )方法。

HttpServletResponse 接口继承自 ServletResponse 接口,主要用于封装 HTTP 响应消息。由于 HTTP 响应消息分为状态行、响应消息头、消息体三部分。因此,在 HttpServletResponse 接口中定义了向客户端发送响应状态码、响应消息头、响应消息体的方法。

编程中通常会把 ServletRequest 和 ServletResponse 的类型转换成 HttpServletRequest 和 HttpServletResponse 类型。

比如:

```
public void doFilter(ServletRequest request, ServletResponse response, FilterChain chain)
        throws IOException, ServletException {
    HttpServletRequest req = (HttpServletRequest) request;
    HttpServletResponse resp = (HttpServletResponse) response;
    chain.doFilter(request, response);
}
```

4.5.3　GET 和 POST 请求

HTTP 定义了与服务器交互的不同方法,最基本的方法是 GET 和 POST。通常 GET 适用于多数请求,而保留 POST 仅用于更新站点。

GET 和 POST 都是向服务器传数据,但表单提交中 GET 和 POST 方式是有区别的,主要体现在下面几点:

①GET 和 POST 都是向服务器传数据,但 GET 基本上是为了获取(检索)数据,而 POST 更多地使用在存储或更新数据、订购产品或发送电子邮件等业务。

②GET 是把参数数据队列加到提交表单的 ACTION 属性所指的 URL 中,值和表单内各个字段一一对应,在 URL 中可以看到。POST 是通过 HTTP post 机制,将表单内各个字段与其内容放置在 HTML HEADER 内一起传送到 ACTION 属性所指的 URL 地址。用户看不到这个过程。

③对于 GET 方式,服务器端用 Request.QueryString 获取变量的值,对于 POST 方式,服务器端用 Request.Form 获取提交的数据。

④GET 传送的数据量较小,不能大于 2 KB。POST 传送的数据量较大,一般被默认为不受限制。但理论上,IIS4 中最大量为 80 KB,IIS5 中为 100 KB。

⑤GET 安全性非常低,POST 安全性较高。

4.5.4　Servlet 请求转发和重定向

请求转发和重定向都可以使浏览器获得另一个 URL 所指向的资源,但两者的内部运行机制有着很大的区别。

（1）请求转发

服务器行为，客户端只有一次请求，服务器端转发后会将请求对象保存，地址栏中的URL地址不会改变，得到响应后服务器端再将响应发给客户端。

```
request.getRequestDispatcher("资源 URL").forward();
```

还可以通过 ServletContext 的 getRequestDispatcher( )方法获得转发对象。

login_forward.jsp

```
<body>
    <form action="DoLoginServlet" method="post">
        用户名:<input type="text" name="name" value="用户名"><br>
        <input type="submit" value="提交">
    </form>
</body>
```

DoLoginServlet.java

```java
package cn.edu.cqrk.forward;
import java.io.IOException;
import java.io.PrintWriter;
import javax.servlet.ServletException;
import javax.servlet.annotation.WebServlet;
import javax.servlet.http.HttpServlet;
import javax.servlet.http.HttpServletRequest;
import javax.servlet.http.HttpServletResponse;
@WebServlet("/DoLoginServlet")
public class DoLoginServlet extends HttpServlet {
    @Override
    protected void service(HttpServletRequest request, HttpServletResponse response) throws
ServletException, IOException {
        request.setCharacterEncoding("utf-8");
        response.setContentType("text/html; charset=UTF-8");
        String name = request.getParameter("name");
        PrintWriter out = response.getWriter();
        out.print("当前页面是 DoLoginServlet,你好! " + name + "<br>");
    request.getRequestDispatcher("DoNextServlet").forward(request, response);
    }
}
```

DoNextServlet.java

```
package cn.edu.cqrk.forward；
import java.io.IOException；
import java.io.PrintWriter；
import javax.servlet.ServletException；
import javax.servlet.annotation.WebServlet；
import javax.servlet.http.HttpServlet；
import javax.servlet.http.HttpServletRequest；
import javax.servlet.http.HttpServletResponse；
@WebServlet("/DoNextServlet")
public class DoNextServlet extends HttpServlet {
    @Override
    protected void service(HttpServletRequest request，HttpServletResponse response) throws
ServletException，IOException {
        request.setCharacterEncoding("utf-8")；
        response.setContentType("text/html；charset=UTF-8")；
        String name = request.getParameter("name")；
        PrintWriter out = response.getWriter()；
        out.print("当前页面是 DoNextServlet,你好啊！"+name+"<br>")；
    }
}
```

运行结果如图 4.37 所示。

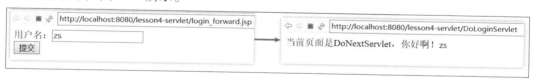

图 4.37　请求转发程序运行示意图

（2）重定向

客户端行为,本质上等同于两次请求,前一次请求对象不会保存,地址栏的 URL 地址会改变。

```
response.sendRedirect("资源 URL")；
```

或者:

```
PrintWriter out = response.getWriter("资源 URL")；
out.print("<a href='资源 URL'>下一页</a>")；
```

login_forward.jsp

```
<body>
    <form action="DoLoginServlet" method="post">
        用户名:<input type="text" name="name" value="用户名"><br>
        <input type="submit" value="提交">
    </form>
</body>
```

更新的 DoLoginServlet.java

```
@WebServlet("/DoLoginServlet")
public class DoLoginServlet extends HttpServlet {
    @Override
    protected void service(HttpServletRequest request, HttpServletResponse response) throws
ServletException, IOException {
        request.setCharacterEncoding("utf-8");
        response.setContentType("text/html;charset=UTF-8");
        String name = request.getParameter("name");
        PrintWriter out = response.getWriter();
        out.print("当前页面是 DoLoginServlet,你好! " + name +"<br>");
        /* request.getRequestDispatcher("DoNextServlet").forward(request, response); */
        /* out.print("<a href='DoNextServlet? name="+name+"'>下一页</a>"); */
        response.sendRedirect("DoNextServlet");   // 重定向
    }
}
```

运行结果如图 4.38 所示。

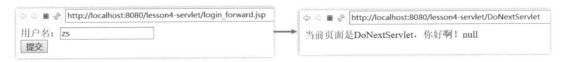

图 4.38　重定向程序运行示意图

请求转发和重定向主要区别如下:

- forward( )方法只能将请求转发给同一 Web 应用的组件;而 sendRedirect( )方法不但可以在位于同一个主机上的不同 Web 应用程序之间进行重定向,而且可以将客户端重定向到其他服务器上的 Web 应用程序资源。
- 转发方式使浏览器 URL 的地址栏不变;而重定向方式使浏览器 URL 的地址栏改变。

4.6 Cookie 技术和 Session 技术

网络 B/S 架构采用的 HTTP 协议是无状态协议,用户每次读取 Web 页面时,服务器都打开新的会话,而且服务器也不会自动维护客户的上下文信息,但大多数的网络应用要求必须在不同的网页之间传递数据。比如在淘宝网的某个页面中,用户进行了登录操作,当跳转到商品页时,服务器必须知道此用户是处于登录状态,才能进行后续的一系列操作。通常使用 Cookie 与 Session 这两种机制来进行会话保持或身份跟踪,网站利用这两种技术来获取用户的登录保持状态。

4.6.1 HTTP 会话及会话过程

会话是指一个终端用户与交互系统进行通信的过程,比如从输入账户密码进入操作系统到退出操作系统就是一个会话过程,会话较多用于网络上。HTTP 会话,简单地说,就是浏览器和服务器之间的相互沟通(通常是一组交互操作),此过程从浏览器连接到服务器开始,到退出服务器结束,并且可以用一些方式把会话中的关键数据进行保存,维护两个请求事务之间的关系。

这种在多次 HTTP 连接间维护用户与同一用户发出的不同请求之间关联的情况称为维护一个会话,不同用户的会话应该是相互独立的。所以,一次会话可包含多次请求和响应,从浏览器第一次发送请求给服务器时,会话就开始建立而且应该一直存在,直到浏览器关闭或者用户空闲时间超过了某一个时间界限为止,容器才释放该会话资源。

在会话的存活期间,用户浏览器可能给服务器发送了很多请求,该用户的这些请求信息都可以存储在会话中。

在 Java Web 应用中,会话技术分为两种:

- Cookie 技术:客户端会话技术,数据存到客户端。
- Session:服务端会话技术,数据存到服务端。

HTTP 会话过程就是指从打开浏览器到关闭浏览器的过程。会话过程包括四个步骤:

(1)连接(Connection)

Web 浏览器与 Web 服务器建立连接,打开一个称为 Socket(套接字)的虚拟文件,此文件的建立标志着连接建立成功。

(2)请求(Request)

Web 浏览器通过 Socket 向 Web 服务器提交请求。HTTP 的请求一般是 GET 或 POST 命令。

(3)应答(Response)

Web 浏览器提交请求后,通过 HTTP 协议传送给 Web 服务器。Web 服务器接到后,进行业务逻辑处理,处理结果又通过 HTTP 传回给 Web 浏览器,从而在 Web 浏览器上显示出所请求的页面。

(4)关闭(Close)

关闭连接,响应结束后 Web 浏览器与 Web 服务器必须断开,以保证其他 Web 浏览器能够与 Web 服务器建立连接。

会话过程中需要解决的问题是什么？每个用户在浏览器中点击多个超链接,访问服务器中的多个 Web 资源,用户在使用浏览器与服务器进行会话的过程中,各自都会产生一些数据。会话中需要解决的问题如下:

①服务器如何区分不同用户?

②如何为每个用户保存这些数据?

4.6.2　Cookie 概述

Cookie 是一种客户端缓存技术,Cookie 数据由服务器端生成,程序把每个用户的数据以 Cookie 的形式发给用户各自的浏览器。它是以键值对的形式保存在浏览器端,每个 Cookie 都会有名称、值、过期时间等属性。当用户使用浏览器再去访问服务器中的 Web 资源时,就会带着各自的数据去访问。这样 Web 资源处理的就是用户各自的数据。

Cookie 通常的使用场景有:

- 登录记住用户名;
- 记录用户浏览记录。

浏览器第一次访问服务器时,服务器会先在请求头(Request Header)中查看有没有 Cookie 字段,如果没有,表明是一个新用户,服务器创建一个独特的身份标识数据,也就是一个字符串,格式为 key=value,放到 Set-Cookie 字段里,随着响应报文发给浏览器。

浏览器看到有 Set-Cookie 字段以后就知道这是服务器给的身份标识,于是就保存起来,下次请求时会自动将此 key=value 值放到 Cookie 字段中发给服务端。

服务端收到请求报文后,发现 Cookie 字段中有值,就能根据此值在缓存里去查询,识别出用户的身份。

默认情况下,当浏览器关闭,Cookie 数据就会被销毁。

Cookie 的特点如下:

①Cookie 数据存储在客户端浏览器,安全性差;

②浏览器对单个 Cookie 的大小有限制(4 kB),对同一个域名下的 Cookie 总数量也有限制,通常为 20 个左右。

服务器发回给浏览器的 Cookie 中,自带了一个 SESSIONID,SESSIONID 是由服务器生成的、用来维持会话状态的通信秘钥,在请求过程中,默认名字 SESSIONID,也可以自定义命名。以百度为例,用户第一次访问 www.baidu.com 的时候,由于请求头(Request Header)中没有带 SESSIONID,百度命名叫 BIDUPSID,百度服务器认为这是一个新的会话,会在服务端给这次会话生成一个唯一标识的 SESSIONID,同时会在 HTTP 响应头部(Response header)中将这个 SESSIONID 带给浏览器。

Set-Cookie:BIDUPSID=EEAE958FDBA12D0BECDA19585965F6E8; expires=Thu, 31-Dec-37 23:55:55 GMT; max-age=2147483647; path=/; domain=.baidu.com

这个 SESSIONID 就是"key = BIDUPSID, value = EEAE958FDBA12D0BECDA1958596 5F6E8"这样一个键值对,浏览器接收到 response 中 Set-Cookie 命令之后,会在浏览器设置 cookie 值 BIDUPSID = EEAE958FDBA12D0BECDA19585965F6E8,并在以后请求 baidu. com 这类域名时带上 cookie 值,也就是 request 报文头中带上" Cookie:BAIDUID = EEAE958FDBA12D0BECDA19585965F6E8",这样,服务器就可以通过这个秘钥来识别请求来自哪个用户。

4.6.3　Session 概述

Session 是服务器端会话技术,在一次会话中的多次请求共享数据,将数据保存在服务器端的对象中。Session 的实现依赖于 Cookie。

获取 HttpSession 对象的代码如下:

```
HttpSession session = request.getSession( );
```

使用 HttpSession 对象的方法如下:

```
Object getAttribute( String name )
void setAttribute( String name, Object value )
void removeAttribute( String name )
```

通常,Session 对象在下列情况被销毁:
- 服务器关闭或重启;
- Session 对象调用 invalidate( );
- Session 对象默认失效时间 30 分钟。

4.7　案　例

4.7.1　用户登录验证

描述:创建一个用户登录页面 login.jsp,在该页面创建 1 个表单,内含"用户名""密码"2 个文本框,点击"提交"按钮,跳转到 LoginCheckServlet.java 文件,利用 web.xml 文件中的 ServletContext 的全局初始化参数进行登录验证,如果用户名和密码正确则提示登录成功,不正确提示信息有误。

创建相关文件操作步骤如下:

(1)创建用户登录页面 login. jsp

创建 JSP 文件的方法在第 1 章已详细说明,这里不再赘述。在文件中创建 form 表单和相关控件,其实现代码如下:

login. jsp

```
<! DOCTYPE html>
<html>
<head>
<meta charset ="UTF-8">
<title>Insert title here</title>
</head>
<body>
    <form action ="LoginCheckServlet" name ="form1" method ="get">
        <input type ="text" placeholder ="用户名" size ="20" name ="username">
        <br>
        <input type ="password" placeholder ="密码" size ="21" name ="userpswd">
        <br>
        <input type ="submit" value ="提交">
    </form>
</body>
</html>
```

运行结果如图 4.39 所示。

图 4.39 login. jsp **运行界面**

(2)web.xml 文件

在 web.xml 文件中加入如下代码,注意代码位置在<web-app></web-app> 标签内,<servlet></servlet>外。

```
<! -- 第四章案例分析中的初始化参数 -->
<context-param>
    <param-name>uname</param-name>
    <param-value>admin</param-value>
</context-param>
  <context-param>
    <param-name>upasswd</param-name>
    <param-value>1234</param-value>
</context-param>
```

（3）LoginCheckServlet.java 文件

创建 LoginCheckServlet.java 文件如图 4.40 所示，在 src 目录上右键点击"New"，点击"Servlet"，在出现的窗口中直接输入包名和文件名 LoginCheckServlet，点击即可创建 Servlet 文件。

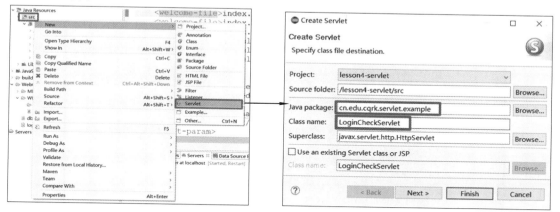

图 4.40　LoginCheckServlet.java 文件的创建

从图 4.40 中可以看出，这种方式创建 Servlet 文件最简便，它自动使用了基于 @WebServlet 注解方式配置 Servlet 映射，也自动生成了构造方法 doGet（ ）和 doPost（ ）方法，所以只需要直接在 doGet（ ）或 doPost（ ）方法里写验证代码即可，如图 4.41 所示。

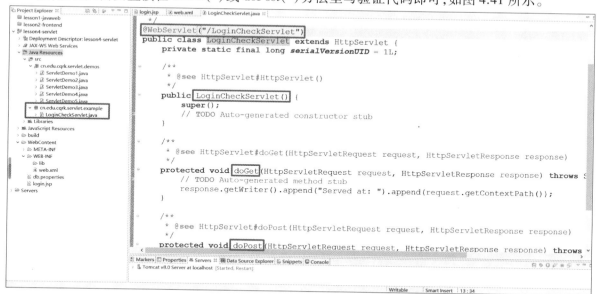

图 4.41　LoginCheckServlet.java 文件的源码

这里在 doGet（ ）方法里完成验证用户名和密码的校验，如图 4.42 所示。

```
protected void doGet(HttpServletRequest request, HttpServletResponse response)
        throws ServletException, IOException {
    /* 设置响应头信息
     * 解决POST提交乱码*/
    response.setContentType("text/html;charset=utf-8");
    request.setCharacterEncoding("utf-8");
    /*
     * request接收用户在前台表单提交的数据:用户名和密码
     * getParameter()可以获取表单的数据
     */
    String name = request.getParameter("username");
    String pswd = request.getParameter("userpswd");

    // 获取全局配置参数(在web.xml中设置)
    String userName = getServletContext().getInitParameter("uname");
    String userPassword = getServletContext().getInitParameter("upasswd");
    /*
     * 业务逻辑:判断从表单传过来的数据是否和web.xml中全局配置参数的值相同
     * 如果相同输出登录成功,否则,输出输入有误
     */
    if(name.equals(userName)&&pswd.equals(userPassword)){
        /* response.getWriter()获取向客户端输出的流对象
         * 返回类型是PrintWriter*/
        response.getWriter().print("登录成功!");
        response.getWriter().print("<br>");
        response.getWriter().print("欢迎你!"+userName);
    }else{
        response.getWriter().print("输入有误!");
        response.getWriter().print("<br>");
    }
}

protected void doPost(HttpServletRequest request, HttpServletResponse response)
```

图 4.42　LoginCheckServlet.java 文件的 doGet( ) 方法

LoginCheckServlet.java

```
protected void doGet(HttpServletRequest request，HttpServletResponse response)
        throws ServletException，IOException {
    /* 设置响应头信息
    * 解决 POST 提交乱码 */

    response.setContentType(" text/html;charset=utf-8 ");
    request.setCharacterEncoding(" utf-8 ");
    /*
        * request 接收用户在前台表单提交的数据:用户名和密码
        * getParameter( )可以获取表单的数据
        */
    String name = request.getParameter(" username ");
    String pswd = request.getParameter(" userpswd ");

    // 获取全局配置参数(在 web.xml 中设置)
    String userName = getServletContext( ).getInitParameter(" uname ");
    String userPassword = getServletContext( ).getInitParameter(" upasswd ");
    /*
        * 业务逻辑:判断从表单传过来的数据是否和 web.xml 中全局配置参数的值相同
```

```
        * 如果相同输出登录成功,否则,输出输入有误
        */
if(name.equals(userName)&&pswd.equals(userPassword)){
        /* response.getWriter()获取向客户端输出的流对象
        * 返回类型是 PrintWriter */
        response.getWriter().print("登录成功! ");
        response.getWriter().print("<br>");
        response.getWriter().print("欢迎你! "+userName);
    }else{
        response.getWriter().print("输入有误! ");
        response.getWriter().print("<br>");
    }
}
```

在 login.jsp 页面点击上方的运行(绿色小三角),系统重启服务器,浏览器打开,如图 4.43 所示。

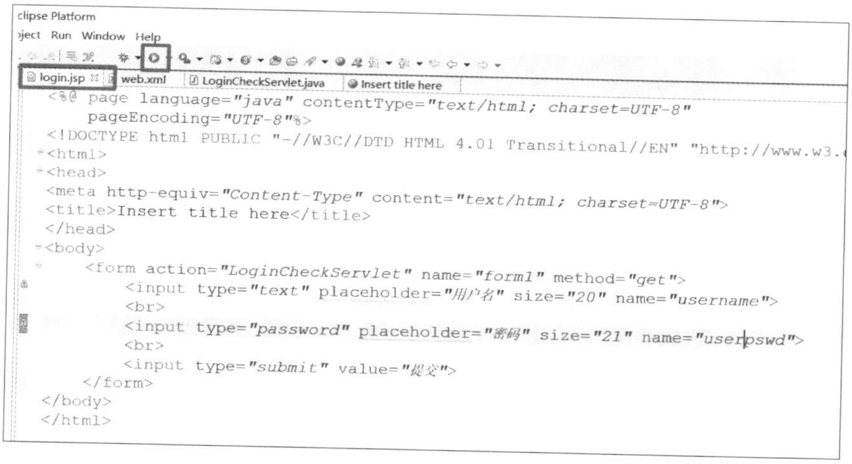

图 4.43　启动服务器

在浏览器中填写用户名"admin"、密码"1234",然后点击"提交"按钮,如图 4.44 所示。

图 4.44　登录界面

如图 4.45 所示,在地址栏里的路径可以判断:提交的 POST 请求提交到 Web 服务器,服务器解析用户的 LoginCheckServlet 请求,并查找该路径对应的 Servlet 对象是否存在,如果不存在,则创建 LoginCheckServlet 对象,并执行 init()方法对该对象初始化,再调用 doPost()方法,然后返回响应到客户端浏览器。这个例子体现了 Servlet 的整个生命周期。

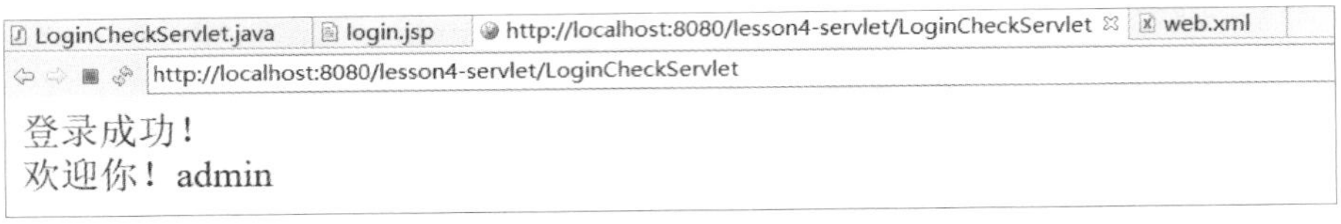

图 4.45　返回响应到客户端浏览器

4.7.2　用户在线签到

描述：创建一个用户登录页面 signin.jsp，在该页面创建 1 个表单，在表单里创建一个表格，内含"用户名""密码"2 个文本框，点击"签到"按钮，跳转到 UserSignInLogin.java 文件，在该文件设置 Servlet 初始化参数 filePath。该参数指定了 D 盘下的一个文本文件 everyday.txt，将每个签到者的名字、密码、IP 地址和签到时间写入该文件。

创建相关文件操作步骤如下：

（1）创建用户登录页面 signin.jsp

在文件中创建 form 表单和相关控件，其实现代码如下：

signin.jsp

```
<body>
    <center>
        <h1 style =" color：red ">用户在线签到界面</h1>
        <br>
        <form action =" UserSignInLogin " method =" post ">
            <table border =" 3 " width =" 24% ">
                <tr>
                    <td align =" right ">用户名</td>
                    <td align =" center "><input type =" text " name =" username " size =" 30 "></td>
                </tr>
                <tr>
                    <td align =" right ">密  码</td>
                    <td align =" center "><input type =" password " name =" userpswd " size =
" 31 "></td>
                </tr>
                <tr>
                    <! -- colspan 可以横跨的列数,这里是两列 -->
                    <td colspan =" 2 " align =" center "><input type =" submit " value ="签到">
</td>
                </tr>
            </table>
        </form>
    </center>
</body>
```

运行结果如图 4.46 所示。

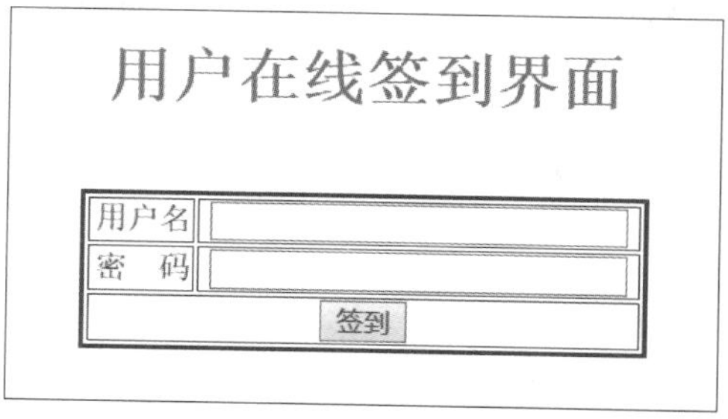

用户在线签到界面

用户名	
密　码	
	签到

图 4.46　signin.jsp 运行界面

（2）创建用户登录页面 UserSignInLogin.java

其实现代码如下：

UserSignInLogin.java

```java
package cn.edu.cqrk.servlet.example;
import java.io. * ;
import java.text.SimpleDateFormat;
import java.util.Date;
import javax.servlet.ServletConfig;
import javax.servlet.ServletException;
import javax.servlet.annotation.WebInitParam;
import javax.servlet.annotation.WebServlet;
import javax.servlet.http.HttpServlet;
import javax.servlet.http.HttpServletRequest;
import javax.servlet.http.HttpServletResponse;
/ * *
 * Servlet implementation class UserSignInLogin
 */
@WebServlet( name = "UserSignInLogin",
    urlPatterns = "/UserSignInLogin",
        initParams = {// 指定 Servlet 初始化参数 filePath
            @WebInitParam( name = "filePath", value = "D:\\everyday.txt")
                })
public class UserSignInLogin extends HttpServlet {
    private static final long serialVersionUID = 1L;
    // PrintWriter 类可用来创建一个文件并向该文本文件写入数据
    PrintWriter printWriter = null;
    / * *
     * @see HttpServlet#HttpServlet( )
     */
    public UserSignInLogin( ) {
        super( );
```

```
            // TODO Auto-generated constructor stub
    }
    /**
     * init()只执行一次,文件的打开操作代码写在这里 第一次访问该 servlet 时执行
     */
    @Override
    public void init(ServletConfig config) throws ServletException {
        /*
         * Servlet 对象产生时,初始化参数 filePath 的 name 和 value 从 web.xml 中读取并被封装
在 ServletConfig 对象中
         * 在 Java 中使用 getInitParameter()方法获取 ServletConfig 对象中 filePath 的值
         */
        String path = config.getInitParameter("filePath");
        try {
            /*
             * 创建 PrintWriter 对象,如果 path 指定的文件不存在,则会先创建文件再把该文件绑
定到输出流 printWriter 上
             */
            printWriter = new PrintWriter(new File(path));
        } catch (FileNotFoundException e) {
            // TODO Auto-generated catch block
            e.printStackTrace();
        }
    }
    /**
     * @see HttpServlet#doGet(HttpServletRequest request, HttpServletResponse
     *      response)
     */
    protected void doGet(HttpServletRequest request, HttpServletResponse response)
            throws ServletException, IOException {
        /*
         * 设置响应头信息 解决 POST 提交乱码
         */
        response.setContentType("text/html;charset=utf-8");
        request.setCharacterEncoding("utf-8");
        /*
         * request 接收用户在前台表单提交的数据:用户名和密码 getParameter()可以获取表单
的数据
         */
        String uname = request.getParameter("username");
        String upswd = request.getParameter("userpswd");
        String userIp = request.getRemoteAddr(); // 获取客户端 IP 地址
```

```
        String signInTime = new SimpleDateFormat("yyyy-MM-dd hh:mm:ss").format(new
Date());
        if(printWriter != null){
            synchronized(this){
                printWriter.print(uname + " " + upswd + " " + userIp + " " + signInTime+ "\n\r");
                printWriter.flush();//清空缓冲区的数据流,避免数据丢失
            }
        }
        response.getWriter().print( uname + "签到成功");// 发送到浏览器的消息
    }
    /**
     * @see HttpServlet#doPost(HttpServletRequest request, HttpServletResponse
     *        response)
     */
    protected void doPost(HttpServletRequest request, HttpServletResponse response)
            throws ServletException, IOException {
        // TODO Auto-generated method stub
        doGet(request, response);
    }
    @Override
    public void destroy(){
        if(printWriter != null)
            printWriter.close();
    }
}
```

点击绿色小三角“运行”图标,运行服务器,填写用户名、密码,点击“签到”,跳转到如图 4.47 所示的页面。在 D 盘下找到 everyday.txt 文件,打开此文件,可以看到里面有用户名、密码、IP 地址、日期和时间等信息。

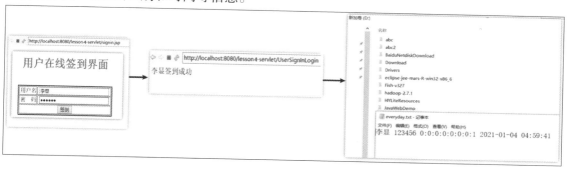

图 4.47　程序运行界面

4.7.3　统计在线用户数量

描述:创建一个 Servlet 文件 StatisticsNumOfOnlineUsers.java,定义一个整型变量

number，由它去获取存放在 ServletContext 这个域对象中的数据，因为 ServletContext 是全局域对象，所以不管是什么浏览器（不同用户）登录都可以记录其数量。

在 cn.edu.cqrk.servlet.example 包下新建一个文件 StatisticsNumOfOnlineUsers.java，如图 4.48 所示。

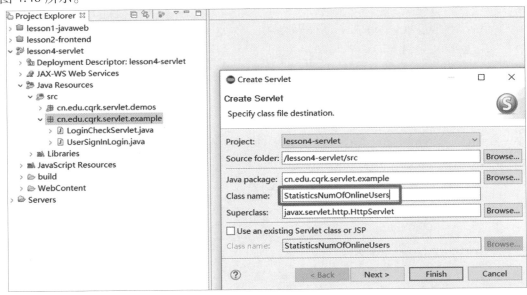

图 4.48　新建 Java 文件

StatisticsNumOfOnlineUsers.java

```
package cn.edu.cqrk.servlet.example；
import java.io.IOException；
import javax.servlet.ServletException；
import javax.servlet.annotation.WebServlet；
import javax.servlet.http.HttpServlet；
import javax.servlet.http.HttpServletRequest；
import javax.servlet.http.HttpServletResponse；
@ WebServlet("/StatisticsNumOfOnlineUsers")
public class StatisticsNumOfOnlineUsers extends HttpServlet {
    private static final long serialVersionUID = 1L；
    public StatisticsNumOfOnlineUsers() {
        super()；
    }
    protected void doGet(HttpServletRequest request，HttpServletResponse response)
            throws ServletException，IOException {

    }
```

```
    protected void doPost(HttpServletRequest request, HttpServletResponse response)
            throws ServletException, IOException {
        doGet(request, response);
    }
    @Override
    protected void service(HttpServletRequest request, HttpServletResponse response)
            throws ServletException, IOException {
        response.setContentType("text/html; charset=UTF-8");
        Integer number = (Integer) this.getServletContext().getAttribute("count");
        if (number == null || number == 0) {
            this.getServletContext().setAttribute("count", new Integer(1));
            number = 1;
        } else {
            number++;
            this.getServletContext().setAttribute("count", number);
        }
        response.getWriter().print("在线人数是:" + number);
    }
}
```

运行结果如图 4.49 所示。

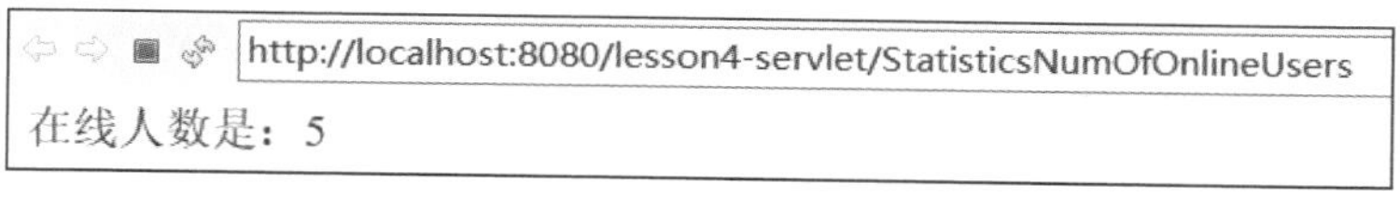

http://localhost:8080/lesson4-servlet/StatisticsNumOfOnlineUsers

在线人数是：5

图 4.49　显示当前在线人数

4.7.4　获取服务器端的文件

描述:创建一个 Servlet 文件 ServerSource.java ,在 src 目录上右键点击"New",点击 "Servlet",在出现的窗口中直接输入包名 cn. edu. cqrk. servlet. example 和文件名 ServerSource,点击即可创建 Servlet 文件,因为 Web 项目的路径被封装在了 ServletContext 中,所以通过 getRealPath()方法,就可以获取服务器端指定目录的文件夹和文件。

ServerSource.java

```
    @WebServlet(value = "/ServerSource")
public class ServerSource extends HttpServlet {
    private static final long serialVersionUID = 1L;

    public ServerSource() {
        super();
    }
}
```

```
    protected void doGet(HttpServletRequest request, HttpServletResponse response) throws
ServletException, IOException {
        response.getWriter().append("Served at: ").append(request.getContextPath());
    }
    protected void doPost(HttpServletRequest request, HttpServletResponse response) throws
ServletException, IOException {
        doGet(request, response);
    }

    /**
     * Web 应用的路径被封装在了 ServletContext 中,通过 getRealPath() 获取
     */
    @Override
    protected void service(HttpServletRequest request, HttpServletResponse response) throws
ServletException, IOException {
        response.setContentType("text/html;charset=utf-8");
        PrintWriter out = response.getWriter();
        ServletContext servletContext = getServletContext();
        String realPath = servletContext.getRealPath("/WEB-INF"); // 获取当前运行文件在服
务器上的绝对路径
        System.out.println("绝对路径是:"+realPath);
        File file = new File(realPath);
        File[] files = file.listFiles();
        out.println("-------------"+"<br>");
        for(File f:files) {
            String fileName = f.getName();
            out.print(fileName+"<br>");
        }
    }
}
```

点击绿色小三角“运行”图标,运行服务器,可以看到浏览器中出现了 WEB-INF 下的子文件夹和文件。因为 request.getRealPath("")灵活性太差,只能得到当前文件绝对路径,不能在当前文件下获得其他文件的绝对路径,一般不便于移植,所以不推荐使用。另外,由于有 service()方法存在,所以 doGet 和 doPost 方法都没有被运行。

图 4.50　显示服务器端中 WEB-INF 的文件名

4.7.5 购物车

描述：在 WebContent 目录下新建一个子目录 add_cart，在里面放两个文件：product_list.jsp 和 cart.jsp，其中 product_list.jsp 用来显示产品列表以及点击产品链接添加进购物车，cart.jsp 用来显示购物车结算页面以及显示清空购物车的链接。在 cn.edu.cqrk.servlet.example 中新建一个包 cart，即 cn.edu.cqrk.servlet.example.cart，在里面放两个文件：CartServlet.java 和 ClearCart.java，用来添加购物车和清空购物车。

product_list.jsp

```
<%@ page language="java" contentType="text/html; charset=UTF-8"
    pageEncoding="UTF-8"%>
<%
    String contextPath = request.getContextPath();
%>
<!DOCTYPE html PUBLIC "-//W3C//DTD HTML 4.01 Transitional//EN"
"http://www.w3.org/TR/html4/loose.dtd">
<html>
<head>
<meta http-equiv="Content-Type" content="text/html; charset=UTF-8">
<title>Insert title here</title>
</head>
<body>
    点击添加购物车:<br>
    <ul>
        <li>联想天逸 510Pro 十代酷睿 i7 八核<a href="<%=contextPath%>/CartServlet? pid=0&pname=联想天逸 510Pro 十代酷睿 i7 八核">加入购物车</a></li>
        <li>惠普(HP)战 99 商用主机(11 代 i5-11500 16G 512G<a href="<%=contextPath%>/CartServlet? pid=1&pname=惠普(HP)战 99 商用主机">加入购物车</a></li>
        <li>戴尔 3690 商用台式机 i5 11400 16G 256G+1T<a href="<%=contextPath%>/CartServlet? pid=2&pname=戴尔 3690 商用台式机 i5">加入购物车</a></li>
        <li>雷神黑武士 4 代 i5-11400 16G RTX3060 512GSSD<a href="<%=contextPath%>/CartServlet? pid=3&pname=雷神黑武士 4 代 i5-11400">加入购物车</a></li>
        <li>宏碁(Acer)商祺 SQX4270 660N 英特尔酷睿 i5<a href="<%=contextPath%>/CartServlet? pid=4&pname=宏碁(Acer)商祺 SQX4270">加入购物车</a></li>
    </ul>
</body>
</html>
```

此页面的链接跳转到 CartServlet.java 文件中进行处理。

CartServlet.java

```java
package cn.edu.cqrk.servlet.example.cart;
import java.io.IOException;
import java.util.HashMap;
import java.util.Map;
import javax.servlet.ServletException;
import javax.servlet.annotation.WebServlet;
import javax.servlet.http.HttpServlet;
import javax.servlet.http.HttpServletRequest;
import javax.servlet.http.HttpServletResponse;
import javax.servlet.http.HttpSession;

@WebServlet("/CartServlet")
public class CartServlet extends HttpServlet {
    @Override
    protected void doGet(HttpServletRequest request, HttpServletResponse response)
            throws ServletException, IOException {
        /* 解决响应报文的中文乱码 */
        response.setContentType("text/html; charset=UTF-8");
        /* 获取商品 ID */
        int pid = Integer.parseInt(request.getParameter("pid"));
        String[] productNames = {"联想天逸510Pro十代酷睿i7八核", "惠普(HP)战99商用主机",
                "戴尔3690商用台式机i5", "雷神黑武士4代i5-11400","宏碁(Acer)商祺SQX4270"};
        /* 通过商品 ID 获取指定 ID 对应的商品名称 */
        String name = productNames[pid];
        /* 获取商品名称 */
        String pname = request.getParameter("pname");
        /* 获取 session */
        HttpSession session = request.getSession();
        /* 获取 map */
        Map<String, Integer> map = (Map<String, Integer>) session.getAttribute("cart");
        if (map == null) {
            map = new HashMap<String, Integer>();   /* map 是商品名、数量,键值对 */
            session.setAttribute("cart", map);     /* session 存对象 map */
        }
        if (map.containsKey(name)) {                /* 判断 map 是否包含此商品名 */
            map.put(name, map.get(name) + 1);      /* 若 map 已包含此商品名,则数量值+1 */
        } else {
```

```
            map.put(name, 1);                            /* 若 map 未包含此商品名,则数量值=
1 */
        }
        response.getWriter().print("<h2>" + pname + "已加入购物车</h2>");
        /* 获取 Web 应用的上下文路径(绝对路径) */
        String contextPath = request.getContextPath();
        String targetPathProductList = contextPath + "/add_cart/product_list.jsp";
        String targetPathCart = contextPath + "/add_cart/cart.jsp";
        response.getWriter().print("<h2><a href='/lesson4-servlet/add_cart/product_list.jsp'>
继续添加商品</a></h2>");
        response.getWriter().print("<h2><a href='/lesson4-servlet/add_cart/cart.jsp'>去购物
车结算</a></h2>");
    }


    @Override
    protected void doPost(HttpServletRequest request, HttpServletResponse response)
            throws ServletException, IOException {
        doGet(request, response);
    }
}
```

cart.jsp 是购物车结算页面,在该页面中通过 Map 取出 session 里存的对象。
cart.jsp

```
<%@ page import="java.util.Map "%>
<%@ page language="java" contentType="text/html; charset=UTF-8"
    pageEncoding="UTF-8"%>
<%
    String contextPath = request.getContextPath();
%>
<!DOCTYPE html PUBLIC "-//W3C//DTD HTML 4.01 Transitional//EN"
"http://www.w3.org/TR/html4/loose.dtd">
<html>
<head>
<meta http-equiv="Content-Type" content="text/html; charset=UTF-8">
<title>Insert title here</title>
</head>
<body>
    购物车结算页面:<br>
    <%
        /* 取出 session 里存的对象 */
        Map<String, Integer> map = (Map<String, Integer>) session.getAttribute("cart");
```

```
        if ( map ! = null) {
            for ( String key : map.keySet( ) ) {   / * keySet( )方法返回 map 中所有 key 值的列
表 */
                out.print( key + "数量是" + map.get( key) + "<br>") ;
            }
        } else {
            out.print("购物车没有任何商品") ;
        }
    %>
    <a href ="<% =contextPath%>/ClearCart ">清空购物车</a>
</body>
</html>
```

ClearCart.java

```
package cn.edu.cqrk.servlet.example.cart;
import java.io.IOException;
import javax.servlet.ServletException;
import javax.servlet.annotation.WebServlet;
import javax.servlet.http.HttpServlet;
import javax.servlet.http.HttpServletRequest;
import javax.servlet.http.HttpServletResponse;
import javax.servlet.http.HttpSession;
@ WebServlet("/ClearCart ")
public class ClearCart extends HttpServlet {
    protected void doGet( HttpServletRequest request, HttpServletResponse response)
            throws ServletException, IOException {
        String contextPath = request.getContextPath( );
        String targetPathProductList = contextPath + "/add_cart/product_list.jsp ";
        HttpSession session = request.getSession( );
        / * 针对某个用户,销毁(清除)其 session 对象,对其他用户的 session 对象无影响 */
        session.invalidate( );
        response.sendRedirect(targetPathProductList) ;
    }
    protected void doPost( HttpServletRequest request, HttpServletResponse response)
            throws ServletException, IOException {
        doGet( request, response) ;
    }
}
```

运行结果示意图如图 4.51 所示。

图 4.51 添加和清空购物车示意图

小　结

1.Servlet 的定义：在服务器端运行、处理 HTTP 请求、使用 Java 语言编写的一种特殊的类。

2.Servlet 的生命周期（重要）。

3.编写 Servlet 的三种方式：

- 实现 Servlet 接口：它的其中三个方法重要，包括 init（ServletConfig）方法、Service（ServletRequest，ServletResponse）方法和 destroy（）方法。
- 继承 GenericServlet 类。
- 继承 HttpServlet 类（最常用），它继承的是 GenericServlet 类。

4.映射 Servlet 为对外可访问的路径有 2 种方式：

- 基于 web.xml 配置的方式。
- 基于注解的方式（Servlet3.0 以后支持）：@ WebServlet（）。

5.ServletConfig 接口：用来获取为某个 Servlet 类配置的初始化参数（getInitParameter（String）和 getInitParameterNames（））、获取 Web 应用的上下文对象（getServletContext（））。

6.ServletContext 接口：在项目内共享的唯一的 Web 应用的上下文对象。

习　题

一、思考题

1.什么是 Servlet？ Servlet 的作用是什么？ 举例说明。

2.Servlet 生命周期中的 3 个重要方法是 init（）方法、service（）方法、destroy（）方法，它们的作用分别是什么？

3.Servlet 的 doGet（）方法和 doPost（）方法调用者和实现者分别是谁？

4.描述 Servlet 的执行过程。

5.HttpServletRequest 对象的主要作用是什么？ 举例说明。

6.HttpServletResponse 对象的主要作用是什么？ 举例说明。

二、实做题

1.创建一个简单的 Java Web 项目，用 HTML 通过浏览器提交用户名和密码，然后用 Servlet 通过 Tomcat 做出响应，显示用户名和密码。

2.用 Eclipse 创建一个 Servlet，分别实现 Servle 接口、继承 GenericServlet、继承 HttpServlet。

3.根据本章 4.2 节开发一个 Servlet 全部过程。

第 5 章　Filter 和 Listener 技术及应用

知人者智,自知者明。——老子

　　Web 开发中的事件过滤器 Filter 可以拦截所有访问 Web 资源的请求或响应操作,Filter 是对客户端访问资源的过滤,符合条件放行,不符合条件不放行,并且可以对目标资源访问前后进行逻辑处理。

　　当你不想让陌生人看到你的空间时,你就需要用到事件过滤器 Filter。Filter 是清除你不想要的东西,如垃圾短信。

　　Web 开发中的事件监听器 Listener,是用于监听 Web 对象的,例如 HttpServletRequest、HttpSession、ServletContext 等。Listener 就是监听某个对象的状态变化的组件,被监听事件源的三个对象是 request、session、ServletContext,监听事件源对象的状态的变化都会触发 Listener 注册,将 Listener 与事件源进行绑定。响应行为是 Listener 监听到事件源的状态变化时涉及的功能。

　　当你想及时知道好友对你的空间点赞时,你需要用到事件监听器 Listener。Listener 是得到你想要的东西,如关注的公众号。

5.1　事件过滤器 Filter

　　(1)事件过滤器的作用

　　①公共代码的提取;

　　②可以对 request 和 response 中的方法进行增强(装饰者模式/动态代理);

　　③进行权限控制。

　　(2)与事件过滤器相关的接口

　　①Filter 接口:Filter 接口在 HTTP 服务器调用资源文件之前,对 HTTP 请求进行拦截。它拦截 HTTP 请求,帮助 HTTP 服务器检测当前请求合法性,以及对当前请求进行增强操作。

　　②FilterChain 接口:FilterChain 是 Servlet 容器为开发人员提供的对象,它提供了对某一资源的已过滤请求调用链的视图。过滤器使用 FilterChain 接口的 doFilter( )方法调用链中的下一个过滤器,如果调用的过滤器是链中的最后一个过滤器,则调用链末尾的资源。

　　要形成一个 Filter 链,只要多个 Filter 对同一个资源进行拦截就可以形成 Filter 链。Filter 的执行顺序由 web.xml 中<filter-mapping>来确定。

　　(3)Filter 生命周期及其与生命周期相关的方法

　　1)Filter 生命周期

　　Filter 生命周期包括了 Filter 对象实例化、Filter 对象初始化、Filter 对象提供服务和

Filter 对象销毁。具体说明如下：

①当服务器启动，就创建 Filter 对象，并调用 init( )方法，只调用一次。

②当访问资源时，路径与 Filter 的拦截路径匹配，会执行 Filter 中的 doFilter( )方法，进行拦截操作。

③当服务器关闭时，会调用 Filter 的 destroy( )方法，进行销毁操作。

2）Filter 接口的 3 个方法（都是与 Filter 的生命相关的方法）

①init(FilterConfig)：是 Filter 对象初始化方法，Filter 对象创建时执行；

在 Filter 的 init( )方法上有一个参数，类型就是 FilterConfig，FilterConfig 是 Filter 的配置对象，它可以完成下列功能：

● 获取 Filter 名称；

● 获取 Filter 初始化参数；

● 获取 ServletContext 对象。

②doFilter(ServletRequest，ServletResponse，FilterChain)：是 Filter 执行过滤的核心方法，如果某资源已经被配置到这个 Filter 进行过滤的话，那么每次访问这个资源都会执行；

doFilter( )方法有 3 个参数，ServletRequest/ServletResponse 是每次在执行 doFilter( )方法时，Web 容器负责创建一个 request 对象和一个 response 对象，作为 doFilter 的参数传递进来，该 request 和该 response 就是在访问目标资源的 service( )方法时的 request 和 response 对象。FilterChain 是过滤器链对象，通过该对象的 doFilter( )方法可以放行该请求。

③destory( )：是 Filter 销毁方法，当 Filter 对象销毁时，执行该方法。当服务器启动时就创建该 Filter 对象，当服务器关闭时 Filter 销毁。

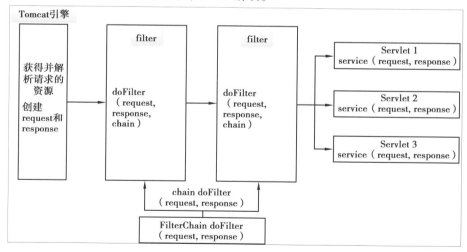

图 5.1 与 Filter 相关的接口及作用示意图

（4）Filter 的配置

Filter 可以在 web.xml 中进行配置，其中 filter 标签用于指定 Web 容器中的过滤器，filter-mapping 标签用来声明 Web 应用中的过滤器映射。将过滤器映射到一个 URL 模式中则可以将过滤器应用于任何资源，只要该资源的 URL 与 URL 模式匹配。过滤的顺序是按照 web.xml 中部署 filter-mapping 标签出现的顺序执行的。

```
<filter>
    <filter-name>Filter 名称</filter-name>
    <filter-class>Filter 类的包名.类名</filter-class>
</filter>
<filter-mapping>
    <filter-name>Filter 名称</filter-name>
    <url-pattern>路径</url-pattern>
</filter-mapping>
```

\<url-pattern\>有下面几种匹配方式：

- 完全匹配：以"/demo1"开始，不包含通配符 *；
- 目录匹配：以"/"开始 以"*"结束；
- 扩展名匹配：*.xxx。

注意：url-pattern 可以使用 servlet-name 替代，也可以混用。\<servlet-name\>是对指定的 servlet 名称的 servlet 进行拦截的。

\<dispatcher\>访问的方式，可以取的值有 REQUEST、FORWARD、ERROR、INCLUDE。它的作用是，当以什么方式去访问 Web 资源时，进行拦截操作。当存在其他设置时，默认值 REQUEST 会被覆盖。REQUEST 是从浏览器直接访问资源，或是重定向到某个资源时进行拦截，它也是默认值。FORWARD 描述的是请求转发的拦截方式配置。ERROR 是如果目标资源是通过声明式异常处理机制调用时，那么该过滤器将被调用。除此之外，过滤器不会被调用。INCLUDE 是如果目标资源是通过 RequestDispatcher 的 include( )方法访问时，那么该过滤器将被调用。除此之外，该过滤器不会被调用。

（5）Filter 的代码

实现 Filter 接口的步骤如下：

①编写一个过滤器类来实现 Filter 接口；

②实现接口中尚未实现的方法（着重实现 doFilter 方法）；

③在 web.xml 中或注解方式进行配置（主要是配置要对哪些资源进行过滤）。

注意：在 Filter 的 doFilter( )方法内如果没有执行 chain.doFilter(request,response)，那么资源是不会被访问到的。

下面的例子是过滤字符编码，做一些应用逻辑判断等，Filter 对象跟 Web 应用一起启动，当 web 应用重新启动或销毁时，Filter 对象也被销毁。

CharsetFilter.java

```
public class CharsetFilter implements Filter {
    private FilterConfig config = null;
    public void destroy( ) {
        System.out.println("CharsetFilter 准备销毁……");
    }
    public void doFilter( ServletRequest arg0, ServletResponse arg1,
        FilterChain chain) throws IOException, ServletException {
```

```
        // 强制类型转换
        HttpServletRequest request = (HttpServletRequest)arg0;
        HttpServletResponse response = (HttpServletResponse)arg1;
        // 获取 web.xml 设置的编码集,设置到 RequestResponse 中
        request.setCharacterEncoding(config.getInitParameter("charset"));
        response.setContentType(config.getInitParameter("contentType"));
        response.setCharacterEncoding(config.getInitParameter("charset"));
        // 将请求转发到目的地(请求放行)
        chain.doFilter(request, response);
    }
    public void init(FilterConfig arg0) throws ServletException {
        this.config = arg0;
        System.out.println("CharsetFilter 初始化……");
    }
}
```

在 web.xml 中配置如下:

```
<filter>
    <filter-name>filter</filter-name>
    <filter-class>dc.gz.filters. CharsetFilter</filter-class>
    <init-param>
        <param-name>charset</param-name>
        <param-value>UTF-8</param-value>
    </init-param>
    <init-param>
        <param-name>contentType</param-name>
        <param-value>text/html;charset=UTF-8</param-value>
    </init-param>
</filter>
<filter-mapping>
    <filter-name>filter</filter-name>
    <! -- * 代表截获所有的请求或指定请求/test.do /xxx.do -->
    <url-pattern>/ * </url-pattern>
</filter-mapping>
```

5.2　事件监听器 Listener

事件 Servlet 的监听器 Listener 是实现了 javax. servlet. ServletContextListener 接口的 Web 服务器端程序,也是随 Web 服务器的启动而启动,只初始化一次,随 Web 服务器的停止而销毁。

监听器按照被监听的对象划分:ServletContext 域、HttpSession 域和 ServletRequest 域。监听的内容分为监听对象的创建与销毁,监听域对象的属性变化等。

Listener 的主要作用是做一些初始化的内容添加工作,设置一些基本的内容,比如一些参数或者一些固定的对象等。

监听器对象及其属性分类见表 5.1。

表 5.1　监听器对象及其属性分类

	ServletContext 域	HttpSession 域	ServletRequest 域
域对象的创建和销毁	ServletContextListener	HttpSessionListener	ServletRequestListener
域对象内属性的变化	ServletContextAttributeListener	HttpSessionAttributeListener	ServletRequestAttributeListener

5.2.1　监听三大对象的 Listener 的创建与销毁

(1)监听 ServletContext 域的创建与销毁的监听器 ServletContextListener

1)Servlet 域的生命周期

Web 服务器启动时,创建 listener;

Web 服务器关闭时,销毁 listener。

2)编写 listener

编写一个监听器类去实现监听器接口,覆盖监听器的方法,在 web.xml 中进行配置和注册。

3)监听的方法

ServletContextListener 监听器的监听方法如图 5.2 所示。

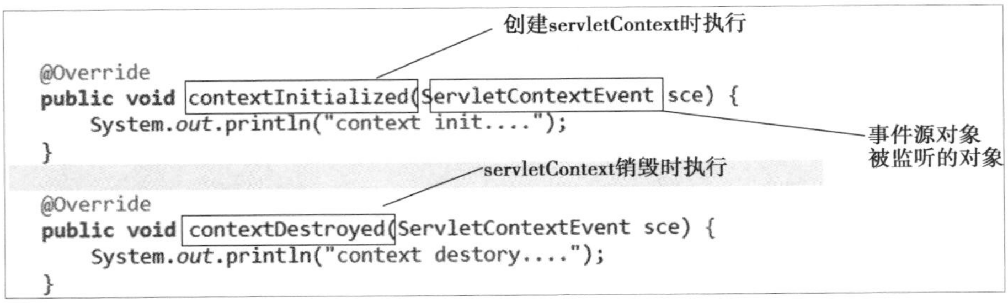

图 5.2　ServletContextListener 监听器

4)在 web.xml 文件中对监听器进行注册

```
<listen>
    <listen-class>监听器的完整类名</listen-class>
</listen>
```

例如：

```
<! -- 监听 ServletContext 创建和销毁的监听器 -->
<listener>
    <listener-class>cn.edu.cqrk.MyServletContextListener</listener-class>
</listener>
```

5）ServletContextListener 监听器的主要作用

- 初始化对象：初始化数据→加载数据库驱动→连接池的初始化；
- 加载 spring 的配置文件任务调度→定时器→Timer/TimerTask。

例如：

```
SimpleDateFormat fmt = new SimpleDateFormat("yyyy-MM-dd hh:mm:ss");
Date parse = null;
try {
    parse = fmt.parse("2021-10-12 12:00:00");
} catch (ParseException e) {
    e.printStackTrace();
}
Timer timer = new Timer();  // Web 启动就开启任务调度
timer.schedule(new OneTimer() {
    @Override
    public void run() {
        System.out.println("定时器启动……");
    }
}, parse, 3000);
```

（2）监听 Httpsession 域的创建与销毁的监听器 HttpSessionListener

1）HttpSession 对象的生命周期

HttpSession 对象创建：第一次调用 request.getSession 时创建；

HttpSession 对象销毁：服务器关闭销毁 session 过期或者手动销毁。

2）HttpSessionListener 的方法

HttpSessionListener 接口包括两个方法，它们监听 session 对象的创建和销毁。例如：

```
@WebListener
public class MyListerner implements HttpSessionListener {
    public MyListerner() {
    }

    public void sessionCreated(HttpSessionEvent se) {
        HttpSession session = se.getSession();
```

```
        System.out.println("session 创建:"+session.getId());
    }

    public void sessionDestroyed(HttpSessionEvent se) {
        HttpSession session = se.getSession();
        System.out.println("session 销毁:"+session.getId());
    }
}
```

（3）监听 ServletRequest 域创建与销毁的监听器 ServletRequestListener

1）ServletRequest 对象的生命周期

- ServletRequest 对象创建：每一次请求都会创建 request；
- ServletRequest 对象销毁：请求结束。

2）ServletRequestListener 对象的方法

ServletRequestListener 接口包括两个方法，它们监听 request 对象的创建和销毁。例如：

```
@WebListener
public class MyRequestListener implements ServletRequestListener {
    public void requestDestroyed(ServletRequestEvent re) {
        re.getServletRequest();
        System.out.println("request 销毁");
    }
    public void requestInitialized(ServletRequestEvent re) {
        System.out.println("request 创建");
    }
}
```

5.2.2　listener 监听三大对象的属性变化

①三大对象是对指定域范围内对象的存储、取出和清除，它们的通用方法如下：

- setAttribute(name,value)：修改属性的方法；
- getAttribute(name)：获取属性的方法；
- removeAttribute(name)：删除属性的方法。

②Listener 监听三大对象的属性变化的监听器：

- ServletContextAttributeListener：监听 ServletContext 的属性变化；
- HttpSessionAttributeListener：监听 HttpSession 的属性变化；
- ServletRequestAttributeListener：监听 HttpServletRequest 的属性变化。

这三个监听器的方法的代码类似，例如：

```
@ WebListener
public class MyAttributeListener implements ServletContextAttributeListener {
    /* 监听添加属性的方法 */
    public void attributeAdded(ServletContextAttributeEvent scab) {
        System.out.println("添加属性:"+scab.getName()+":"+scab.getValue());
    }
    /* 监听删除属性的方法 */
    public void attributeRemoved(ServletContextAttributeEvent scab) {
        System.out.println("删除属性:"+scab.getName()+":"+scab.getValue());
    }
    /* 监听修改属性的方法 */
    public void attributeReplaced(ServletContextAttributeEvent scab) {
        System.out.println("修改属性:"+scab.getName()+":"+scab.getValue());
    }
}
```

5.2.3 绑定在 session 中对象(JavaBean)的 Listener(对象感知)

HttpSessionBindingListener 监听器用于监听 JavaBean 对象是否绑定到了 session 域，HttpSessionActivationListener 监听器用于监听 JavaBean 对象的活化与钝化。

①即将要被绑定到 session 中的对象有下面几种状态：
- 绑定状态:一个对象被放到 session 域中；
- 解绑状态:这个对象从 session 域中移除；
- 钝化状态:将 session 内存中的对象持久化(序列化)到磁盘；
- 活化状态:将磁盘上的对象再次恢复到 session 内存中。

②绑定与解绑的监听器 HttpSessionBindingListener：

```
public class MyHttpSessionBinding implements HttpSessionBindingListener {
    /* 感知 user 被绑定到 session 域中 */
    public void valueBound(HttpSessionBindingEvent event) {
        System.out.println("user 被绑定到 session 域中");
        System.out.println(event.getName());
    }
    /* 感知 user 从 session 域中解绑 */
    public void valueUnbound(HttpSessionBindingEvent event) {
        System.out.println("user 从 session 域中解绑");
        System.out.println(event.getName());
    }
}
```

③钝化与活化的监听器 HttpSessionActivationListener：
通常情况下,当用户量多的时候，多数的用户并没有操作 session,占用内存,所以可

以对这些用户的 session 进行钝化(持久化到磁盘)来减少内存的占用。活化是指从硬盘上读取到内存中;纯化是指从内存中写到硬盘上。

一个类需要实现 HttpSessionActivationListener 接口,就可以感知自己被活化(从硬盘到内存)和钝化(从内存到硬盘)的过程。

例如:

```
@WebListener
public class MySessionActivationListener implements HttpSessionActivationListener {
/* 活化 */
    public void sessionDidActivate(HttpSessionEvent se)    {
        System.out.println("costormer 对象被活化了(这对象保存到硬盘了……)");

    }

    }
    /* 钝化 */
    public void sessionWillPassivate(HttpSessionEvent se)    {
        System.out.println("costormer 对象被钝化了(这对象从硬盘读取出来了……)");

    }

}
```

这个类实现接口 HttpSessionActivationListener 之后,还需要配置文件,通常方式是自定义一个 XML 文件,这样就可以实现 session 的活化了。

可以通过配置文件来指定对象钝化时间,即对象多长时间不用被钝化,在 META-INF 下创建一个 context.xml,如图 5.3 所示。

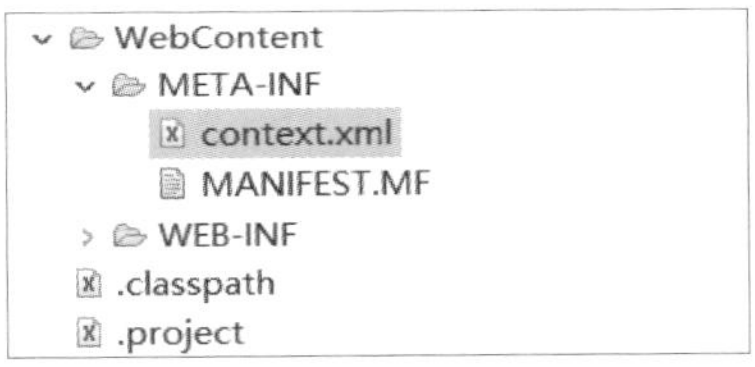

context.xml

图 5.3   context.xml 文件位置

```
<Context>
    <! -- directory:钝化后的对象的文件写到磁盘的哪个目录下 -->
    <! -- maxActiveSessions:可处于活动状态的 session 数(-1表示没有限制) -->
    <! -- minIdleSwap/maxIdleSwap:session 处于不活动状态最短/长时间(s),sesson 对象转移到 FileStore 中 -->
    <! -- maxIdleBackup:超过这一时间,将 session 备份(-1表示没有限制) -->
    <Manager className =" org.apache.catalina.session.PersistentManager "
        debug =" 0 " saveOnRestart =" true " maxActiveSessions ="-1 " minIdleSwap ="-1 "
        maxIdleSwap ="-1 " maxIdleBackup ="-1 ">
        <Store className =" org.apache.catalina.session.FileStore "
            directory =" itcast205 " />
    </Manager>
</Context>
```

综上所述,创建一个监听器,需要如下步骤:

- 创建一个类,实现指定的监听器接口;
- 重写接口中的方法;
- 在 web.xml 文件中对监听器进行注册。

5.3 事件过滤器 Filter 和事件监听器 Listener 实例

5.3.1 事件过滤器 Filter 实例

Servlet 中的过滤器 Filter 是实现了 javax.servlet.Filter 接口的服务器端程序,主要的用途是过滤字符编码、做一些业务逻辑判断等。其工作原理是,只要在 web.xml 文件配置好要拦截的客户端请求,它都会拦截到请求,此时就可以对请求或响应(Request、Response)统一设置编码,简化操作;同时还可进行逻辑判断,如用户是否已经登录、有没有权限访问该页面等工作。它是随你的 Web 应用启动而启动的,只初始化一次,以后就可以拦截相关请求,只有当 Web 应用停止或重新部署的时候才销毁。下面是过滤编码的代码示例,显示了过滤器 Filter 的作用。

(1)登录用户名和密码非空验证

在文件 loginCheck.jsp 中,如果不输入用户名或密码,则页面不跳转(由 LoginCheckFilter.java 验证),如果用户名或密码不为空,则跳转到 LoginCheckServlet.java。

loginCheck.jsp

```
<body>
    <form action=" LoginCheckServlet " name=" form1 " method=" post ">
        用户名:<input type=" text " placeholder="用户名" size=" 20 " name=" username ">
        <br><br>
        密  码:<input type=" password " size=" 21 " name=" userpswd ">
        <br><br>
        <input type=" submit " value="提交">
    </form>
</body>
```

LoginCheckServlet.java

```
@WebServlet("/LoginCheckServlet ")
public class LoginCheckServlet extends HttpServlet {
    private static final long serialVersionUID = 1L;
    public LoginCheckServlet() {
        super();
    }
}
```

```
    protected void doGet(HttpServletRequest request, HttpServletResponse response)
            throws ServletException, IOException {
        String name = request.getParameter("username");
        String pswd = request.getParameter("userpswd");
        request.getSession().setAttribute("usernameSession", name);
        response.sendRedirect("welcome.jsp");
    }


    protected void doPost(HttpServletRequest request, HttpServletResponse response)
            throws ServletException, IOException {
        doGet(request, response);
    }

}
```

LoginCheckFilter.java

```
@WebFilter("/LoginCheckServlet")
public class LoginCheckFilter implements Filter {
    @Override
    public void destroy() {
    }


    @Override
    public void doFilter(ServletRequest request, ServletResponse response, FilterChain chain)
            throws IOException, ServletException {
        HttpServletRequest req = (HttpServletRequest) request;
        HttpServletResponse resp = (HttpServletResponse) response;
        String user = req.getParameter("username");
        req.getSession().setAttribute("session", user);
        if (user == null || user == "") {
            resp.sendRedirect("loginCheck.jsp");
            return;
        }
        chain.doFilter(req, resp);
    }


    @Override
    public void init(FilterConfig config) throws ServletException {
    }

}
```

default.jsp

```
<body>
    首页
    <br>
    <font style ="color：red；size：10px;">用户：$｛usernameSession｝</font>
</body>
```

welcome.jsp

```
<body>
    登录成功！$｛usernameSession｝
    <a href ="default.jsp ">首页</a>
</body>
```

运行结果如图 5.4 所示。

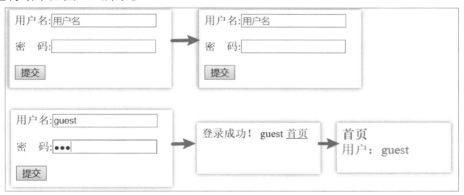

图 5.4　验证非空示意图

（2）敏感字符过滤

在文件 blogSpeak.jsp 中，输入有敏感字符的标题和作者，输出的内容被指定的词替换。这里需要设置敏感字符的词库，先准备几个.txt 文件，把敏感字符放在文件中，敏感字符之间用英文逗号隔开，在项目中创建一个 Source Folder 文件夹 config，在此目录下新建一个包 cn.edu.cqrk.sensitiveWords，把.txt 文件放在这个包里。

blogSpeak.jsp

```
<%@ page language ="java " contentType ="text/html；charset =UTF-8 "
    pageEncoding ="UTF-8 "%>
<! DOCTYPE html PUBLIC "-∥W3C∥DTD HTML 4.01 Transitional∥EN " " http：∥www.w3.org/
TR/html4/loose.dtd ">
<html>
<head>
<meta http-equiv ="Content-Type " content ="text/html；charset =UTF-8 ">
<title>Insert title here</title>
```

```
</head>
<body>
    <form action="BlogSpeackCheckingServlet" name="form1" method="GET">
        标题 <input type="text" placeholder="标题" size="30" name="title" /><br/>
        <br/>
        作者 <input type="text" placeholder="作者" size="30" name="author" /><br/>
        <br/>
        <input type="submit" value="提交" />
        </form>
</body>
</html>
```

BlogSpeackCheckingServlet.java

```java
package cn.edu.cqrk.filter.sensitiveWords;
import java.io.IOException;
import javax.servlet.ServletException;
import javax.servlet.annotation.WebServlet;
import javax.servlet.http.HttpServlet;
import javax.servlet.http.HttpServletRequest;
import javax.servlet.http.HttpServletResponse;
@WebServlet("/BlogSpeackCheckingServlet")
public class BlogSpeackCheckingServlet extends HttpServlet {
    private static final long serialVersionUID = 1L;
    public BlogSpeackCheckingServlet() {
        super();
    }
    protected void doGet(HttpServletRequest request, HttpServletResponse response)
            throws ServletException, IOException {
        response.setContentType("text/html;charset=utf-8");
        request.setCharacterEncoding("utf-8");
        String title = request.getParameter("title");
        String author = request.getParameter("author");
        System.out.println(author + ",你好");
        response.getWriter().print("您的标题是:" + title);
    }
    protected void doPost(HttpServletRequest request, HttpServletResponse response)
            throws ServletException, IOException {
        doGet(request, response);
    }
}
```

SensitiveWordsFilter.java

```
package cn.edu.cqrk.filter.sensitiveWords;
import java.io. * ;
import java.lang.reflect.InvocationHandler;
import java.lang.reflect.Method;
import java.lang.reflect.Proxy;
import java.util. * ;
import java.util.regex. * ;
import javax.servlet. * ;
import javax.servlet.annotation. * ;
import javax.servlet.http. * ;

@WebFilter("/ * ")
public class SensitiveWordsFilter implements Filter {
    private List<String> list = null;

    @Override
    public void destroy( ) {
}

    @Override
    public void doFilter(ServletRequest req, ServletResponse resp, FilterChain chain)
            throws IOException, ServletException {
        HttpServletRequest request = (HttpServletRequest) req;
        HttpServletResponse response = (HttpServletResponse) resp;

        // 要创建一个 request 对象的代理对象 proxy
        // 使用 Proxy.newProxyInstance(ClassLoader loader, Class<? >[] interfaces, InvocationHandler
h)返回某个对象的代理对象
        /*
         * ClassLoader loader:Java 类加载器。可以通过这个类型的加载器,在程序运行时,将生
成的代理类加载到 JVM 即 Java 虚拟机中,以便运行时需要
         * Class<? >[] interfaces:被代理类的所有接口信息。便于生成的代理类可以具有代理类
接口中的所有方法
         * InvocationHandler h:调用处理器。调用实现了 InvocationHandler 类的一个回调方法
         */
        HttpServletRequest proxy = (HttpServletRequest) Proxy.newProxyInstance(
            request.getClass( ).getClassLoader( ),
            new Class[] { HttpServletRequest.class },
            new InvocationHandler( ) { // 处理器
                /*
```

```
        * InvocationHandler 接口只定义了一个 invoke 方法,因此,直接使用一个匿名内
部类来实现该接口
        * 在 invoke( )方法中指定返回的代理对象做的工作
        * proxy: 把代理对象自己传递进来
        * method: 把代理对象当前调用的方法传递进来
        * args: 把方法参数传递进来
        */
        public Object invoke( Object proxy, Method method, Object[ ] args) throws
Throwable {
            Object returnValue = null;
            // 判断当前 request 对象的方法名称
            String methodName = method.getName( );
            if ("getParameter".equals( methodName)) {
                // 接受此方法的参数
                String param = request.getParameter( args[0].toString( ));
                // 判断请求方式-获取当前请求方法 GET 或 POST
                String methodSubmit = request.getMethod( );
                if ("GET".equals( methodSubmit)) {
                    // 敏感字符过滤
                    for (String str : list) {
                        if (param.contains( str)) {
                            param = param.replace( str, "帅哥");
                        }
                    }
                }
                if ("POST".equals( methodSubmit)) {
                    // 敏感字符过滤
                    for (String str : list) {
                        if (param.contains( str)) {
                            param = param.replace( str, "***");
                        }
                    }
                }
                return param;
            } else {
                returnValue = method.invoke( request, args);
            }
            return returnValue;
        }
    });
    chain.doFilter( proxy, response);
}
```

```
@Override
public void init(FilterConfig arg0) throws ServletException {
    BufferedReader br = null;
    String line = null;
    List<String> strsToList = null;
    String[] str = null;
    String s = "";
    try {
String path = SensitiveWordsFilter.class.getClassLoader().getResource("cn/edu/cqrk/
sensitiveWords")
            .getPath();
    File[] files = new File(path).listFiles();
    for (File file : files) {
        if (!file.getName().endsWith(".txt")) {
            continue;
        }
        br = new BufferedReader(new FileReader(file));
        while ((line = br.readLine()) != null) {
            s = s + line + ",";
        }
    }
    str = s.split(",");
    list = new ArrayList<String>();
    strsToList = Arrays.asList(str);
    list.addAll(strsToList);
    } catch (Exception e) {
        throw new RuntimeException(e);
    }
    }
}
```

运行程序如图 5.5 所示。

图 5.5　敏感字符过滤示意图

5.3.2 事件监听器 Listener 实例

Servlet 监听器 Listener 是实现了 javax.servlet.ServletContextListener 接口的服务器端程序,它也是随 Web 应用的启动而启动,只初始化一次,随 Web 应用的停止而销毁。它的主要功能是做一些初始化的内容添加工作、设置一些基本的内容,比如一些参数或者是一些固定的对象等。

下面代码作用是监听在线人数,显示了监听器 Listener 的作用。

showUserLogin.jsp

```
<body>
    <center>
        <h3>用户登录</h3>
    </center>
    <form action=" $ {pageContext.request.contextPath}/LoginServlet "
        method=" post ">
        <table border=" 1 " width=" 550px " cellpadding=" 0 " cellspacing=" 0 "
                align=" center ">
                <tr>
                    <td height=" 35 " align=" center ">用户名</td>
                    <td><input type=" text " name=" username "></td>
                </tr>
                <tr>
                    <td height=" 35 " align=" center ">密码</td>
                    <td><input type=" password " name=" password "></td>
                </tr>
                <tr>
                    <td height=" 35 " colspan=" 2 " align=" center "><input type=" submit "
                        value="登录"></td>
                </tr>
            </table>
        </form>
</body>
```

LoginServlet.java

```
@ WebServlet( name = " LoginServlet " , urlPatterns = "/LoginServlet ")
public class LoginServlet extends HttpServlet {
    protected void doPost( HttpServletRequest request, HttpServletResponse response) throws
ServletException, IOException {
        request.setCharacterEncoding(" utf-8 ");
        / * 从表单获取参数 username */
        String username = request.getParameter(" username ");
```

```
            /* session 存 username 对象 */
            request.getSession( ).setAttribute("username",username);
            /* request 存 Map 对象 */
            request.setAttribute("users", OnlineUserMap.getInstance( ).getStringMap( ));
            request.getRequestDispatcher("showUser.jsp").forward(request,response);
        }
        protected void doGet(HttpServletRequest request, HttpServletResponse response) throws
    ServletException, IOException {

        }
    }
```

OnlineUserMap.java 使用了单例模式,就是说,创建了唯一的一个对象,不允许外部再使用该类创建对象。

OnlineUserMap.java

```
public class OnlineUserMap {
    private static OnlineUserMap onlineUserMap = new OnlineUserMap( );
    /* 成员变量:Map 类型的对象 stringMap */
    private Map<String ,String> stringMap = new HashMap<>( );
    private OnlineUserMap( ){
    }
    public static OnlineUserMap getInstance( ){
        return onlineUserMap;
    }
    public Map<String, String> getStringMap( ) {
        return stringMap;
    }
}
```

LogoutServlet.java

```
@WebServlet(name = "LogoutServlet", urlPatterns = "/LogoutServlet")
public class LogoutServlet extends HttpServlet {
    protected void doPost(HttpServletRequest request, HttpServletResponse response) throws
ServletException, IOException {

    }
    protected void doGet(HttpServletRequest request, HttpServletResponse response) throws
ServletException, IOException {
        request.getSession( ).invalidate( );
        request.setAttribute("users", OnlineUserMap.getInstance( ).getStringMap( ));
        request.getRequestDispatcher("showUser.jsp").forward(request,response);
    }
}
```

OnlineListener.java

```java
/* 该监听器监听属性的增加和销毁 */
@WebListener()
public class OnlineListener implements HttpSessionListener，HttpSessionAttributeListener {
    @Override
    /*监听属性的增加 */
    public void attributeAdded(HttpSessionBindingEvent sbevent) {
        String attributeName = sbevent.getName();
        String attributeValue = (String) sbevent.getValue();
        OnlineUserMap onlineUserMap = OnlineUserMap.getInstance();
        onlineUserMap.getStringMap().put(sbevent.getSession().getId(), attributeValue);
    }
    @Override
    public void attributeRemoved(HttpSessionBindingEvent arg0) {
    }
    @Override
    public void attributeReplaced(HttpSessionBindingEvent arg0) {
    }
    /*监听属性的销毁 */
    @Override
    public void sessionDestroyed(HttpSessionEvent sevent) {
        OnlineUserMap onlineUserMap = OnlineUserMap.getInstance();
        onlineUserMap.getStringMap().remove(sevent.getSession().getId());
    }
}
```

运行结果如图5.6所示。

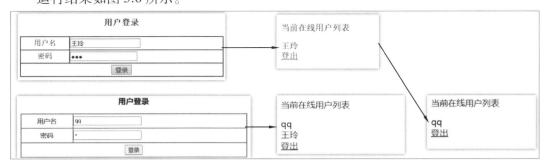

图5.6 Listener 实现在线人数显示列表

小　结

1.Filter 过滤器是 Java EE 体系的三大组件之一,它的作用是:

①Filter 可以在 HTTP 请求和响应中, 在不修改原有代码的情况下增加功能;

②Filter 可以做身份认证、资源审核、资源加密等功能；

2．要让一个类成为 Filter 的步骤如下：

①写一个类实现 Filter 接口，重写 doFilter( )方法；

②在 web.xml 文件中配置过滤器或注解配置；

③写一个正常的 Servlet 功能。

3．多个过滤器的执行顺序如下：

①放行之前的代码和 web.xml 配置文件中的配置顺序保持一致；

②放行之后的代码和 web.xml 配置文件中配置的顺序相反。　.

4．Listener 监听器是 Java EE 体系的三大组件之一，它的作用是：在 Web 容器中发生一些事件时，监听这个组件可以捕获到这些事件并进行相应的处理。

5．监听器的分类

①与生命周期相关的监听器：

- ServletContextListener
- HttpSessionListener
- ServletRequestListener

②与数据操作相关的监听器(setAttribute、removeAttribute)：

- ServletContextAttributeListener
- HttpSessionAttributeListener
- ServletRequestAttributeListener

习　题

一、思考题

1．事件过滤器 Filter 的主要作用什么？举例说明。

2．如何配置事件过滤器 Filter？举例说明。

3．如何实现 doFilter(ServletRequest, ServletResponse, FilterChain)方法？举例说明。

4．事件监听器 Listener 的主要作用是什么？举例说明。

5．如何配置事件监听器 Listener？举例说明。

6．监听器按照被监听的对象划分，分别是哪些监听器？

二、实做题

1．用 Eclipse 创建一个事件过滤器 Filter。

2．用 Eclipse 创建一个事件监听器 Listener。

3．单态登录，或者称为单一登录，就是一个账号只能在一台机器上登录，如果在其他机器上登录了，则原来的登录自动失效。单态登录的目的是防止多态机器同时使用一个账号。写一个事件监听器 Listener，实现监听器来控制单态登录。

第 6 章　JDBC 技术

上善若水。——老子

　　JDBC 英文名为 Java Data Base Connectivity(Java 数据库连接)，是 Java 和各种数据库之间连接标准的 API。JDBC 是一种规范，它提供了一套完整的接口，允许通过 SQL 语句对数据库进行操作。写 Java、JavaApplets、JavaServlet、JSP、AndroindAPP 等应用程序都是通过 JDBC 来操作数据库。JDBC 是 Java 与数据库的连接的桥梁或者插件，用 Java 代码就能操作数据库的增删改查、存储过程、事务等。

　　数据库是由不同生产厂商决定的，例如 MySQL、Oracle、SQL Server，而 Java JDK 不可能说提供对所有数据库的实现，Java 具备天生跨平台的优势，它提供了 JDBC 的接口 API，具体的实现由不同的厂商决定。这样，数据库厂商都根据 Java API 去实现各自的应用驱动，这问题就迎刃而解了。

　　几乎所有行业和技术领域都需要数据库系统的支持，都需要使用数据库系统进行数据存储和数据处理。数据库作为数据持久化层，保存了 Java 应用程序中的业务数据。Web 程序也需要通过 JDBC 来连接并操作各种数据库。

　　本章将讨论 JDBC 连接和操作各种数据库、MySQL 数据库管理系统、JDBC 连接 MySQL 的步骤、DbUtils 工具、db.properties 文件的编写、DBCP 数据库连接池，进行实践性训练包括 MySQL 数据库管理系统的开发与实际应用。

6.1　JDBC 概述

6.1.1　JDBC 接口

　　JDBC 是 Sun 公司提供的、在 Java 语言中用来规范客户端程序如何访问数据库的应用程序接口，提供了诸如查询和更新数据库中数据方法。JDBC 为访问不同的数据库提供了一种统一的途径，为开发者屏蔽了一些细节问题，开发者只需要面向这套接口编程即可。JDBC 的目标是使 Java 程序员使用 JDBC 可以连接任何提供了 JDBC 驱动程序的数据库系统，这就使程序员无须对特定的数据库系统的特点有过多地了解，大大简化和加快了开发过程。

　　JDK 只是提供了 JDBC 接口供开发者调用，各个数据库厂商需要针对这套接口，提供自己的数据库驱动(即 jar 包)来实现接口。所以，Java 调用数据库驱动，数据库驱动真正执行数据库操作。

　　JDBC 是 Java 访问数据库的基石，JDO、Hibernate、MyBatis 等只是更好地封装了 JDBC，如图 6.1 所示。

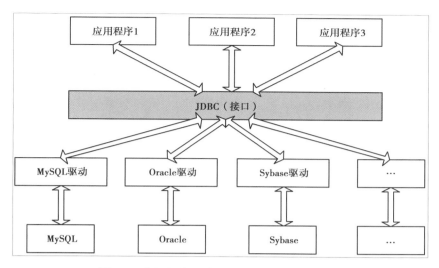

图 6.1　应用程序通过 JDBC 连接数据库示意图

6.1.2　JDBC 连接数据库 5 个步骤

使用 JDBC 规范连接数据库需要 5 个基本步骤。

（1）加载 JDBC 驱动程序

在连接数据库之前，需要加载想要连接的数据库的驱动到 JVM（Java 虚拟机），这通过 java.lang.Class 类的静态方法 forName（String className）来实现。成功加载后，会将 Driver 类的实例注册到 DriverManager 类中。

因为不同的数据库管理系统对应不同的 JDBC 驱动程序，所以根据具体的数据库管理系统来加载 JDBC 驱动程序。

①MySQL 对应的 JDBC 驱动程序是 mysql-connector-java-X.X.X-bin 包（此处的 X 指版本号），需要如下代码：

```
try{ // 加载 MySql 的驱动类
    Class.forName(" com.mysql.jdbc.Driver ");
    String url ="jdbc:mysql://localhost/mydb? user=root&password=1234&useUnicode=true
&characterEncoding=utf-8";
    Connection conn= DriverManager.getConnection(url);
}catch(ClassNotFoundException e){
    System.out.println("找不到 MySQL 驱动程序类,加载驱动失败!");
    e.printStackTrace();
}
```

②Oracle 对应的 JDBC 驱动程序是 classesXX.zip 或 ojdbcXX.jar 包（此处的 X 指版本号），需要如下代码：

```
try{  // 加载 Oracle 的驱动类
    Class.forName("oracle.jdbc.driver.OracleDriver");
    String url="jdbc:oracle:thin:@localhost:1521:dbname";    // dbname 为数据库的 SID
    String user="test";
    String password="1234";
    Connection conn = DriverManager.getConnection(url,user,password);
}catch(ClassNotFoundException e){
    System.out.println("找不到 Oracle 驱动程序类,加载驱动失败!");
    e.printStackTrace();
}
```

③SQL Server 对应的 JDBC 驱动程序是 jtds-X.X.X.jar 包(此处的 X 指版本号),需要如下代码:

```
try{  // 加载 SQL Server 的驱动类
    Class.forName("com.microsoft.jdbc.sqlserver.SQLServerDriver");
    String url="jdbc:microsoft:sqlserver://localhost:1433;DatabaseName=mydb";
    String user="sa";
    String password="1234";
    Connection conn = DriverManager.getConnection(url,user,password);
}catch(ClassNotFoundException e){
    System.out.println("找不到 SQL Server 驱动程序类,加载驱动失败!");
    e.printStackTrace();
}
```

(2)创建数据库的连接

要连接数据库,需要向 java.sql.DriverManager 请求并获得 Connection 对象,该对象就代表一个数据库的连接。

使用 DriverManager 的 getConnectin(String url,String username,String password)方法传入指定的欲连接的数据库的路径、数据库的用户名和密码来获得。

可以使用如下代码:

```
String url = "jdbc:mysql://localhost:3306/mydb";
String username = "root";
String password = "1234";
try{
    Connection con = DriverManager.getConnection(url, username, password);
}catch(SQLException e){
    System.out.println("数据库连接失败!");
    e.printStackTrace();
}
```

（3）创建 Statement

要执行 SQL 语句，必须创建 Statement 实例。Statement 实例有以下 3 种类型：

- Statement 实例：执行静态 SQL 语句。
- PreparedStatement 实例：执行动态 SQL 语句。
- CallableStatement 实例：执行数据库存储过程。

这 3 种类型对应创建 Statement 实例，代码如下：

```
Statement st = con.createStatement( );
PreparedStatement ps = con.prepareStatement(sql);
CallableStatement cs = con.prepareCall("{CALL 过程名(?, ?, ……)}");
```

（4）执行 SQL 语句并返回结果

Statement 接口提供了 4 种执行 SQL 语句的方法：executeQuery( )、executeUpdate( )、execute( )和 executeBatch( )方法。

①ResultSet executeQuery(String sqlString)：执行查询数据库的 SQL 语句，返回一个结果集（ResultSet）对象。

②int executeUpdate(String sqlString)：用于执行 INSERT、UPDATE 或 DELETE 语句以及 SQL DDL 语句，如 CREATE TABLE 和 DROP TABLE 等，返回受到影响的行数。

③execute(sqlString)：用于执行返回多个结果集、多个更新计数或二者组合的语句，该语句在返回一个布尔值时用于反映 SQL 语句是否执行成功。

④int[ ] executeBatch( )：将一批命令提交给数据库来执行，如果全部命令执行成功，则返回更新计数组成的数组。

代码如下：

```
Statement st = con.createStatement( );
ResultSet rs = st.executeQuery("SELECT * FROM……");
int rows = st.executeUpdate("INSERT INTO……");
boolean flag = st.execute(String sql);
int[ ] updateCounts = st.executeBatch( );
```

（5）关闭 JDBC 对象资源

Connection、Statement 和 ResultSet 这 3 个对象资源会一直存在数据库中，资源并没有释放，因此，在访问完数据库后，需要关闭 JDBC 对象资源。关闭资源是有顺序的，打开时是 Connection→Statement→ResultSet，关闭时，必须是 ResultSet→Statement→Connection。

关闭 JDBC 对象资源可以使用如下代码：

```
public static void close(ResultSet rs, Statement st, Connection con) {
    if (rs ! = null) {
        try {
```

```
                rs.close( );
            } catch ( Exception e ) {
                e.printStackTrace( );
            }
        }
    if ( st ! = null ) {
        try {
            st.close( );
        } catch ( Exception e ) {
            e.printStackTrace( );
        }
    }
    if ( con ! = null ) {
        try {
            con.close( );
        } catch ( Exception e ) {
            e.printStackTrace( );
        }
    }
}
```

需要注意：
- 数据库连接非常耗资源，尽量晚创建、早释放；
- 关闭数据库资源的顺序须和使用数据库资源的顺序相反。

6.1.3 数据持久化

数据持久化就是将内存中的数据模型转换为存储模型，以及将存储模型转换为内存中的数据模型的统称。数据模型可以是任何数据结构或对象模型，存储模型可以是关系模型、XML、二进制流等。现在对象模型和关系模型应用广泛，所以通常认为数据持久化就是对象模型到关系型数据库的转换。简单来说，数据持久化就是应用程序不直接连接数据库，不直接对数据库操作，应用程序和数据库中间还有一道缓冲。比如，当应用程序要读取数据库的数据时，首先持久层就会读取数据库放进内存，然后再将内存的数据传给应用程序；应用程序要修改数据库的数据时，持久层就会先修改内存中的数据，然后再修改数据库中的数据。

持久化技术封装了数据访问细节，为大部分业务逻辑提供面向对象的 API，使用数据持久化有以下好处：

①松散耦合，使持久化不依赖于底层数据库和上层业务逻辑实现，程序代码重用性强，即使更换数据库，只需要更改配置文件，不必重写程序代码。

②业务逻辑代码可读性强，在代码中不会有大量的 SQL 语言，提高程序的可读性。

③持久化技术可以自动优化，以减少对数据库的访问量，提高程序运行效率。

数据持久化对象的基本操作有保存、更新、删除、查询等。

6.2　创建和连接 MySQL 数据库

要通过应用程序连接数据库，需要先创建数据库。将下载的 MySQL 数据库的驱动 jar 包拷贝到项目中，在项目中通过不同的方式连接数据库。

6.2.1　创建 MySQL 数据库

通常可以使用两种方式创建数据库，一种方式是使用 CREATE DATABASE 语句创建，另一种常见的方式是在 SQLyog Ultimate 环境中通过向导的方式创建。

（1）使用 CREATE DATABASE 语句创建 MySQL 数据库

在 MySQL 中，使用 CREATE DATABASE 语句创建数据库，语法格式如下：

```
CREATE DATABASE [IF NOT EXISTS] <数据库名>
[[DEFAULT] CHARACTER SET <字符集名>]
[[DEFAULT] COLLATE <校对规则名>];
```

<数据库名>表示创建数据库的名称。MySQL 的数据存储区将以目录方式表示 MySQL 数据库，因此数据库名称必须符合操作系统的文件夹命名规则，不能以数字开头，尽量要有实际意义。注意在 MySQL 中不区分大小写。

[IF NOT EXISTS]是可选项，在创建数据库之前进行判断是否已经存在该数据库，只有该数据库尚不存在时才能执行操作。此选项可以用来避免数据库已经存在而重复创建的错误。[DEFAULT] CHARACTER SET 是可选项，此选项指定数据库的字符集。指定字符集是为了避免在数据库中存储的数据出现乱码。如果在创建数据库时不指定字符集，那么就使用系统的默认字符集。[DEFAULT] COLLATE 是可选项，此选项指定字符集的默认校对规则。

例如，使用 MySQL 命令行工具创建一个名为 mydb 的数据库（图 6.2），指定其默认字符集为 utf8，默认校对规则为 utf8_chinese_ci（简体中文，不区分大小写），输入的 SQL 语句如下：

```
CREATE DATABASE IF NOT EXISTS mydb;
DEFAULT CHARACTER SET utf8;
DEFAULT COLLATE utf8_chinese_ci;
```

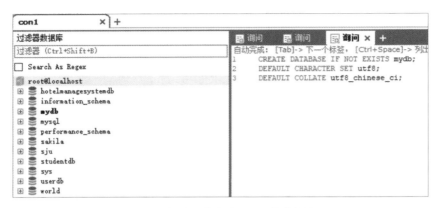

图 6.2　创建一个名为 mydb 的数据库

（2）通过向导创建 MySQL 数据库

①打开 SQLyog Ultimate 界面，右击"创建数据库"，如图 6.3 所示。

图 6.3　通过向导创建 MySQL 数据库

②在数据库创建窗口中输入数据库名称，设置基字符集为"utf8"，即可创建数据库，如图 6.4 所示。

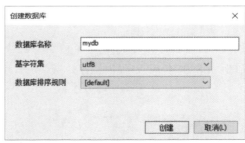

图 6.4　设置基字符集为"utf8"

6.2.2 使用 JDBC 连接 MySQL 数据库

JDBC 本身是一个固定的标准,所以其操作基本上也是固定的,只需修改很少的一部分代码就可以达到不同数据库之间的连接转换功能。Java 应用程序需要访问数据库时,首先要加载数据库驱动,只需加载一次,然后在每次访问数据库时创建一个 Connection 实例,获取数据库连接。获取连接后,执行需要的 SQL 语句,最后完成数据库操作后释放与数据库间的连接。

下载 MySQL 数据库的驱动 jar 包(本教材使用的是 mysql-connector-java-5.1.20-bin.jar),将其拷贝至"lesson6-jdbc/WebContent/WEB-INF/lib"目录下,如图 6.5 所示。系统自动加载到"lesson6-jdbc/Libraries/Web App Resources"目录下,在此目录下的第三方类库可以被 Web 应用使用,如图 6.6 所示。

图 6.5 拷贝 MySQL 数据库的驱动 jar 包

图 6.6 能被使用的驱动 jar 包

连接 MySQL 数据库可以有两种方式,一种是通过加载 JDBC 驱动程序来连接 MySQL 数据库,这种方式在本章 6.1.2 已阐述,另一种是访问数据库连接池。

6.3 Druid 数据库连接池

6.3.1 数据库连接池的概念

数据库连接池是一种关键的、有限的、昂贵的资源,在多用户的 Web 应用程序中,对数据库资源的要求体现得尤为突出。良好的数据库连接管理能显著影响到整个 Web 应用程序的伸缩性和健壮性,影响到程序的性能指标。数据库连接池正是针对这个问题提出来的。

数据库连接池在初始化时将创建一定数量的数据库连接放到连接池中,这些数据库连接的数量受最小数据库连接数制约。无论这些数据库连接是否被使用,连接池都将一直保证至少拥有这么多的连接数量。连接池的最大数据库连接数量限定了这个连接池能占有的最大连接数,当应用程序向连接池请求的连接数超过最大连接数量时,这些请求将被加入到等待队列中。

数据库连接池有很多种,包括 Druid、DBCP、C3P0、BoneCP、Proxool、JBoss DataSource 等,Druid 作为一名后起之秀,凭借其出色的性能,逐渐获得了市场的认可,Druid 在功能、性能、扩展性方面,都有非常良好的表现。

6.3.2 数据库连接池的作用

数据库连接池负责分配、管理和释放数据库连接,它允许应用程序重复使用一个现有的数据库连接,而不是再重新建立一个;释放空闲时间超过最大空闲时间的数据库连接来避免因为没有释放数据库连接而引起的数据库连接遗漏。这项技术能明显提高对数据库操作的性能。具体来说,其作用如下:

(1)加快响应速度

连接池里的连接一开始就已创建好,后面如果需要直接使用就可以,不要再次创建。

(2)重复利用资源

连接对象使用完毕后,再归还到池子中进行统一管理,避免重复创建对象。

6.3.3 Druid 数据库连接池

Druid 是一个数据库连接池。Druid 连接池是阿里巴巴开源的数据库连接池项目。Druid 连接池为监控而生,内置强大的监控功能,监控特性不影响性能。它内置了 StatFilter 功能,能采集非常完备的连接池执行信息。Druid 连接池内置了一个监控页面,提供了非常完备的监控信息,可以快速诊断系统的瓶颈。Druid 已经在阿里巴巴部署了超过 600 个应用,经过了生产环境大规模部署的严苛考验。

6.3.4 引入和配置 Druid 连接池以及配置 properties 文件

简单建立一个 Web 项目,引入和配置 Druid 连接池。

(1)引入 druid-1.0.9.jar 包

在 Web 项目中引入 druid 数据库连接池 druid-1.0.9.jar 包,方法是把该 jar 包拷贝到"lesson6-jdbc/WebContent/WEB-INF/lib"目录下,Web 应用会自动引入到构建路径中供应用程序调用,如图 6.7 所示。

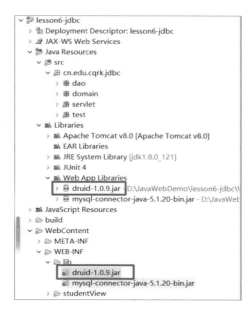

图 6.7 拷贝 druid-1.0.9.jar 包

（2）编写 properties 文件

在项目下新建一个 config 文件夹（Source Folder），方便里面的文件被自动读取编译，如图 6.8 和图 6.9 所示。

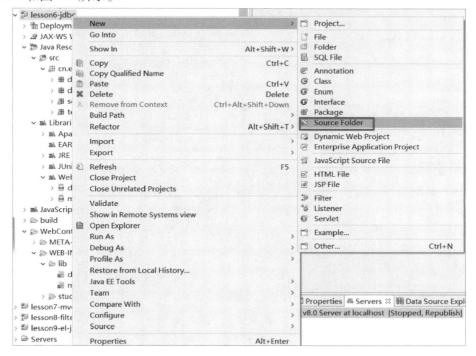

图 6.8 新建 source folder

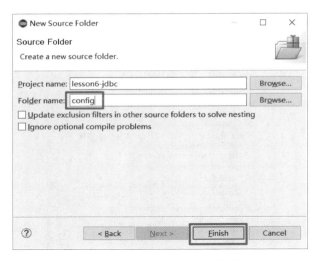

图 6.9　新建一个 config 文件夹

　　在 config 文件夹下,新建一个配置文件 db.properties,如图 6.10 所示。该文件是一个属性文件,主要用于编写配置,在该文件中使用"key = value"的形式来编写相关配置,该文件需要存放在项目中的 source folder 中。具体的代码如下:

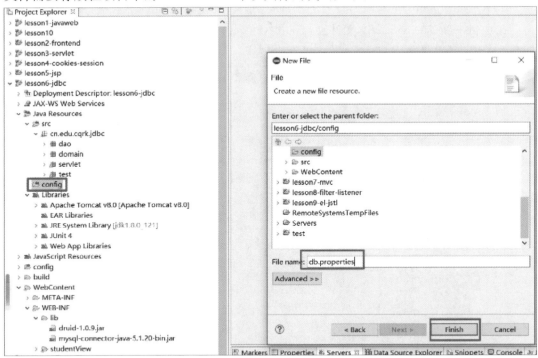

图 6.10　能被使用的驱动 jar 包

```
db.properties
driverClassName = com.mysql.jdbc.Driver
url = jdbc:mysql://localhost:3306/mydb
username = root
password = 1234
maxActive = 50
```

其中,driverClassName 指 mysql 的驱动名,url 指数据库的 URL、username 和 password 指访问数据库的用户名和密码,这些都是数据库相关配置;maxActive 指连接池最大活动连接数量,它是与数据库连接池相关的配置。图 6.11 显示了该配置文件的位置和内容。

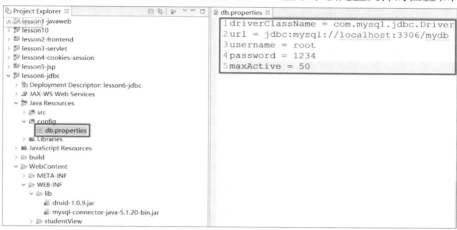

图 6.11　配置文件 db.properties

（3）利用 Druid 连接池获取连接

该类一旦加载就初始化连接池,调用静态资源的 classLoader 最好用 Thread.currentThread().getContextClassLoader()方法来获取,根据 db.properties 文件中的配置来获取数据源对象 dataSource,再使用 dataSource 的 getConnection()方法获取连接。代码如下:

```
static {
    try {
        properties.load(Thread.currentThread().getContextClassLoader().getResourceAsStream
("db.properties"));
        /*采用类加载器 ClassLoader 得到指定文件名 properties 文件的输入流
        用 DruidDataSourceFactory 的 createDataSource 方法获取连接池对象*/
        dataSource = DruidDataSourceFactory.createDataSource(properties);
    } catch (Exception e) {
        e.printStackTrace();
    }
}
```

```
// 获得连接
public static Connection getConnection() {
    try {
        Connection con = dataSource.getConnection();
        return con;
    } catch (SQLException e) {
        e.printStackTrace();
    }
    return null;
}
```

6.4　用 JDBC 操作 MySQL 的应用实例

需求：展示一个"用户信息列表"页面,该页面把数据库中的用户信息列出(查询),在该页面中点击"增加""编辑"和"删除"链接,即可对用户进行信息的增删改查。

Web 项目中各文件结构如图 6.12 所示。

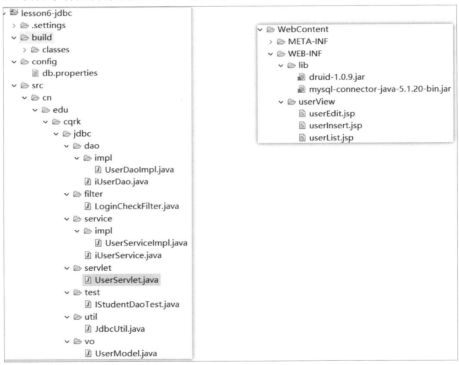

图 6.12　Web 项目中各文件结构

6.4.1　建库建表

①登录到 SQLyog Ultimate 界面,创建数据库 mydb。

```
CREATE DATABASE IF NOT EXISTS mydb；
DEFAULT CHARACTER SET utf8；
DEFAULT COLLATE utf8_chinese_ci；
```

②创建数据库表 users 并增加数据,图 6.13 表示在 SQLyog Ultimate 中创建数据库和表。

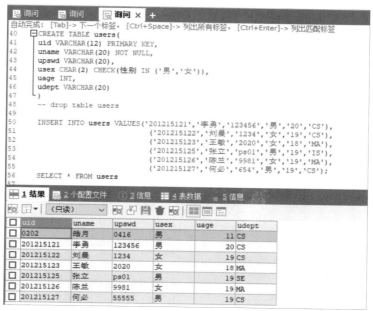

图 6.13　在 SQLyog Ultimate 中创建数据库和表

```
CREATE TABLE users(
uid VARCHAR（12）PRIMARY KEY,
uname VARCHAR（20）NOT NULL,
upswd VARCHAR（20）,
usex CHAR（2）CHECK（性别 IN ('男','女')),
uage INT,
udept VARCHAR（20）
）；

INSERT INTO users VALUES('201215121','李勇','123456','男','20','CS'),
        ('201215122','刘晨','1234','女','19','CS'),
        ('201215123','王敏','2020','女','18','MA'),
        ('201215125','张立','ps01','男','19','IS'),
        ('201215126','陈兰','9981','女','19','MA'),
        ('201215127','何必','654','男','19','CS');
```

```
SELECT * FROM users；
```

6.4.2 编写应用程序

编写应用程序,建 cn.edu.cqrk.jdbc 包,应用 JDBC 来对数据库中的 users 表进行增删改查。

从一个 UserServlet.java 文件开始运行,在程序中通过一个 URL 获取参数"command",根据不同的参数值执行不同的分支,默认是执行 listUser(request,response),也就是调用 userService.selectList() 方法,显示出图 6.14 所示的"用户信息列表"页面。该页面把数据库中的用户信息列出,在该页面中点击增加、编辑和删除即可对用户进行信息的增删改。

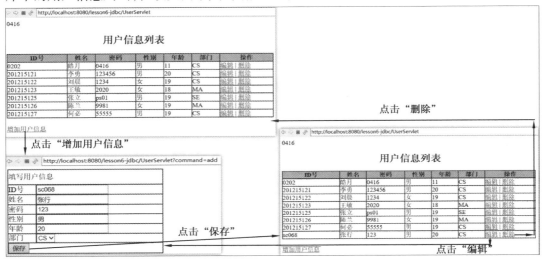

图 6.14 JDBC 操作 MySQL 的运行结果

```
UserServlet.java
package cn.edu.cqrk.jdbc.servlet；
import java.io.IOException；
import java.lang.reflect.Method；
import java.util.List；
import javax.servlet.ServletException；
import javax.servlet.annotation.WebServlet；
import javax.servlet.http.HttpServlet；
import javax.servlet.http.HttpServletRequest；
import javax.servlet.http.HttpServletResponse；
import cn.edu.cqrk.jdbc.dao.impl.UserDaoImpl；
import cn.edu.cqrk.jdbc.service.iUserService；
```

```java
import cn.edu.cqrk.jdbc.service.impl.UserServiceImpl;
import cn.edu.cqrk.jdbc.vo.UserModel;

@WebServlet("/UserServlet")
public class UserServlet extends HttpServlet {
    private iUserService userService = null;
    @Override
    public void init() throws ServletException {
        userService = new UserServiceImpl();
    }
    @Override
    protected void doGet(HttpServletRequest request, HttpServletResponse response) throws
ServletException, IOException {
        request.setCharacterEncoding("utf-8");
        String command = request.getParameter("command");
        if (command == null) {
                listUser(request, response);
        } else {
                if (command.equals("add")) {
                    addUser(request, response);
                } else if (command.equals("insert")) {
                    insertUser(request, response);
                } else if (command.equals("delete")) {
                    deleteUser(request, response);
                } else if (command.equals("update")) {
                    updateUser(request, response);
                } else if (command.equals("edit")) {
                    editUser(request, response);
                } else {
                    listUser(request, response);
                }
        }
    }

    @Override
    protected void doPost(HttpServletRequest request, HttpServletResponse response) throws
ServletException, IOException {
        doGet(request,response);
    }

    protected void listUser(HttpServletRequest request, HttpServletResponse response)
            throws ServletException, IOException {
```

```
        List<UserModel> list = userService.selectList();
        request.setAttribute("UserList", list);
        request.getRequestDispatcher("/WEB-INF/userView/userList.jsp").forward(request,
response);
    }

    protected void insertUser(HttpServletRequest request, HttpServletResponse response)
            throws ServletException, IOException {
        UserModel user = new UserModel();
        user.setId(request.getParameter("id"));
        user.setName(request.getParameter("name"));
        user.setPswd(request.getParameter("pswd"));
        user.setAge(Integer.parseInt(request.getParameter("age")));
        user.setSex(request.getParameter("sex"));
        user.setDept(request.getParameter("sdepartment"));
        userService.insert(user);
        response.sendRedirect("UserServlet");
    }
    protected void deleteUser(HttpServletRequest request, HttpServletResponse response)
            throws ServletException, IOException {
        String id = request.getParameter("id");
        userService.delete(id);
        response.sendRedirect("UserServlet");
    }
    protected void updateUser(HttpServletRequest request, HttpServletResponse response)
            throws ServletException, IOException {
        UserModel user = new UserModel();
        user.setId(request.getParameter("id"));
        user.setName(request.getParameter("name"));
        user.setPswd(request.getParameter("pswd"));
        user.setAge(Integer.parseInt(request.getParameter("age")));
        user.setSex(request.getParameter("sex"));
        user.setDept(request.getParameter("sdepartment"));
        userService.update(user);
        response.sendRedirect("UserServlet");
    }
    protected void editUser(HttpServletRequest request, HttpServletResponse response)
            throws ServletException, IOException {
        String id = request.getParameter("id");
        UserModel user = null;
        if (id != null || id != "") {
            user = userService.selectByPrimaryKey(id);
```

```
                }
            request.setAttribute("user", user);
            request.getRequestDispatcher("/WEB-INF/userView/userEdit.jsp").forward(request,
response);
        }
        protected void addUser(HttpServletRequest request, HttpServletResponse response)
                throws ServletException, IOException {
            request.getRequestDispatcher("/WEB-INF/userView/userInsert.jsp").forward(request,
response);
        }
}
```

在 UserServlet.java 文件中调用了 iUserService 接口中的方法,iUserService 接口的实现类 UserServiceImpl 中调用了 iUserDao 接口中的方法,其实现类 UserDaoImpl 直接访问数据库,在该类中,使用 druid 连接池连接 MySQL,对数据库表进行相关的操作。

iUserService.java(接口)

```
package cn.edu.cqrk.jdbc.service;
import java.util.List;
import cn.edu.cqrk.jdbc.vo.UserModel;
/* 间接操作数据库 */
public interface iUserService {
    public List<UserModel> selectList();              /* 遍历 */
    public int insert(UserModel user);                /* 增加 */
    public int delete(String id);                     /* 删除 */
    public int update(UserModel user);                /* 修改 */
    public UserModel selectByPrimaryKey(String id);   /* 根据 ID 查询 */
}
```

UserServiceImpl.java(iUserService 接口的实现类)

```
package cn.edu.cqrk.jdbc.service.impl;
import java.util.List;
import cn.edu.cqrk.jdbc.dao.impl.UserDaoImpl;
import cn.edu.cqrk.jdbc.service.iUserService;
import cn.edu.cqrk.jdbc.vo.UserModel;
public class UserServiceImpl implements iUserService{  /* 间接操作数据库 */
    UserDaoImpl dao = new UserDaoImpl();               /* 创建 UserDaoImpl 对象 */
    @Override
    public List<UserModel> selectList() {              /* 遍历 */
        return dao.selectList();            /* 调用 UserDaoImpl 对象的 selectList()方法 */
```

```
        }
        @ Override
        public int insert(UserModel user) {              /* 增加 */
            return dao.insert(user);
        }
        @ Override
        public int delete(String id) {                   /* 删除 */
            return dao.delete(id);
        }
        @ Override
        public int update(UserModel user) {              /* 修改 */
            return dao.update(user);
        }
        @ Override
        public UserModel selectByPrimaryKey(String id) {  /* 根据 ID 查询 */
            return dao.selectByPrimaryKey(id);
        }
}
```

在 UserServiceImpl.java 中并没有直接访问数据库,而是通过 dao 包下的 UserDaoImpl 对象间接访问数据库。

iUserDao.java(接口)

```
package cn.edu.cqrk.jdbc.dao;
import java.util.List;
import cn.edu.cqrk.jdbc.vo.UserModel;
/* 直接操作数据库 */
public interface iUserDao {
    public List<UserModel> selectList();                 /* 遍历 */
    public int insert(UserModel user);                   /* 增加 */
    public int delete(String id);                        /* 删除 */
    public int update(UserModel user);                   /* 修改 */
    public UserModel selectByPrimaryKey(String id);      /* 根据 ID 查询 */
}
```

UserDaoImpl(iUserDao 接口的实现类,直接访问数据库)

```
package cn.edu.cqrk.jdbc.dao.impl;
import java.sql.*;
import java.util.*;
import com.alibaba.druid.pool.DruidAbstractDataSource;
import cn.edu.cqrk.jdbc.dao.iUserDao;
```

```java
import cn.edu.cqrk.jdbc.util.JdbcUtil;
import cn.edu.cqrk.jdbc.vo.UserModel;
public class UserDaoImpl implements iUserDao {
    Connection conn = null;
    PreparedStatement ps = null;
    ResultSet rs = null;
    String url = "jdbc:mysql://localhost:3306/mydb? user=root&password=1234"
            + "&useUnicode=true&characterEncoding=UTF-8";
    /* 创建连接 */
    public void connect() {
        try {
            /* 1.加载注册驱动 */
            Class.forName("com.mysql.jdbc.Driver");
            /* 2.获取数据库连接对象 */
            conn = DriverManager.getConnection(url);
        } catch (Exception e) {
            e.printStackTrace();
        }
    }

    /* 利用 druid 连接池进行连接 */
    public void connectDbPool() {
        try {
            conn = JdbcUtil.getConnection();
        } catch (Exception e) {
            e.printStackTrace();
        }
    }

    /* 关闭资源 */
    public void close() {
        try {
            if( rs != null) {
                rs.close();
            }
            if( ps != null) {
                ps.close();
            }
            if( conn != null) {
                conn.close();
            }
        } catch (Exception e) {
```

```
                e.printStackTrace( );
        }
    }


    /*遍历(直接访问数据库) */
    @Override
    public List<UserModel> selectList( ) {
        connectDbPool( );  /*使用 DB 连接池连接数据库 */
        List<UserModel> userList = new ArrayList<UserModel>( );
        String sql = "select * from users ";
        try {
            /*创建预编译语句对象 */
            ps = conn.prepareStatement( sql );
            /*执行 sql 语句 */
            rs = ps.executeQuery( );
            while ( rs.next( ) ) {
                /*封装 UserModel 对象 */
                UserModel temp = new UserModel( );
                temp.setId( rs.getString( 1 ) );
                temp.setName( rs.getString( 2 ) );
                temp.setPswd( rs.getString( 3 ) );
                temp.setSex( rs.getString( 4 ) );
                temp.setAge( rs.getInt( 5 ) );
                temp.setDept( rs.getString( 6 ) );
                System.out.println( temp.getPswd( ) );
                System.out.println( temp.getName( ) );
                /* UserModel 对象添加到集合中 */
                userList.add( temp );
            }
        } catch ( Exception e ) {
            e.printStackTrace( );
        } finally {
            close( );
        }
        return userList;
    }


    /* 增加(直接访问数据库) */
    @Override
    public int insert( UserModel user ) {
        connectDbPool( );  /*使用 DB 连接池连接数据库 */
        String sql = "insert into users values(?,?,?,?,?,?);";
```

```java
        int rows = 0;
        try {
            /* 创建预编译语句对象 */
            ps = conn.prepareStatement(sql);
            /* 设置预编译语句对象占位符对应的参数值 */
            ps.setString(1, user.getId());
            ps.setString(2, user.getName());
            ps.setString(3, user.getPswd());
            ps.setString(4, user.getSex());
            ps.setInt(5, user.getAge());
            ps.setString(6, user.getDept());
            /* 4.执行 SQL 语句(注意:方法不能带 sql 参数) */
            rows = ps.executeUpdate();
        } catch (Exception e) {
            e.printStackTrace();
        } finally {
            close();
        }
        return rows;
    }


    /* 删除(直接访问数据库) */
    @Override
    public int delete(String id) {
        connectDbPool();    /* 使用 DB 连接池连接数据库 */
        String sql = "delete from users where uid=?;";
        int rows = 0;
        try {
            /* 3.创建预编译语句对象 */
            ps = conn.prepareStatement(sql);
            /* 设置预编译语句对象占位符对应的参数值 */
            ps.setString(1, id);
            /* 4.执行 SQL 语句(注意:方法不能带 sql 参数) */
            rows = ps.executeUpdate();
        } catch (Exception e) {
            e.printStackTrace();
        } finally {
            close();
        }
        return rows;
    }
```

```java
/* 修改(直接访问数据库) */
@Override
public int update(UserModel user) {
    connectDbPool();  /* 使用 DB 连接池连接数据库 */
    String sql = " update users set uname = ?, upswd = ?, uage = ?, usex =? , udept =? where uid = ? ";
    int rows = 0;
    try {
        /* 3.创建预编译语句对象 */
        ps = conn.prepareStatement(sql);
        /* 设置预编译语句对象占位符对应的参数值 */
        ps.setString(1, user.getName());
        ps.setString(2, user.getPswd());
        ps.setInt(3, user.getAge());
        ps.setString(4, user.getSex());
        ps.setString(5, user.getDept());
        ps.setString(6, user.getId());
        /* 4.执行 SQL 语句(注意:方法不能带 sql 参数) */
        rows = ps.executeUpdate();
    } catch (Exception e) {
        e.printStackTrace();
    } finally {
        close();
    }
    return rows;
}

/* 根据 ID 查询(直接访问数据库) */
@Override
public UserModel selectByPrimaryKey(String id) {
    connectDbPool();  /* 使用 DB 连接池连接数据库 */
    UserModel user = new UserModel();
    String sql = " select * from users where uid =? ";
    try {
        /* 3.创建预编译语句对象 */
        ps = conn.prepareStatement(sql);
        ps.setString(1, id);
        /* 4.执行 sql 语句 */
        rs = ps.executeQuery();
```

```
            if (rs.next()) {
                /*封装 Student 对象 */
                user.setId(rs.getString("uid"));
                user.setName(rs.getString("uname"));
                user.setPswd(rs.getString("upswd"));
                user.setAge(rs.getInt("uage"));
                user.setSex(rs.getString("usex"));
                user.setDept(rs.getString("udept"));
            }
        } catch (Exception e) {
            e.printStackTrace();
        } finally {
            close();
        }
        return user;
    }
}
```

JdbcUtil.java(JdbcUtil 工具)

```
package cn.edu.cqrk.jdbc.util;
import java.io.FileInputStream;
import java.io.IOException;
import java.sql.Connection;
import java.sql.ResultSet;
import java.sql.SQLException;
import java.sql.Statement;
import java.util.Properties;
import javax.sql.DataSource;
import com.alibaba.druid.pool.DruidDataSourceFactory;
public class JdbcUtil {
    static Properties properties = new Properties();
    static DataSource dataSource = null;
    static {
        try {
            /*
             *调用静态资源的 classLoader 最好用 Thread.currentThread().getContextClassLoader()
方法来获取
             * 因为一般同一个项目中 java 代码和其静态资源文件都是同一个 classLoader 来加
载的,以此确保通过此 classLoader 也能加载到本项目中的资源文件
```

```
        * ClassLoader 类的 getResourceAsStream(String name)方法使用相对于当前项目
的 classpath 的相对路径来查找资源 */
    properties.load(Thread.currentThread().getContextClassLoader().getResourceAsStream("
db.properties"));
            /*采用类加载器 ClassLoader 得到指定文件名 properties 文件的输入流
            用 DruidDataSourceFactory 的 createDataSource 方法获取连接池对象 */
            dataSource = DruidDataSourceFactory.createDataSource(properties);
        } catch (Exception e) {
            e.printStackTrace();
        }
    }


    /*获得连接 */
    public static Connection getConnection() {
        try {
            Connection con = dataSource.getConnection();
            return con;
        } catch (SQLException e) {
            e.printStackTrace();
        }
        return null;
    }
}
```

需要一个 JavaBean 即 UserModel 放在 vo 包下。

```
UserModel.java
package cn.edu.cqrk.jdbc.vo;
    public class UserModel {
    private String id;
    private String name;
    private String pswd;
    private String sex;
    private Integer age;
    private String dept;
    public String getId() {
        return id;
    }
    public void setId(String id) {
        this.id = id;
    }
```

```
    public String getName( ) {
        return name;
    }
    public void setName( String name) {
        this.name = name;
    }
        public String getPswd( ) {
        return pswd;
    }
    public void setPswd( String pswd) {
        this.pswd = pswd;
    }
    public String getSex( ) {
        return sex;
    }
    public void setSex( String sex) {
        this.sex = sex;
    }
    public Integer getAge( ) {
        return age;
    }
    public void setAge( Integer age) {
        this.age = age;
    }
    public String getDept( ) {
        return dept;
    }
    public void setDept( String dept) {
        this.dept = dept;
    }
}
```

为了安全考虑,把这 3 个.jsp 文件放在 WEB-INF\serView 目录下。
userList.jsp

```
<%@ page import =" cn.edu.cqrk.jdbc.vo.UserModel "%>
<%@ page import =" org.apache.jasper.tagplugins.jstl.core.ForEach "%>
<%@ page import =" java.util.List "%>
<%@ page language =" java " contentType =" text/html; charset=UTF-8 "
    pageEncoding =" UTF-8 "%>
<! DOCTYPE html PUBLIC "-//W3C//DTD HTML 4.01 Transitional//EN " " http://www.w3.org/
TR/html4/loose.dtd ">
```

```html
<html>
<head>
<meta http-equiv="Content-Type" content="text/html; charset=UTF-8">
<title>用户列表</title>
</head>
<body>
    <table border="1" cellpadding="0" cellspacing="0" width="55%">
        <caption>
            <h2>用户信息列表</h2>
        </caption>
        <tr style="background-color: silver;">
            <th>ID 号</th>
            <th>姓名</th>
            <th>密码</th>
            <th>性别</th>
            <th>年龄</th>
            <th>部门</th>
            <th width="20%">操作</th>
        </tr>
        <%
            List<UserModel> list = (List<UserModel>)request.getAttribute("UserList");
            out.print(list.get(0).getPswd());
            for (UserModel user : list) {
        %>
        <tr>
            <td><%=user.getId()%></td>
            <td><%=user.getName()%></td>
            <td><%=user.getPswd()%></td>
            <td><%=user.getSex()%></td>
            <td><%=user.getAge()%></td>
            <td><%=user.getDept()%></td>
            <td>
                <a href="UserServlet? command=edit&id=<%=user.getId()%>">编辑</a> |
                <a href="UserServlet? command=delete&id=<%=user.getId()%>">删除</a>
            </td>
        </tr>
        <%
            }
        %>
    </table>
```

```
    <br/>
    <a href=" UserServlet? command =add ">增加用户信息</a>
</body>
</html>
```

userInsert.jsp

```jsp
<%@ page import =" cn.edu.cqrk.jdbc.vo.UserModel "%>
<%@ page language =" java " contentType =" text/html; charset =UTF-8 "
    pageEncoding =" UTF-8 "%>
<! DOCTYPE html PUBLIC "-//W3C//DTD HTML 4.01 Transitional//EN " " http://www.w3.org/
TR/html4/loose.dtd ">
<html>
<head>
<meta http-equiv =" Content-Type " content =" text/html; charset =UTF-8 ">
<title>Insert title here</title>
</head>
<body>
    <%
    UserModel user = ( UserModel ) request.getAttribute(" user ");
    %>
    <form action =" UserServlet? command =insert " method =" post ">
        <table border =" 1 " cellpadding =" 0 " cellspacing =" 0 " width =" 28%">
            <tr width =" 20%">
                <td height =" 40px " colspan =" 2 ">填写用户信息</td>
            </tr>
            <tr>
            <td>ID 号</td>
                <td><input type =" text " name =" id " /></td>
            </tr>
            <tr>
                <td>姓名</td>
                <td><input type =" text " name =" name " /></td>
            </tr>
            <tr>
                <td>密码</td>
                <td><input type =" text " name =" pswd " /></td>
            </tr>
            <tr>
                <td>性别</td>
```

```
                    <td><input type ="text" name ="sex" /></td>
            </tr>
            <tr>
                <td>年龄</td>
                <td><input type ="text" name ="age" /></td>
            </tr>
            <tr>
                <td>部门</td>
                <td><select name ="sdepartment">
                    <option value ="CS" ${stu.getSdept( ) ="CS"? "selected":""} >CS
</option>
                    <option value ="SE" ${stu.getSdept( ) ="SE"? "selected":""} >SE
</option>
                    <option value ="IS" ${stu.getSdept( ) ="IS"? "selected":""} >IS</
option>
                </select></td>
            </tr>
            <tr>
                <td colspan ="2"><input type ="submit" value ="保存" /></td>
            </tr>
        </table>
    </form>
</body>
</html>
```

运行结果如图 6.14 所示。

小　结

1. JDBC 连接数据库包括下面 5 个步骤：

- 加载 JDBC 驱动程序
- 创建数据库的连接
- 创建 Statement
- 执行 SQL 语句并返回结果
- 关闭 JDBC 对象资源

2. 数据库连接池专门负责分配、管理和释放数据库连接，它允许应用程序重复使用一个现有的数据库连接，这项技术能明显提高对数据库操作的性能。

习　题

一、思考题

1.什么是 JDBC,JDBC 技术主要用于处理什么问题,有什么好处?

2.写出 JDBC 连接数据库的 5 个步骤。

3.在 JDBC 中常用的接口有哪些?

4.JDBC 是如何实现 Java 程序和 JDBC 驱动的松耦合的。

5.JDBC 中执行 DML 语句时,一般使用下面的哪个方法较好?

　　execute( )、executeQuery( )、executeUpdate( )

　　并说出这几个方法的区别。

6.什么是数据库连接池? 它有什么优点?

二、实做题

1.写一段 JDBC 连接 MySQL 的代码。

2.写一段使用 ResultSet 处理的典型代码,并注释各行的作用。

3.完成对 MySQL 数据库的查询操作,将 student 表中所有的数据列出;完成对 MySQL 数据库的删除操作,将 age 小于 20 的记录删除。

第7章　MVC 框架概述

治大国,若烹小鲜。——老子

真实的企业应用开发有几个比较重要的关注点,它们分别是代码复用、标准化、可维护性、开发成本。

实践证明,JSP+Servlet 方式的封装和抽象程度在开发成本、迭代成本、维护成本等方面将会更高。MVC 框架将有效地解决企业应用开发关注的代码复用、标准化、可维护性、开发成本问题。

代码复用:MVC 框架的封装和抽象程度较高,很多功能都做了相应的实现,例如 JDBC、请求分发、对象管理、事务管理等底层代码。如果不使用 MVC 框架而选择自己开发的话,代码量着实不小,框架的使用为开发人员减少了大部分的编码工作,提升了开发效率。

标准化:如果没有使用 MVC 框架,每个企业肯定会有自己的封装。各企业封装的思路不同及业务场景的不同也会导致或大或小的差异性,这将给员工带来比较大的学习成本。从一家公司换到另外一家公司,需要重新学习使用公司内部的框架,这种做法往往会加大学习成本。而使用 MVC 框架,上述问题将不复存在,大部分公司都在用 MVC 框架下的开发模式,最终产生一个大家都接受的标准化流程。框架实际上也是一种规范,可以让每位开发人员保持类似的开发风格和开发方式。

可维护性:代码复用程度高、开发流程的规范化和标准化带来的效果就是开发效率的提升。MVC 框架的引入也使得代码分层更加清晰,底层技术细节的封装使得开发人员的关注点更加倾向于具体业务上;这些原因会使得企业应用拥有更优秀的可维护性。

开发成本:开发成本是指为了达成特定研发项目所支出的各类资源总和,这些资源与此研发项目是强关联的。其中,直接成本包括:产品经理(需求分析),原型图 UI 设计师(界面设计、交互);前端工程师(前端界面代码);后端工程师(后台、数据库、服务器);测试工程师(测逻辑、找 BUG);运维工程师(运营、维护)等成本。MVC 框架是一种战略性软件模式,这是指在宏观层面而言,如果 MVC 框架设计合理,对于大型软件软件系统来说,是成本低、开发快的。

本章将讨论 MVC 模式,Model 数据处理模型、View 显示 Model 中的数据、Controller 更新 Model 中的数据变化,进行实践性训练包括 MVC 模式的实现与应用,讲述 Spring 框架、Spring MVC 框架和 MyBatis 框架的特点以及它们的工作原理和功能架构。

7.1　MVC 概述

MVC 模式就是 Model-View-Controller(模型-视图-控制器)模式,这种模式用于应用程序的分层开发。主要是因为 Java 开发者认为 EJB 很繁杂,经过反思,又回归"纯洁而老式"的 JavaBean,即具有无参构造函数,每个字段都有 get 方法和 set 方法的 Java 类。

MVC 模式体现了一个普遍的工程化思想,既要明确分工,又要有密切合作。工程必须靠团队而不是个人来完成。所以,团队成员必须各自做好自己的事,又能密切与他人合作,特别是软件工程团队,必须要有团队精神,这样才能开发出优秀软件。

软件本身也要模块化(分工),规范统一,系统化(合作),为此 MVC 应运而生。

7.1.1 MVC 模型的三个核心模块

- Model(模型):表示一个数据的存取对象(Bean),具有处理数据的方法,在数据变化时会自动更新 Controller。
- View(视图):是 Model 中的数据可视化。
- Controller(控制器):用来控制模型和视图,它控制模型对象的数据流,并在数据变化时自动更新视图,使视图与模型既分离又合作。

MVC 模型中三者关系示意图如图 7.1 所示。

MVC 是一种软件设计规范,是一种将业务逻辑、数据、显示分离的方法;主要作用是降低视图与业务逻辑的双向耦合。

图 7.1 MVC 模型中三者关系示意图

需要注意:MVC 是一种架构模式,不是一种设计模式,不同的 MVC 存在一定的差异。

Spring、SpringMVC 和 MyBatis 框架是目前 Java Web 开发中采用最多、最流行的框架(图 7.2)。本章重点讨论 Spring、SpringMVC 和 MyBatis 框架。

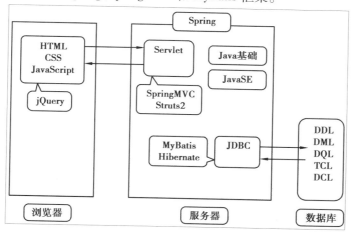

图 7.2 Spring、SpringMVC 和 MyBatis 框架整合

Servlet 是运行在 Web 服务器或应用服务器上的程序,是作为来自 Web 浏览器或其他 HTTP 客户端的请求和 HTTP 服务器上的数据库或应用程序之间的中间层。

Servlet 作为浏览器与服务器交互的技术,把浏览器、服务器和数据库这三者相互串接起来,是整个 Web 项目的核心技术。

7.1.2 模型的各个模块分工

为了说明 MVC 模型,需要创建几个对象充当 MVC 的各个模块,如图 7.3 所示。具体创建对象如下：

①创建一个作为模型的 Student 对象，用于保存学生的基本数据和相应的方法。

②创建一个作为视图的 StudentView 对象，用于把学生的基本数据输出到控制台。

③创建一个作为控制器的 StudentController 对象，用于控制模型 Student 对象的数据流，并在 Student 对象的数据变化时，自动更新视图 StudentView 对象。

④创建一个 MVCPatternDemo 对象，用于演示 MVC 模式的用法。

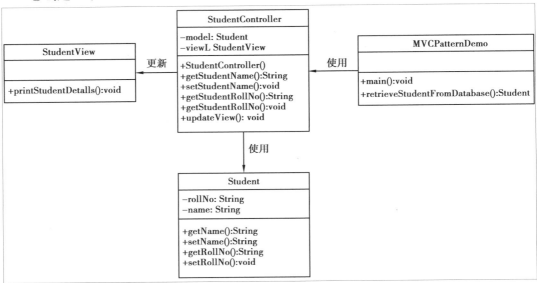

图 7.3　基于 MVC 模型的几个对象关系图

7.1.3　模型的实现步骤

（1）创建模型

Student.java

```
public class Student {
    private String rollNo;
    private String name;
    public String getRollNo() {
        return rollNo;
    }
    public void setRollNo(String rollNo) {
        this.rollNo = rollNo;
    }
    public String getName() {
        return name;
    }
}
```

```java
    public void setName(String name) {
        this.name = name;
    }
}
```

（2）创建视图

StudentView.java

```java
public class StudentView {
    public void printStudentDetails(String studentName, String studentRollNo) {
        System.out.println("Student:");
        System.out.println("Name:" + studentName);
        System.out.println("RollNo:" + studentRollNo);
    }
}
```

（3）创建控制器

StudentController.java

```java
public class StudentController {
    private Student model;
    private StudentView view;

    public StudentController(Student model, StudentView view) {
        super();
        this.model = model;
        this.view = view;
    }
    public void setStudentName(String name) {
        model.setName(name);
    }
    public String getStudentName() {
        return model.getName();
    }
    public void setStudentRollNo(String rollNo) {
        model.setRollNo(rollNo);
        ;
    }
    public String getStudentRollNo() {
        return model.getRollNo();
    }
```

```
    public void updateView() {
        view.printStudentDetails(model.getName(), model.getRollNo());
    }
}
```

（4）使用 MVCPatternDemo 演示 MVC 设计模式

MVCPatternDemo.java

```
public class MVCPatternDemo {
    /*模拟查询到学生信息*/
    public static Student retrieveStudentFromDatabase() {
        Student student = new Student();
        student.setName("张三");
        student.setRollNo("001");
        return student;
    }

    public static void main(String[] args) {
        /*获取学生记录*/
        Student model = retrieveStudentFromDatabase();
        /*创建视图:把学生信息输出到控制台*/
        StudentView view = new StudentView();
        StudentController controller = new StudentController(model, view);
        controller.updateView();
        /*更新模型数据*/
        System.out.println("更新后,学生信息如下:");
        controller.setStudentName("李四");
        controller.setStudentRollNo("002");
        controller.updateView();
    }
}
```

运行结果如图 7.4 所示。

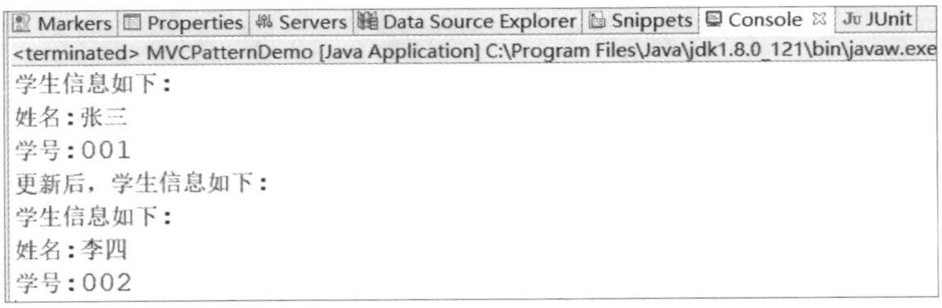

```
Markers  Properties  Servers  Data Source Explorer  Snippets  Console ⊠  JUnit
<terminated> MVCPatternDemo [Java Application] C:\Program Files\Java\jdk1.8.0_121\bin\javaw.exe
学生信息如下:
姓名:张三
学号:001
更新后,学生信息如下:
学生信息如下:
姓名:李四
学号:002
```

图 7.4　MVC 实例运行结果

7.2 Spring 框架

7.2.1 Spring 简介

Spring 是目前主流的 Java Web 开发框架,是 Java 世界最为成功的框架之一。该框架是一个轻量级的开源框架,具有很高的凝聚力和吸引力。Spring 由 Rod Johnson 创立,2004 年发布了 Spring 框架的第一版,其目的是用于简化企业级应用程序开发的难度和周期。

Spring 框架不局限于 Web 服务器端的开发,从简单性、可测试性和松耦合的角度而言,任何 Java 应用都可以从 Spring 中受益;Spring 框架还是一个超级黏合平台,除了自己提供功能外,还具有黏合其他技术和框架的能力。

Spring 会使 Java EE 开发更加容易,它与 Struts、Hibernate 等单层框架不同,可提供一个统一的、高效的方式构造整个应用,并且可以将单层框架以最佳的组合融合在一起,建立一个连贯的体系。Spring 是一个提供了更完善开发环境的一个框架,可以为 POJO(Plain Ordinary Java Object)对象提供企业级的服务。

Spring 自诞生以来一直备受青睐,包括 Spring framework、SpringMVC、SpringBoot、Spring Cloud、Spring Data、Spring Security 等许多框架,所以有人将它们亲切地称为 Spring 全家福。

Spring 是分层的 Java SE/EE 一站式轻量级开源框架,以 IoC(Inverse of Control,控制反转)和 AOP(Aspect Oriented Programming,面向切面编程)为内核。

控制反转是 Spring 框架的核心,用来消减计算机程序的耦合问题。依赖注入是 IoC 的另外一种说法,只是从不同的角度来描述相同的概念。

IoC 指的是将对象的创建权交给 Spring。使用 Spring 之前,对象的创建都是使用 new 创建,而使用 Spring 之后,对象的创建都交给了 Spring 框架。

AOP 用来封装多个类的公共行为,将那些与业务无关,却为业务模块所共同调用的逻辑封装起来,减少系统的重复代码,降低模块间的耦合度。另外,AOP 还解决诸如日志、事务、权限等方面的问题。

在 Model 中,通常都有日志记录、性能统计、安全控制、事务处理、异常处理等操作。采用 OOP 处理会增加开发工作量,升级维护困难。为此 AOP 思想应运而生。AOP 采取横向抽取机制,将分散在各个方法中的重复代码提取出来,然后在程序编译或运行阶段,再将这些应用到需要执行的地方。

在 Spring 中,认为一切 Java 类都是资源,而资源都是类的实例对象(Bean),容纳并管理这些 Bean 的是 Spring 所提供的 IoC 容器,所以 Spring 是一种基于 Bean 的编程,它深刻地改变着 Java 开发世界,使用基本的 JavaBean 来完成以前只有 EJB 才能完成的工作,使得很多复杂的代码变得优雅和简洁,避免了 EJB 臃肿、低效的开发模式,极大方便了项目的后期维护、升级和扩展。它迅速地取代 EJB 成为了实际的开发标准。

在实际开发中,Web 服务器端通常采用三层体系架构,分别为表现层(web)、业务逻辑层(service)、持久层(dao)。

Spring 致力于 Java EE 应用各层的解决方案,对每一层都提供了技术支持。

在表现层提供了与 Spring MVC、Struts2 框架的整合,在业务逻辑层可以管理事务和记录日志等,在持久层可以整合 MyBatis、Hibernate 和 JdbcTemplate 等技术,体现出 Spring 一个全面的解决方案,对于已经有较好解决方案的领域,Spring 绝不做重复的事情。

从某个程度上来看,Spring 框架充当了黏合剂和润滑剂的角色,能够将相应的 Java Web 系统柔顺地整合起来,并让它们更易使用;同时其本身还提供了声明式事务等企业级开发不可或缺的功能。

从设计上看,Spring 框架给予 Java 程序员更高的自由度,对业界的常见问题也提供了良好的解决方案,因此,在开源社区受到了广泛的欢迎,并且被大部分公司作为 Java 项目开发的首选框架。

7.2.2 Spring 的特点

Spring 作为实现 Java EE 的一个全方位应用程序框架,为开发企业级应用提供了一个健壮、高效的解决方案,不仅可以应用于服务器端开发,也可应用于任何 Java 应用的开发。Spring 框架具有如下几个特点:

(1)方便解耦,简化开发

Spring 就是一个大工厂,可以将所有对象的创建和依赖关系的维护交给 Spring 管理。

(2)方便集成各种优秀框架

Spring 不排斥各种优秀的开源框架,其内部提供了对各种优秀框架(如 Struts2、Hibernate、MyBatis 等)的直接支持。

(3)降低 Java EE API 的使用难度

Spring 对 Java EE 开发中非常难用的一些 API(JDBC、JavaMail、远程调用等)都提供了封装,使这些 API 应用的难度大大降低。

(4)便于程序的测试

Spring 支持 JUnit4,可以通过注解方便地测试 Spring 程序。

(5)AOP 编程的支持

Spring 提供面向切面编程,可以方便地实现对程序进行权限拦截和运行监控等功能。

(6)声明式事务的支持

只需要通过配置就可以完成对事务的管理,而无须手动编程。

7.2.3 Spring 的事件机制

(1)Spring 的事件机制包括同步事件和异步事件

①同步事件(串行):在一个线程里,按顺序执行业务,做完一件事,再去做下一件事。

②异步事件(并行):在一个线程里,做一个事的同时,可以另起一个新的线程做另一件事,这样两件事可以同时执行。

假设有一段注册操作的代码逻辑,可能分为几部分,其完整流程如图 7.5 所示。

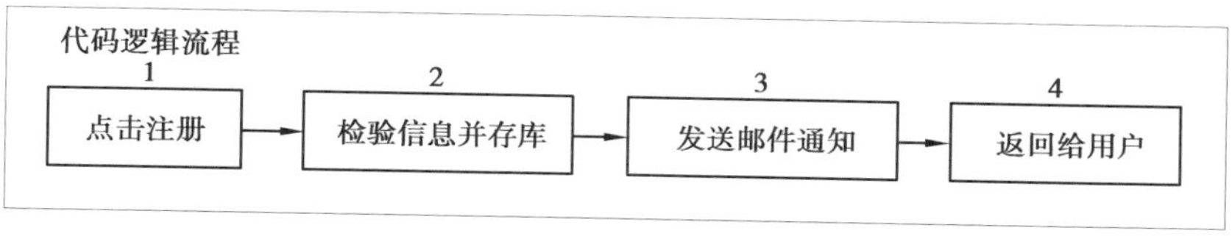

代码逻辑流程

```
        1                  2                    3                  4
  ┌──────────┐      ┌────────────┐      ┌──────────────┐    ┌──────────────┐
  │  点击注册 │ ───▶ │ 检验信息并存库│ ───▶ │  发送邮件通知  │──▶│  返回给用户   │
  └──────────┘      └────────────┘      └──────────────┘    └──────────────┘
```

图7.5 注册操作完整流程

同步事件可以解决上面第一个问题,把"发送邮件通知"的方法独立出来,放到事件里执行,这样"点击注册"方法就可以只做操作2,完成之后发布一个事件去执行3,可以很好地解决业务耦合的问题。

异步事件可以完美解决以上两个问题,"点击注册"方法执行操作2,执行之后发布一个异步事件,另起一个线程执行操作3,注册方法所在的线程可直接返回给用户,这样不仅实现了业务解耦还提高了效率,用户点击注册,1秒后就能看到响应。

(2)Spring 的事件机制

Spring 事件发送监听涉及下面3个部分:

● ApplicationEvent:表示事件本身,自定义事件需要继承该类,可以用来传递数据,比如上述操作,需要将用户的邮箱地址传给事件监听器;

● ApplicationEventPublisherAware:事件发送器,通过实现这个接口,来触发事件;

● ApplicationListener:事件监听器接口,事件的业务逻辑封装在监听器里面。

利用 Spring 的异步事件机制来模拟图7.4的注册流程,有配置文件方式和注解方式两种方式。

①配置文件方式的步骤如下:

a.创建 TestEvent。

```java
public class TestEvent extends ApplicationEvent {
    private TestParam source;
    public TestEvent(TestParam source) {
        super(source);
        this.source = source;
    }
}
@Data
public class TestParam {
    private String email;
}
```

b.新建 TestListener。

```java
@Component
public class TestListener implements ApplicationListener<TestEvent>{
    @Override
    public void onApplicationEvent(TestEvent testEvent) {
        TestParam param = (TestParam) testEvent.getSource();
```

```
        System.out.println("……开始……");
        System.out.println("发送邮件:" + param.getEmail());
        System.out.println("……结束……");
    }
}
```

c. 新建 TestPublish。

```
@ Component
public class TestPublish implements ApplicationEventPublisherAware {
    private static ApplicationEventPublisher applicationEventPublisher;
@ Override
    public void setApplicationEventPublisher( ApplicationEventPublisher
applicationEventPublisher) {
        TestPublish.applicationEventPublisher = applicationEventPublisher;
    }
public static void publishEvent( ApplicationEvent communityArticleEvent) {
        applicationEventPublisher.publishEvent( communityArticleEvent);
    }
}
```

d. pring-context.xml 中添加:

```
<bean id = " applicationEventAsyncMulticaster " class = " org. springframework. context. event.
SimpleApplicationEventMulticaster ">
    <property name =" taskExecutor ">
        <bean class =" org.springframework.scheduling.concurrent.
ThreadPoolTaskExecutor ">
            <property name =" corePoolSize " value =" 5 "/>
            <property name =" keepAliveSeconds " value =" 3000 "/>
            <property name =" maxPoolSize " value =" 50 "/>
            <property name =" queueCapacity " value =" 200 "/>
        </bean>
    </property>
</bean>
```

②注解方式的步骤如下:

a. 使用@ Async 在配置文件中添加一下支持,线程池也需要配置。

```
<! -- 开启@ AspectJ AOP 代理 -->
    <aop:aspectj-autoproxy proxy-target-class =" true "/>
    <! -- 任务执行器 -->
```

```
<task:executor id=" executor " pool-size=" 10 "/>
<! --开启注解调度支持 @ Async -->
<task:annotation-driven executor =" executor " proxy-target-class =" true "/>
```

b. TestListener 在方法中添加@ Async。

```
@ Component
public class TestListener implements ApplicationListener<TestEvent>{
    @ Async
    @ Override
    public void onApplicationEvent(TestEvent testEvent) {
        TestParam param = (TestParam) testEvent.getSource();
        System.out.println("……开始……");
        System.out.println("发送邮件:" + param.getEmail());
        System.out.println("……结束……");
    }
}
```

c. 新建自定义 EventHandler。

```
@ Component
public class TestEventHandler {
    @ Async
    @ EventListener
    public void handleTestEvent(TestEvent testEvent) {
        TestParam param = (TestParam) testEvent.getSource();
        System.out.println("……开始……");
        System.out.println("发送邮件:"+param.getEmail());
        System.out.println("……结束……");
    }
}
```

使用Spring事件机制能很好地消除不同业务间的耦合关系,也可以提高执行效率,应该根据业务场景灵活选择。

7.3 Spring MVC 框架

7.3.1 Spring MVC 简介

Spring MVC 框架是以请求为驱动,先围绕 Servlet 设计,将请求发给控制器,然后通过模型对象,分派器来展示请求结果视图,如图 7.6 所示。其中核心类是 DispatcherServlet,它是一个 Servlet,顶层是实现的 Servlet 接口。

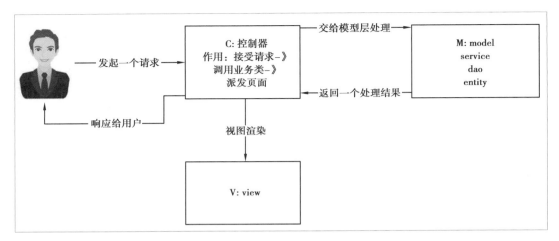

图 7.6　Spring MVC 框架示意图

需要在 web.xml 中配置 DispatcherServlet,并且需要配置 Spring 监听器 ContextLoader-Listener。

```
<listener>
    <listener-class>org.springframework.web.context.ContextLoaderListener
    </listener-class>
</listener>
<servlet>
<servlet-name>springmvc</servlet-name>
    <servlet-class>org.springframework.web.servlet.DispatcherServlet
    </servlet-class>
    <! -- 如果不设置 init-param 标签,则必须在/WEB-INF/下创建 xxx-servlet.xml 文件,其中 xxx
是 servlet-name 中配置的名称。-->
    <init-param>
        <param-name>contextConfigLocation</param-name>
        <param-value>classpath:spring/springmvc-servlet.xml</param-value>
    </init-param>
    <load-on-startup>1</load-on-startup>
</servlet>
<servlet-mapping>
    <servlet-name>springmvc</servlet-name>
    <url-pattern>/</url-pattern>
</servlet-mapping>
```

7.3.2　Spring MVC 工作原理

Spring MVC 工作原理是从客户端发送请求到前端控制器(DispatcherServlet),前端控制器接受客户端请求,找到处理器映射器(HandlerMapping),处理器映射器解析请求对应的处理器(Handler),处理器适配器(HandlerAdapter)会根据处理器来调用真正的处理器来处理请求,并处理相应的业务逻辑,处理器返回一个模型视图(ModelAndView);视图解析器进行解析,然后返回一个视图对象,前端控制器渲染数据(View),最后将得到的视图对象返回给用户,如图7.7所示。

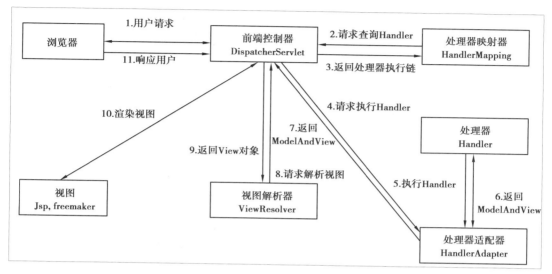

图 7.7 Spring MVC 工作原理示意图

具体流程说明如下:

①客户端(浏览器)发送请求,直接请求到 DispatcherServlet。

②DispatcherServlet 根据请求信息调用 HandlerMapping,解析请求对应的 Handler。

③解析到对应的 Handler(即平常说的 Controller 控制器)后,开始由 HandlerAdapter 适配器处理。

④HandlerAdapter 会根据 Handler 来调用真正的处理器来处理请求,并处理相应的业务逻辑。

⑤处理器处理完业务后,会返回一个 ModelAndView 对象,Model 是返回的数据对象,View 是逻辑上的 View。

⑥ViewResolver 会根据逻辑 View 查找实际的 View。

⑦DispaterServlet 把返回的 Model 传给 View(视图渲染)。

⑧把 View 返回给请求者(浏览器)。

7.3.3 Spring MVC 重要组件的说明

(1)前端控制器 DispatcherServlet(不需要工程师开发),由框架提供(重要)

作用:Spring MVC 的入口函数。接收请求,响应结果,相当于转发器、中央处理器。有了 DispatcherServlet 就减少了其他组件之间的耦合度。用户请求到达前端控制器,它就相当于 mvc 模式中的 c,DispatcherServlet 是整个流程控制的中心,由它调用其他组件处理用户的请求,DispatcherServlet 的存在降低了组件之间的耦合性。

(2)处理器映射器 HandlerMapping(不需要工程师开发),由框架提供

作用:根据请求的 url 查找 Handler。HandlerMapping 负责根据用户请求找到 Handler

即处理器(Controller)，SpringMVC 提供了不同的映射器实现不同的映射方式，例如：配置文件方式，实现接口方式、注解方式等。

（3）处理器适配器 HandlerAdapter

作用：按照特定规则（HandlerAdapter 要求的规则）去执行 Handler，通过 HandlerAdapter 对处理器进行执行，这是适配器模式的应用，通过扩展适配器可以对更多类型的处理器进行执行。

（4）处理器 Handler（需要工程师开发）

注意：编写 Handler 时按照 HandlerAdapter 的要求去做，这样适配器才可以正确去执行 Handler，Handler 是继 DispatcherServlet 前端控制器的后端控制器，在 DispatcherServlet 的控制下 Handler 对具体的用户请求进行处理。由于 Handler 涉及具体的用户业务请求，所以一般情况需要工程师根据业务需求开发 Handler。

（5）视图解析器 View resolver（不需要工程师开发），由框架提供

作用：进行视图解析，根据逻辑视图名解析成真正的视图（view），View Resolver 负责将处理结果生成 View 视图，View Resolver 首先根据逻辑视图名解析成物理视图名即具体的页面地址，再生成 View 视图对象，最后对 View 进行渲染并将处理结果通过页面展示给用户。Spring MVC 框架提供了很多的 View 视图类型，包括：jstlView、freemarkerView、pdfView 等。一般情况下，需要通过页面标签或页面模版技术将模型数据通过页面展示给用户，需要由工程师根据业务需求开发具体的页面。

（6）视图 View（需要工程师开发）

View 是一个接口，其实现类支持不同的 View 类型（jsp、freemarker、pdf……）。

需要注意：处理器 Handler（也就是平常说的 Controller 控制器）以及视图层 view 都是需要自己手动开发的。其他的一些组件，比如：前端控制器 DispatcherServlet、处理器映射器 HandlerMapping、处理器适配器 HandlerAdapter 等都是框架提供给我们的，不需要自己手动开发。

7.3.4　DispatcherServlet 的说明

```
package org.springframework.web.servlet;
@SuppressWarnings("serial")
public class DispatcherServlet extends FrameworkServlet {
    public static final String MULTIPART_RESOLVER_BEAN_NAME = "multipartResolver";
    public static final String LOCALE_RESOLVER_BEAN_NAME = "localeResolver";
    public static final String THEME_RESOLVER_BEAN_NAME = "themeResolver";
    public static final String HANDLER_MAPPING_BEAN_NAME = "handlerMapping";
    public static final String HANDLER_ADAPTER_BEAN_NAME = "handlerAdapter";
    public static final String HANDLER_EXCEPTION_RESOLVER_BEAN_NAME =
"handlerExceptionResolver";
```

```
    public static final String REQUEST _ TO _ VIEW _ NAME _ TRANSLATOR _ BEAN _ NAME =
" viewNameTranslator ";
    public static final String VIEW_RESOLVER_BEAN_NAME = " viewResolver ";
    public static final String FLASH_MAP_MANAGER_BEAN_NAME = " flashMapManager ";
    public static final String WEB_APPLICATION_CONTEXT_ATTRIBUTE =
DispatcherServlet.class.getName( ) + ".CONTEXT ";
    public static final String LOCALE_RESOLVER_ATTRIBUTE =
DispatcherServlet.class.getName( ) + ".LOCALE_RESOLVER ";
    public static final String THEME_RESOLVER_ATTRIBUTE =
DispatcherServlet.class.getName( ) + ".THEME_RESOLVER ";
    public static final String THEME_SOURCE_ATTRIBUTE =
DispatcherServlet.class.getName( ) + ".THEME_SOURCE ";
    public static final String INPUT_FLASH_MAP_ATTRIBUTE =
DispatcherServlet.class.getName( ) + ".INPUT_FLASH_MAP ";
    public static final String OUTPUT_FLASH_MAP_ATTRIBUTE =
DispatcherServlet.class.getName( ) + ".OUTPUT_FLASH_MAP ";
    public static final String FLASH_MAP_MANAGER_ATTRIBUTE = DispatcherServlet. class.
getName( ) + ".FLASH_MAP_MANAGER ";
    public static final String EXCEPTION_ATTRIBUTE = DispatcherServlet. class. getName( ) +
".EXCEPTION ";
    public static final String PAGE_NOT_FOUND_LOG_CATEGORY = " org. springframework.
web.servlet.PageNotFound ";
    private static final String DEFAULT_STRATEGIES_PATH = " DispatcherServlet.properties ";
    protected static final Log pageNotFoundLogger = LogFactory.getLog( PAGE_NOT_FOUND_
LOG_CATEGORY) ;
    private static final Properties defaultStrategies;
    static {
        try {
            ClassPathResource resource = new ClassPathResource( DEFAULT_STRATEGIES_
PATH, DispatcherServlet.class) ;
            defaultStrategies = PropertiesLoaderUtils.loadProperties( resource) ;
        }
        catch ( IOException ex) {
            throw new IllegalStateException(" Could not load ' DispatcherServlet.properties ': " +
ex.getMessage( ) ) ;
        }
    }
    / ** Detect all HandlerMappings or just expect " handlerMapping " bean? */
    private boolean detectAllHandlerMappings = true;
    / ** Detect all HandlerAdapters or just expect " handlerAdapter " bean? */
    private boolean detectAllHandlerAdapters = true;
    private boolean detectAllHandlerExceptionResolvers = true;
```

```java
/** Detect all ViewResolvers or just expect "viewResolver" bean? */
private boolean detectAllViewResolvers = true;
/** Throw a NoHandlerFoundException if no Handler was found to process this request? **/
private boolean throwExceptionIfNoHandlerFound = false;
/** Perform cleanup of request attributes after include request? */
private boolean cleanupAfterInclude = true;
/** MultipartResolver used by this servlet */
private MultipartResolver multipartResolver;
/** LocaleResolver used by this servlet */
private LocaleResolver localeResolver;
/** ThemeResolver used by this servlet */
private ThemeResolver themeResolver;
/** List of HandlerMappings used by this servlet */
private List<HandlerMapping> handlerMappings;
/** List of HandlerAdapters used by this servlet */
private List<HandlerAdapter> handlerAdapters;
/** List of HandlerExceptionResolvers used by this servlet */
private List<HandlerExceptionResolver> handlerExceptionResolvers;
/** RequestToViewNameTranslator used by this servlet */
private RequestToViewNameTranslator viewNameTranslator;
private FlashMapManager flashMapManager;
/** List of ViewResolvers used by this servlet */
private List<ViewResolver> viewResolvers;
public DispatcherServlet() {
    super();
}
public DispatcherServlet(WebApplicationContext webApplicationContext) {
    super(webApplicationContext);
}
@Override
protected void onRefresh(ApplicationContext context) {
    initStrategies(context);
}
protected void initStrategies(ApplicationContext context) {
    initMultipartResolver(context);
    initLocaleResolver(context);
    initThemeResolver(context);
    initHandlerMappings(context);
    initHandlerAdapters(context);
    initHandlerExceptionResolvers(context);
    initRequestToViewNameTranslator(context);
    initViewResolvers(context);
    initFlashMapManager(context);
}
}
```

DispatcherServlet 类中的属性 beans：

HandlerMapping：用于 handlers 映射请求和一系列的对于拦截器的前处理和后处理，大部分用@ Controller 注解。

HandlerAdapter：帮助 DispatcherServlet 处理映射请求处理程序的适配器，而不用考虑实际调用的是哪个处理程序。

ViewResolver：根据实际配置解析实际的 View 类型。

ThemeResolver：解决 Web 应用程序可以使用的主题，例如提供个性化布局。

MultipartResolver：解析多部分请求，以支持从 HTML 表单上传文件。

FlashMapManager：存储并检索可用于将一个请求属性传递到另一个请求的 input 和 output 的 FlashMap，通常用于重定向。

在 Web MVC 框架中，每个 DispatcherServlet 都拥有自己的 WebApplicationContext，它继承了 ApplicationContext。WebApplicationContext 包含了其上下文和 Servlet 实例之间共享的所有的基础框架 beans。

HandlerMapping 接口是存放 request 请求与处理请求的 handler 映射关系的接口，其有多个实现类，如图 7.8 所示。其中，SimpleUrlHandlerMapping 类通过配置文件把 URL 映射到 Controller 类；DefaultAnnotationHandlerMapping 类通过注解把 URL 映射到 Controller 类。

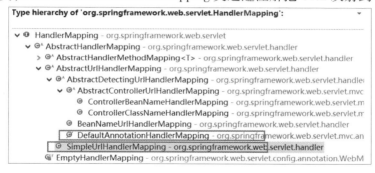

图 7.8　HandlerMapping 接口

HandlerAdapter 接口是 Handler 的适配器。为了适配各种 Handler，可以以统一的方式获取 ModelAndView。其有多个实现类，如图 7.9 所示。其中，AnnotationMethodHandlerAdapter 类通过注解，把请求 URL 映射到 Controller 类的方法上。

图 7.9　HandlerAdapter 接口

HandlerExceptionResolver 接口是统一异常处理器接口，其有多个实现类，如图 7.10 所示。其中，SimpleMappingExceptionResolver 类通过配置文件进行异常处理；AnnotationMethodHandlerExceptionResolver 类通过注解进行异常处理。

图 7.10　HandlerExceptionResolver 接口

ViewResolver 接口解析 View 视图,其有多个实现类,如图 7.11 所示。其中,UrlBasedView Resolver 类通过配置文件,把一个视图名交给一个 View 来处理。

图 7.11　ViewResolver 接口

7.4　MyBatis 框架

Model(模型)表示一个数据的存取对象(Bean),而数据存取对象(Bean)中的数据保存在内存之中。内存中的数据不能持久保存,要持久保存这些数据,就需要使用数据库,即所谓数据持久化。数据持久化是将内存中的数据模型转换为存储模型,以及将存储模型转换为内存中的数据模型的过程。例如,文件的存储、数据的读取等都是数据持久化操作。

7.4.1　MyBatis 简介

MyBatis 本是 Apache 的一个开源项目 iBatis,2010 年这个项目由 Apache Software Foundation 迁移到 Google Code,并且改名为 MyBatis,是一个基于 Java 的持久层框架。

持久层可以将业务数据存储到磁盘,具备长期存储能力,只要磁盘不损坏,在断电或者其他情况下,重新开启系统仍然可以读取到这些数据。其优点是可以使用巨大的磁盘空间存储相当量的数据,并且很廉价,其缺点是相对于内存而言比较慢。它内部封装了通过 JDBC 访问数据库的操作,支持普通的 SQL 查询、存储过程和高级映射。几乎清除了所有 JDBC 代码和参数的手工设置以及结果集的检索。

　　MyBatis 作为持久层框架,其主要思想是将程序中大量的 SQL 语句剥离出来,在配置文件中实现 SQL 的灵活配置。这样做的好处是将 SQL 与程序代码分离,可以在不修改程序代码的情况下,直接在配置文件中修改 SQL。

　　在传统的 JDBC 中,除了需要自己提供 SQL 外,还必须操作 Connection、Statment、ResultSet。不仅如此,为了访问不同的表、不同字段的数据,还需要很多雷同模板化的代码,显得烦琐又枯燥。

　　在使用了 MyBatis 之后,只需要提供 SQL 语句就好,其余的诸如建立连接、操作 Statment、ResultSet,处理 JDBC 相关异常等都可以交给 MyBatis 去处理,开发人员的关注点可以就此集中在 SQL 语句上,关注在增删改查这些操作层面上。

　　更值得一提的是,MyBatis 支持使用简单的 XML 或注解方式来配置和映射原生信息,将接口和 Java 的 POJOs(Plain Old Java Objects,普通的 Java 对象)映射成数据库中的记录。

7.4.2　MyBatis 框架与 ORM

（1）ORM 简介

　　ORM(Object/Relational Mapping)即对象/关系映射,是一种数据持久化技术。它在对象模型和关系型数据库之间建立起对应关系,对 Java 中的对象与数据库中的表建立一对一的映射关系,并且提供了一种机制,通过 JavaBean 对象去操作数据库中表的数据,如图 7.12 所示。

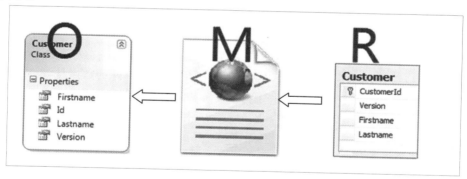

图 7.12　ORM(Object/Relational Mapping)示意图

　　在实际开发中,程序员使用面向对象的技术操作数据。而当存储数据时,使用的却是关系型数据库,这样造成了很多不便。

　　ORM 在对象模型和关系数据库的表之间建立了一座桥梁。有了 ORM,程序员就不需要再使用 SQL 语句操作数据库中的表,使用 API 直接操作 JavaBean 对象就可以实现数据的存储、查询、更改和删除等操作。

　　MyBatis 通过简单的 XML 或者注解进行配置和原始映射。将实体类和 SQL 语句之间建立映射关系,是一种半自动化的 ORM 实现。

（2）MyBatis 是 ORM 解决方案

基于 MyBatis 和 ORM，在对象模型和关系数据库的表之间建立了一座桥梁。通过 MyBatis 建立 SQL 关系映射，以便捷地实现数据存储、查询、更改和删除等操作，如图 7.13 所示。

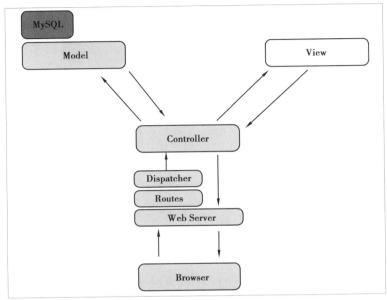

图 7.13　MyBatis 是 ORM 解决方案

7.4.3　Mybatis 的功能架构

Mybatis 的功能架构分为三层（图 7.14）：

①API 接口层：提供给外部使用的接口 API，开发人员通过这些本地 API 来操纵数据库。接口层一旦接收到调用请求就会调用数据处理层来完成具体的数据处理。

②数据处理层：负责具体的 SQL 查找、SQL 解析、SQL 执行和执行结果映射处理等。它主要的目的是根据调用的请求完成一次数据库操作。

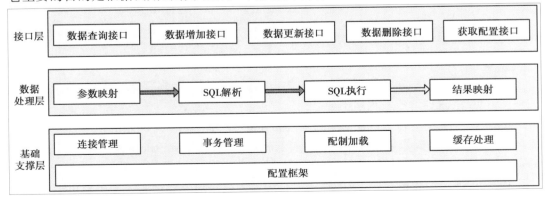

图 7.14　Mybatis 的功能架构示意图

③基础支撑层:负责最基础的功能支撑,包括连接管理、事务管理、配置加载和缓存处理,这些都是共用的东西,将它们抽取出来作为最基础的组件。

7.4.4 MyBatis 环境搭建

搭建 MyBatis 的开发环境首先下载 MyBatis 工程包,通过百度搜索引擎查找下载 MyBatis 所需要的包和源码,把下载好的 MyBatis 包解压。其中 mybatis-3.5.9.jar 包就是 MyBatis 的项目工程包,lib 文件夹下就是 MyBatis 项目需要依赖的第三方包,pdf 文件是它英文版的说明。

在 Eclipse 中添加 MyBatis 需要 jar 包是 mybatis-3.5.9.jar、lib 文件下的依赖 jar。MySQL 驱动 jar 包是 mysql-connector-jav-8.0.29.bin.jar。

7.4.5 MyBatis 实例

(1)编写一个 MyBatis 程序

1)准备数据库

创建一个数据库 mybatis,编码方式设置为 utf8,然后再创建一个名为 student 的表,插入几行数据。SQL 脚本代码如下:

```sql
DROP DATABASE IF EXISTS mybatis;
CREATE DATABASE mybatis DEFAULT CHARACTER SET utf8;
use mybatis;
CREATE TABLE student(
  id int(11) NOT NULL AUTO_INCREMENT,
    studentID int(11) NOT NULL UNIQUE,
    name varchar(255) NOT NULL,
    PRIMARY KEY (id)
) ENGINE=InnoDB DEFAULT CHARSET=utf8;
INSERT INTO student VALUES(1,1,'张三');
INSERT INTO student VALUES(2,2,'李四');
INSERT INTO student VALUES(3,3,'韩以');
```

2)创建工程

在 Eclipse 中新建一个 Java 工程 HelloMybatis,然后导入必要的 jar 包:

mybatis-3.5.9.jar

mysql-connector-java-8.0.29.bin.jar

3)创建实体类

在 package 名为 pojo 下新建实体类 Student,用于映射表 student:

Student.java

```
package pojo；
ublic class Student｛
    int id；
    int studentID；
    String name；
    /＊ getter and setter ＊/
｝
```

4）配置文件 mybatis-config.xml

在 src 目录下创建 MyBaits 的主配置文件 mybatis-config.xml ，其主要作用是提供连接数据库用的驱动、数据名称、编码方式、账号密码等。

mybatis-config.xml

```
<? xml version =" 1.0 " encoding =" UTF-8 "? >
<! DOCTYPE configuration PUBLIC "-// mybatis.org // DTD Config 3.0 // EN " " http： // mybatis.org/
dtd/mybatis-3-config.dtd ">
<configuration>
    <! -- 别名 -->
    <typeAliases>
        <package name =" pojo "/>
    </typeAliases>
    <! -- 数据库环境 -->
    <environments default =" development ">
        <environment id =" development ">
            <transactionManager type =" JDBC "/>
            <dataSource type =" POOLED ">
                <property name =" driver " value =" com.mysql.jdbc.Driver "/>
                <property name =" url " value =" jdbc：mysql： // localhost：3306/mybatis? character
Encoding =UTF-8 "/>
                <property name =" username " value =" root "/>
                <property name =" password " value =" root "/>
            </dataSource>
        </environment>
    </environments>
    <! -- 映射文件 -->
    <mappers>
        <mapper resource =" pojo/Student.xml "/>
    </mappers>
</configuration>
```

5）配置文件 Student.xml

在 package 名为 pojo 下新建一个 Student.xml 文件。

Student.xml

```xml
<? xml version =" 1.0 " encoding =" UTF-8 "? >
<! DOCTYPE mapper
        PUBLIC "-// mybatis.org// DTD Mapper 3.0// EN "
        " http: // mybatis.org/dtd/mybatis-3-mapper.dtd ">
<mapper namespace =" pojo ">
    <select id =" listStudent " resultType =" Student ">
        select * from  student
    </select>
</mapper>
```

由于上面配置了<typeAliases>别名,所以在这里的 resultType 可以直接写 Student,而不用写类的全限定名 pojo.Student;namespace 属性其实就是对 SQL 进行分类管理,实现不同业务的 SQL 隔离。

6）编写测试类

在 package 名为 test 下创建测试类 TestMyBatis。

TestMyBatis.java

```java
package test；
import org.apache.ibatis.io.Resources；
import org.apache.ibatis.session.SqlSession；
import org.apache.ibatis.session.SqlSessionFactory；
import org.apache.ibatis.session.SqlSessionFactoryBuilder；
import pojo.Student；
import java.io.IOException；
import java.io.InputStream；
import java.util.List；
public class TestMyBatis {
    public static void main( String[ ] args) throws IOException {
        // 根据 mybatis-config.xml 配置的信息得到 sqlSessionFactory
        String resource = " mybatis-config.xml ";
        InputStream inputStream = Resources.getResourceAsStream( resource)；
        SqlSessionFactory sqlSessionFactory = new SqlSessionFactoryBuilder( ).build( inputStream)；
        // 然后根据 sqlSessionFactory 得到 session
        SqlSession session = sqlSessionFactory.openSession( )；
        // 最后通过 session 的 selectList( ) 方法调用 sql 语句 listStudent
        List<Student> listStudent = session.selectList( " listStudent ")；
```

```
    for (Student student : listStudent) {
        System.out.println("ID:" + student.getId() + ",NAME:" + student.getName());
    }
    }
}
```

（2）CRUD 操作

CRUD 是四个单词的首字母，CRUD 分别指增加（Create）、读取查询（Retrieve）、更新（Update）和删除（Delete）这四个单词的首字母。CRUD 说的就是增删改查，它们对应的SQL 语句分别是：

- C：Create 增加对应 CREATE TBL……；
- R：Retrieve 查询 SELECT ＊ from TBL；
- U：Update 修改 UPDATE TBL……SET……；
- D：Delete 删除 DELETE FROM TBL WHERE……；

增删改查的实现步骤如下：

1）配置 Student.xml

在 SQL 映射文件中新增语句，用来支撑 CRUD 的系列操作。

Student.xml

```xml
<?xml version="1.0" encoding="UTF-8"?>
<!DOCTYPE mapper PUBLIC "-//mybatis.org//DTD Mapper 3.0//EN" "http://mybatis.org/
dtd/mybatis-3-mapper.dtd">
<mapper namespace="pojo">
    <select id="listStudent" resultType="Student">
        select * from  student
    </select>
    <insert id="addStudent" parameterType="Student">
        insert into student (id,studentID,name) values (#{id},#{studentID},#{name})
    </insert>
    <delete id="deleteStudent" parameterType="Student">
        delete from student where id = #{id}
    </delete>
    <select id="getStudent" parameterType="_int" resultType="Student">
        select * from student where id= #{id}
    </select>
    <update id="updateStudent" parameterType="Student">
        update student set name=#{name} where id=#{id}
    </update>
</mapper>
```

其中，parameterType 是要求输入参数的类型；resultType 是输出的类型。

2）实现增删改查

TestMyBatis.java

```java
package test;
import org.apache.ibatis.io.Resources;
import org.apache.ibatis.session.SqlSession;
import org.apache.ibatis.session.SqlSessionFactory;
import org.apache.ibatis.session.SqlSessionFactoryBuilder;
import pojo.Student;
import java.io.IOException;
import java.io.InputStream;
import java.util.List;
public class TestMyBatis {
    public static void main(String[] args) throws IOException {
        // 根据 mybatis-config.xml 配置的信息得到 sqlSessionFactory
        String resource = "mybatis-config.xml";
        InputStream inputStream = Resources.getResourceAsStream(resource);
        SqlSessionFactory sqlSessionFactory = new
SqlSessionFactoryBuilder().build(inputStream);
        // 然后根据 sqlSessionFactory 得到 session
        SqlSession session = sqlSessionFactory.openSession();
        // 增加学生
        Student student1 = new Student();
        student1.setId(4);
        student1.setStudentID(4);
        student1.setName("新增加的学生");
        session.insert("addStudent", student1);
        // 删除学生
        Student student2 = new Student();
        student2.setId(1);
        session.delete("deleteStudent", student2);
        // 获取学生
        Student student3 = session.selectOne("getStudent", 2);
        // 修改学生
        student3.setName("修改的学生");
        session.update("updateStudent", student3);
        // 最后通过 session 的 selectList() 方法调用 sql 语句 listStudent
        List<Student> listStudent = session.selectList("listStudent");
        for (Student student : listStudent) {
```

```
                System.out.println("ID:" + student.getId() + ",NAME:" + student.getName());
    }
    // 提交修改
    session.commit();
    // 关闭 session
    session.close();
    }
}
```

关于上述代码说明如下：

通过 session.insert("addStudent",student1)；增加了一个 ID 和 studentID 都为 4，名字为"新增加的学生"的学生；

通过 session.delete("deleteStudent",student2)；删除了 ID = 1 的学生；

通过 Student student3 = session.selectOne("getStudent",2)；获取了 ID = 2 的学生；

通过 session.update("updateStudent",student3)；将 ID = 2 的学生的名字修改为"updateStudent"；

通过 session.commit()来提交事务，也可以简单理解为更新到数据库。

3）模糊查询

如果要对数据库中的 student 表进行模糊查询，需要通过匹配名字中的某个字来查询该用户，在 Student.xml 配置文件中配置 SQL 映射。

```
<select id="findStudentByName" parameterMap="java.lang.String" resultType="Student">
    SELECT * FROM student WHERE name LIKE '% ${value} %'
</select>
```

注意：<select>标签对中 SQL 语句的"${}"符号，表示拼接 SQL 串，将接受的参数内容不加任何修饰地拼接在 SQL 中，在"${}"中只能使用 value 来代表其中的参数。

因为是模糊查询，所以得到的查询结果可能不止一个，可以使用 SqlSession 的 selectList()方法，写一个测试方法。

```
@Test
public void test() throws IOException {
    // 根据 mybatis-config.xml 配置的信息得到 sqlSessionFactory
    String resource = "mybatis-config.xml";
    InputStream inputStream = Resources.getResourceAsStream(resource);
    SqlSessionFactory sqlSessionFactory = new SqlSessionFactoryBuilder().build(inputStream);
    // 然后根据 sqlSessionFactory 得到 session
    SqlSession session = sqlSessionFactory.openSession();
    // 模糊查询
```

```
List<Student> students = session.selectList("findStudentByName", "张");
for (Student student : students) {
    System.out.println("ID:" + student.getId() + ",NAME:" + student.getName());
}
}
```

上述代码总结如下：

parameterType：用来在 SQL 映射文件中指定输入参数类型，可以指定为基本数据类型（如 int、float 等）、包装数据类型（如 String、Interger 等）以及用户自己编写的 JavaBean 封装类。

resultType：在加载 SQL 配置并绑定指定输入参数和运行 SQL 之后，会得到数据库返回的响应结果，此时使用 resultType 就是用来指定数据库返回的信息对应的 Java 的数据类型。

"#{}"：在传统的 JDBC 的编程中，占位符用"?"来表示，然后再加载 SQL 之前按照"?"的位置设置参数。而"#{}"在 MyBatis 中也代表一种占位符，该符号接受输入参数，在大括号中编写参数名称来接受对应参数。当"#{}"接受简单类型时可以用 value 或者其他任意名称来获取。

关于"${}"：在 SQL 配置中，有时候需要拼接 SQL 语句（例如模糊查询时），用"#{}"是无法达到目的的。在 MyBatis 中，"${}"代表一个"拼接符号"，可以在原有 SQL 语句上拼接新的符合 SQL 语法的语句。使用"${}"拼接符号拼接 SQL，会引起 SQL 注入，所以一般不建议使用"${}"。

MyBatis 使用场景说明：

通过上面的入门程序，不难看出在进行 MyBatis 开发时，开发人员大部分精力都放在了 SQL 映射文件上。MyBatis 的特点就是以 SQL 语句为核心的不完全的 ORM（关系型映射）框架。与 Hibernate 相比，Hibernate 的学习成本比较高，而 SQL 语句并不需要开发人员完成，只需要调用相关 API 即可。这对于开发效率是一个优势，但是缺点是没办法对 SQL 语句进行优化和修改。而 MyBatis 虽然需要开发人员自己配置 SQL 语句，MyBatis 来实现映射关系，但是这样的项目可以适应经常变化的项目需求。所以使用 MyBatis 的场景是对 SQL 优化要求比较高，或是项目需求或业务经常变动。

小 结

1.MVC 框架将有效地解决企业应用开发关注的代码复用、标准化、可维护性、开发成本问题。MVC 是一种软件设计规范，是一种将业务逻辑、数据、显示分离的方法；MVC 的主要作用是降低视图与业务逻辑的双向耦合。

2.MVC 把应用程序分成三个核心模块：Model（模型）、View（视图）、Controller（控制器）。MVC 使得应用程序的模块各司其职、相互协作。

3.SSM 框架是 Spring、Spring MVC 和 MyBatis 框架的整合，是目前最流行的 MVC 模式。此框架将整个系统划分为表现层、controller 层、service 层和 dao 层四层。

4.Spring 实现业务对象管理。

5.Spring MVC 负责请求的转发和视图管理。

6.MyBatis 作为数据对象的持久化引擎。

习　题

一、思考题

1.什么是 MVC 模式？请详细说明。

2.什么是 Spring？举例说明 Spring 的作用。

3.如何配置 Spring？举例说明。

4.什么是 Spring MVC？举例说明 Spring MVC 的作用。

5.如何配置 Spring MVC？举例说明。

6.如何配置 MyBatis？举例说明。

二、实做题

1.给出一个简单的 Spring 应用实例,并予以实现。

2.给出一个简单的 Spring MVC 应用实例,并予以实现。

3.给出一个简单的 MyBatis 应用实例,并予以实现。

4.给出一个简单的 MVC 模式综合应用实例,并予以实现。

第 8 章 EL 表达式与 JSTL 标签库

圣人之道,为而不争。——老子

在 MVC 架构中,JSP 的角色只是视图,视图用于管理信息的显示,而不是在 JSP 中做任何关于程序控制和业务逻辑的事情。为了防止在修改视图的用户界面代码时,业务逻辑受到影响,必须减少直接绑到用户界面中的代码量。从 JSP2.0 之后,可以使用 EL 表达式来处理这样的问题。

表达式语言(Expression Language),或称 EL 表达式,简称 EL,EL 是为了使 JSP 写起来更加简单。它提供了在 JSP 中简化表达式的方法,目的是尽量减少 JSP 页面中的 Java 代码,使得 JSP 页面的处理程序编写起来更加简洁,便于开发和维护。JSTL(JavaServer Pages Standard Tag Library)主要提供给 Java Web 开发人员一个标准通用的标签库,以便让开发人员可以利用这些标签取代 JSP 页面上的 Java 代码,从而提高程序的可读性,降低程序的维护难度。JSTL 封装了 JSP 应用的通用核心功能。

在认识 EL 表达式之前,先来了解通过两种方式获取 request 中的值的区别。

本章讨论 EL 表达式与 JSTL 标签库,以及 EL 表达式与 JSTL 标签库的实际应用。

8.1 两种方式获取 request 中的值

8.1.1 获取 request 中的值之传统方式

使用传统方式在 JSP 中获取作用域的数据有一些不方便的地方,比如代码烦琐、需要调用作用域对象获取实体数据、如果获取 Object 类型的数据还需要强制类型转换。

下面是没有使用 EL 表达式时,获取 request 中值的实例。

elDemo1.jsp

```
<body>
    <%
        String username = "张三";
        String userpswd = " 123 ";
        request.setAttribute(" username ", username);
        request.setAttribute(" userpswd ", userpswd);
    %>
    <! -- 跳转到 elDemo2.jsp -->
    <jsp:forward page=" elDemo2.jsp " />
</body>
```

elDemo2.jsp

```
<body>
    在 elDemo2.jsp 中通过 getAttribute( )方法获得用户名:
    <%
        String username = (String) request.getAttribute("username");
        String userpswd = (String) request.getAttribute("userpswd");
    %>
    你好:
    <% =username%>
    <% =userpswd%>
</body>
```

运行结果如图 8.1 所示。

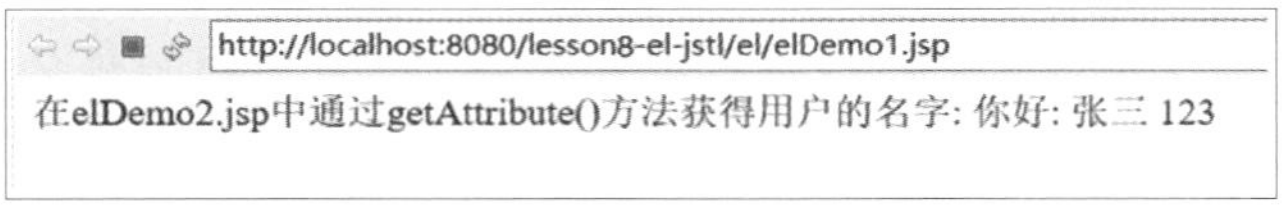

图 8.1 通过 getAttribute( )方法获得用户名

8.1.2 获取 request 中的值之 EL 表达式

使用 EL 表达式时,获取 request 中值的实例如下,它也是改进 elDemo2.jsp 的代码。
elDemo2_1.jsp

```
<body>
JSP 中使用 EL 获取 request 的值:
    ${requestScope.username} 或者 ${username} <br>
    ${requestScope.userpswd} 或者 ${userpswd}
</body>
```

运行结果如图 8.2 所示。

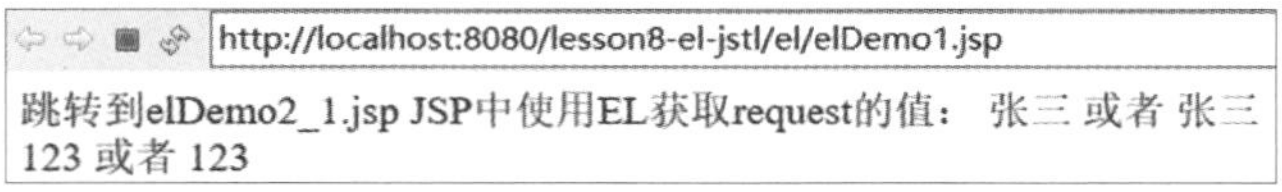

图 8.2 通过 EL 表达式获得用户名

对比来看,使用简单的 EL 语法代替了 JSP 页面中的脚本表达式,简化了 JSP 页面中的代码,使 JSP 页面更方便、简洁。

8.2 EL 表达式的基本概念及使用

EL 是 Java 中的一种特殊的通用编程语言,借鉴于 JavaScript 和 XPath。它的主要作用是把 Java Web 应用程序嵌入 JSP 页面中,用来访问页面的上下文以及不同作用域中的对象,取得对象属性的值,或执行简单的运算或判断操作。EL 在得到某个数据时,会自动进行数据类型的转换。

　　EL 存取变量数据的方法很简单,例如:$｛username｝。它的意思是取出某一范围中名称为 username 的变量。语法格式:

```
$｛变量或表达式｝          <! -- 获取到指定表达式的值 -->
```

　　使用 EL 表达式时需要导入外部包,apache-tomcat-9.0.37/lib/servlet-api.jar。导包的步骤同其他包的导入相同,在此不再累述。EL 表达式的用处有以下几点:

　　(1)获取数据

　　EL 表达式主要用于替换 JSP 页面中的 Java 表达式,包括从 JSP 四大作用域中的对象去获取数据,访问 Javabean 的属性、访问 list 集合、访问 map 集合、访问数组等,获取它们的数据。

　　(2)执行运算

　　可以在 JSP 页面中执行一些简单的关系运算、逻辑运算和算术运算。

　　(3)获取 Web 开发常用对象

　　EL 表达式定义了一些隐式对象,利用这些隐式对象,Web 开发人员可以很轻松获得对 Web 常用对象的引用,从而获得这些对象中的数据。

　　(4)调用 Java 方法

　　EL 表达式允许用户自定义 EL 函数,从而在 JSP 页面中通过 EL 表达式调用 Java 类的方法。

8.3　EL 表达式的作用域

8.3.1　EL 表达式的作用域

　　JSP 中有四个规定范围的域对象,分别为 page、request、session 和 application,这四个域对象都可以存储信息(对象)。域对象使用 setAttribute( )和 getAttribute( )方法进行数据存取,而使用 EL 可以更简洁地从四大域中获取属性。

　　pageContext 这个域对象有个 pageContext.findAttribute(String name)方法,它的作用是依次在 page、request、session 和 application 范围查找以 name 为名的 Attribute,找到就返回对象,都找不到返回 null。使用 EL 表达式去获取数据,也就是说,EL 表达式语句在执行时,会调用 pageContext.findAttribute(String)方法,用标识符为关键字,分别从 page、request、session、application 四个域中查找相应的对象,找到则返回相应对象,找不到则返回" "。(这里不是 null,而是空字符串)。

elDemo3.jsp

```
<body>
    <%
        pageContext.setAttribute("name", "pageContextValue");
        request.setAttribute("name", "requestValue");
        session.setAttribute("name", "sessionValue");
        application.setAttribute("name", "applicationValue");
    %>
    <%=pageContext.getAttribute("name")%><br/>
    <%=request.getAttribute("name")%><br/>
    <%=session.getAttribute("name")%><br/>
    <%=application.getAttribute("name")%><br/>
    <br />
    pageContext.findAttribute()方法：
    <%=pageContext.findAttribute("name")%><br/>
    <br/>
    EL 表达式:<br/>
    ${name}<br/>
</body>
```

运行结果如图 8.3 所示。

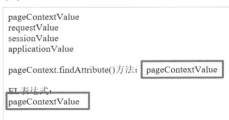

图 8.3　pageContext 的 findAttribute( )方法依次在从小到大四个域中查找

从程序运行的结果来看，在 page 范围内找不到"name"，就扩大到 request 范围内去找，这也证实了 EL 表达式语句在执行时，的确是会调用 pageContext.findAttribute(String)方法，如图 8.4 所示。

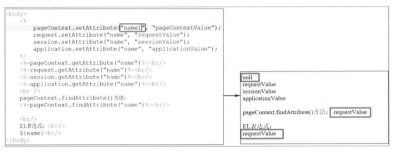

图 8.4　EL 表达式查找域值的方法和 findAttribute( )方法相同

8.3.2 EL 从四大域中获取属性

在 8.3.1 中提到,因为没有指定是哪一个范围的"name",所以 EL 会按照从小到大的范围在 page、request、session、application 范围查找。

假如途中找到"name",就直接回传,不再继续找下去,但是假如全部的范围都没有找到,就回传""。EL 表达式的属性见表 8.1。

表 8.1　EL 表达式的属性

属性范围	范围在 EL 的名称
page	pageScope
request	requestScope
session	sessionScope
application	applicationScope

Student.java

```
package com.cqrk.domain;
import javax.persistence.Entity;
import javax.persistence.Table;
import javax.persistence.Column;
import javax.persistence.Id;
import java.io.Serializable;
@Entity
@Table(name = "student")
public class Student implements Serializable {
    @Column(name = "sid")
    private String sid;
    @Column(name = "sname")
    private String sname;
    @Column(name = "ssex")
    private String ssex;
    @Column(name = "sage")
    private Integer sage;
    @Column(name = "sdept")
    private String sdept;
    public void setSid(String sid){
        this.sid = sid;
    }
    public String getSid(){
```

```
        return sid;
    }
    public void setSname(String sname){
        this.sname = sname;
    }
    public String getSname(){
        return sname;
    }
    public void setSsex(String ssex){
        this.ssex = ssex;
    }
    public String getSsex(){
        return ssex;
    }
    public void setSage(Integer sage){
        this.sage = sage;
    }
    public Integer getSage(){
        return sage;
    }
    public void setSdept(String sdept){
        this.sdept = sdept;
    }
    public String getSdept(){
        return sdept;
    }
}
```

elDemo4.jsp

```
<%@ page language="java" contentType="text/html; charset=UTF-8"
    pageEncoding="UTF-8"%>
<%@ page import="com.cqrk.domain.*"%>
<%@ page import="java.util.*"%>
<!DOCTYPE html PUBLIC "-//W3C//DTD HTML 4.01 Transitional//EN" "http://www.w3.org/
TR/html4/loose.dtd">
<html>
<head>
<meta http-equiv="Content-Type" content="text/html; charset=UTF-8">
<title>EL 表达式表示的四大域对象</title>
</head>
<body>
```

```
<%
    // 存储字符串
    request.setAttribute("university","重庆人文科技学院");
    // 存储对象
    Student stu1 = new Student();
    stu1.setSid("001");
    stu1.setSname("张三");
    stu1.setSsex("男");
    stu1.setSage(20);
    stu1.setSdept("CS");
    session.setAttribute("stu1", stu1);
    // 存储集合
    List<Student> list = new ArrayList<Student>();
    Student stu2 = new Student();
    stu2.setSid("002");
    stu2.setSname("李四");
    stu2.setSsex("女");
    stu2.setSage(19);
    stu2.setSdept("SE");
    list.add(stu2);
    Student stu3 = new Student();
    stu3.setSid("003");
    stu3.setSname("王五");
    stu3.setSsex("男");
    stu3.setSage(21);
    stu3.setSdept("CS");
    list.add(stu3);
    application.setAttribute("list", list);
%>


<! -- 脚本方式获得域中的值-->
我的学校是:
<%=request.getAttribute("university")%>
<%
    Student sessionStudent = (Student) session.getAttribute("stu1");
    out.write(sessionStudent.getSname());
%>


<hr/>
<! -- 使用EL表达式获得域中的值-->
```

```
我的学校是：
    ${requestScope.university}
    ${sessionScope.stu1.sname}
    ${applicationScope.list[1].sname}


<hr/>
<! -- 使用 EL 表达式全域查找-->
我的学校是：
    ${university}
    ${stu1.sname}
    ${list[1].sname}
</body>
```

运行结果如图 8.5 所示。

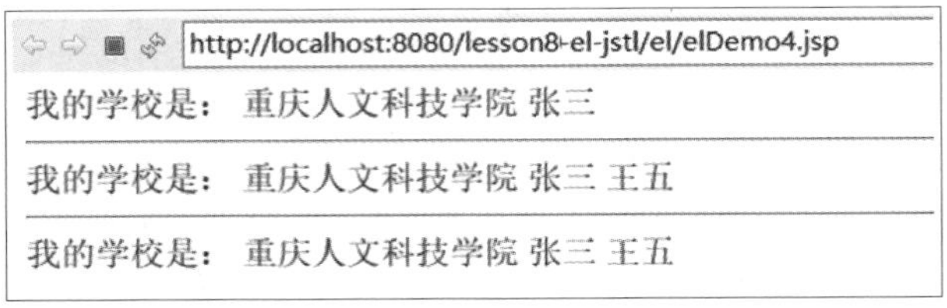

http://localhost:8080/lesson8-el-jstl/el/elDemo4.jsp
我的学校是： 重庆人文科技学院 张三
我的学校是： 重庆人文科技学院 张三 王五
我的学校是： 重庆人文科技学院 张三 王五

图 8.5 EL 表达式在 JSP 页面获取数据的功能

需要注意的是：EL 表达式是一种在 JSP 页面获取数据的简便方式，它只能获取数据，不能设置数据。

8.4 EL 表达式获取其他 EL 内置对象

除了 page、request、session 和 application 这四种域对象外，EL 表达式还定义了一些其他的内置对象，可以使用它们完成程序中数据的快速调用。其他的常用 EL 内置对象见表8.2，常用的是 cookie、param、initParam 3 种 EL 内置对象。

表 8.2 其他常用的内置对象

属性范围	范围在 EL 的名称
cookie	获取 cookie 中的值
param	获取单个表单参数
initParam	获取 web.xml 文件中的参数值
parmValues	获取捆绑数组参数

8.4.1 EL 表达式获取 Cookie 对象

第 4 章中已经介绍过 Cookie,当在客户端的浏览器去接收 Cookie 中的信息时,通用的做法是在 JSP 中编写 Java 脚本表达式等语句。这部分的语句使用 EL 表达式就显得简洁方便很多。

EL 表达式获取 Cookie 对象语法如下:

```
$ {cookie.cookie 键名.name}
$ {cookie.cookie 键名.value}
```

cookie 键名代表 cookie 键的名称。

例如:在 Cookie cookie = new Cookie("university","cqrk");中 university 表示 cookie 键名。${cookie.university.name}得到"university",${cookie.university.value}得到"cqrk"。

DoElServlet.java

```java
package cn.edu.cqrk.el.servlet;
import java.io.IOException;
import javax.servlet.ServletException;
import javax.servlet.annotation.WebServlet;
import javax.servlet.http.Cookie;
import javax.servlet.http.HttpServlet;
import javax.servlet.http.HttpServletRequest;
import javax.servlet.http.HttpServletResponse;
@WebServlet("/DoElServlet")
public class DoElServlet extends HttpServlet {
    @Override
    protected void service(HttpServletRequest request, HttpServletResponse response)
            throws ServletException, IOException {
        String cookieName1 = "username";
        String cookieName2 = "password";
        // 产生 Cookie 对象
        Cookie cookie1 = new Cookie(cookieName1, "zs");
        Cookie cookie2 = new Cookie(cookieName2, "123");
        cookie1.setMaxAge(10);
        cookie2.setMaxAge(10);
        // 将 Cookie 对象加入到响应中
        response.addCookie(cookie1);
        response.addCookie(cookie2);
        // 跳转到目标页面 elDemo5.jsp
        response.sendRedirect("el/elDemo5.jsp");
    }
}
```

elDemo5.jsp

```
<html>
<head>
<meta http-equiv=" Content-Type " content=" text/html; charset=UTF-8 ">
<title>EL 表达式中获取 cookie</title>
</head>
<body>
    <table border=1 cellpadding=" 0 " cellspacing=" 0 ">
        <tr style=" background-color: silver;">
            <td></td>
            <td>键 name</td>
            <td>值 value</td>
        </tr>
        <%
            String name, value;
            // 接收 Cookie 对象
            Cookie[ ] cookies = request.getCookies();
            for (int i = 0; i < cookies.length; i++) {
                name = cookies[i].getName();
                value = cookies[i].getValue();
        %>
        <tr>
            <td>Java 脚本获取</td>
            <td><%=name%></td>
            <td><%=value%></td>
        </tr>
        <%
            }
        %>
        <tr>
            <td>EL 表达式获取</td>
            <td> ${cookie.username.name} </td>
            <td> ${cookie.username.value} </td>
        </tr>
        <tr>
            <td>EL 表达式获取</td>
            <td> ${cookie.password.name} </td>
            <td> ${cookie.password.value} </td>
        </tr>
    </table>
</body>
</html>
```

DoElServlet.java 文件中设置了两个 Cookie 对象,运行 DoElServlet.java 文件,因为在此文件中使用的是重定向跳转,所以在浏览器中显示的是 http://localhost:8080/lesson8-el-jstl/el/elDemo5.jsp,即跳转到了 elDemo5.jsp 页面,在 elDemo5.jsp 中接收到所有的 Cookie 对象,通过 EL 表达式去获取 Cookie 对象和 Java 代码获取是等价的,但更简洁,如图 8.6 所示。

http://localhost:8080/lesson8-el-jstl/el/elDemo5.jsp		
	键name	值value
Java脚本获取	JSESSIONID	E602DF825E16DD1DCB26596F7D2B8802
Java脚本获取	username	zs
Java脚本获取	password	123
EL表达式获取	username	zs
EL表达式获取	password	123

图 8.6 EL 表达式获取 Cookie 对象

8.4.2 EL 表达式获取 param 对象

param 对象用于获取某个请求参数的值,它是 Map 类型,与 request.getParameter( ) 方法相同。在 EL 获取参数时,如果参数不存在,则返回空字符串。param 对象的使用方法如下:

$\{param.username\}

在 elDemo6.jsp 页面定义一个带 username 和 password 两个参数的超级链接,链接到 elDemo7.jsp 上,在 elDemo7.jsp 上通过 EL 表达式接收这两个参数。代码如下:

elDemo6.jsp

```
<body>
    <a href="elDemo7.jsp？username=zs&password=1234" /> 链接到 elDemo7.jsp 页面
    </a>
</body>
```

elDemo7.jsp

```
<body>
    <h1>利用 param 对象获得请求参数</h1>
    <hr />
    <h3> $｛param.username｝ </h3>
    <h3> $｛param.password｝ </h3>
</body>
```

运行结果如图 8.7 所示。

http://localhost:8080/lesson8-el-jstl/el/elDemo6.jsp	http://localhost:8080/lesson8-el-jstl/el/elDemo7.jsp?username=zs&password=1234
链接到elDemo7.jsp页面	利用param对象获得请求参数
	zs
	1234

图 8.7 EL 表达式获取 param 对象

8.4.3　EL 表达式获取 paramValues 对象

与 param 对象类似,paramValues 对象返回请求参数的所有值,该对象用于返回请求参数所有值组成的数组。如果想获取某个请求参数的第一个值,可以使用如下代码:

```
${paramValues.nums[0]}
```

在 elDemo8.jsp 页面定义一个带 username 和 password 两个参数的超级链接,链接到 elDemo8.jsp 本身这个页面上,在 elDemo8.jsp 上通过 EL 表达式接收这两个参数,当然也可以链接到其他的页面上。

elDemo8.jsp

```
<body>
    <form action=" ${pageContext.request.contextPath}/el/elDemo8.jsp ">
    用户名:<input type =" text " name =" num "> <br>
        密  码:<input type =" text " name =" num "> <br>
        <input type =" submit " value ="提交" />  
        <input type =" reset " value ="重置" />
        <br/>
        <br/>
        <br/>
        用户名:${paramValues.num[0]} <br> 密  码:${paramValues.num[1]} <br>
    </form>
</body>
```

运行结果如图 8.8 所示。

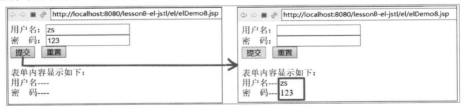

图 8.8　EL 表达式获取 paramValues 对象

在 elDemo8 文件中,<form>表单的 action 属性值${pageContext.request.contextPath}也是一个 EL 表达式。

${pageContext.request.contextPath} 等价于<%=request.getContextPath()%>,意思就是取出部署的应用程序名,或者是当前的项目名称。比如,项目名称是 lesson8-el-jstl,在浏览器中输入" http://localhost:8080/lesson8-el-jstl/login.jsp "。${pageContext.request.contextPath} 或<%=Tequest.getContextPath()%>取出来就是 lesson8-el-jstl ,而代表的含义就是 http://localhost:8080/lesson8-el-jstl。因此,项目中应该这样写:

```
${pageContext.request.contextPath}/login.jsp
```

8.5 EL表达式访问集合

在 EL 表达式中,同样可以获取集合的数据,这些集合可以是 List、Map、数组等。可以在 JSP 中获取这些对象并显示其中的内容,其语法格式如下:

```
${collection[序号]}
```

collection 代表集合对象的名称。例如:${student[0]} 表示集合 student 中下标为 0 的元素。

上面表示的是一维集合,如 List、数组等,若操作的集合为二维集合,如 HashMap,它是 key 和 value 键值对的形式,则值(value)可以这样显示:

```
${collection.key}
```

例如:${student.s1} 表示 Map 为 student 中键为 s1 对应的值。

elDemo9.jsp

```html
<html>
<head>
<meta http-equiv="Content-Type" content="text/html; charset=UTF-8">
<title>使用EL访问集合</title>
</head>
<body>
    <%
        List<String> children = new ArrayList<String>();
        children.add("yeric"); // 向List中增加对象
        children.add("bob");
        children.add("amy");
        // 向session中保存集合
        session.setAttribute("children", children);

        HashMap<String, String> student = new HashMap<String, String>();
        student.put("s1", "001"); // 向Map中增加对象
        student.put("s2", "002");
        student.put("s3", "003");
        session.setAttribute("student", student);
    %>
    <h3>children 包含:${children[0]}, ${children[1]}, ${children[2]}</h3>
    <h3>student 包含:${student.s1}, ${student.s2}, ${student.s3}</h3>
</body>
</html>
```

运行结果如图 8.9 所示。

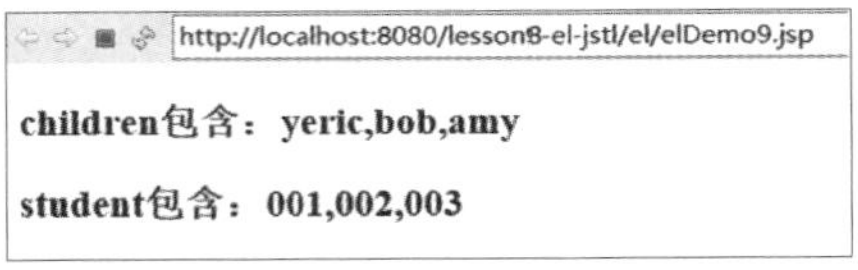

图 8.9　EL 表达式访问集合

8.6　EL 表达式访问 JavaBean

通常 Servlet 用于处理业务逻辑，由 Servlet 来实例化 JavaBean，最后在指定的 JSP 程序中显示 JavaBean 中的内容。使用 EL 表达式可以访问 JavaBean，基本语法格式如下：

```
${bean.property}
```

其中，bean 表示 JavaBean 实例对象的名称，property 代表该 JavaBean 的某一个属性。使用 EL 表达式，可以清晰简洁地显示 JavaBean 的内容。

首先定义一个 JavaBean，在 cn.edu.cqrk.domain 包中定义 User 类，User.java 代码如下：
User.java

```
package cn.edu.cqrk.domain;
public class User {
    private String userName;
    private String userPassword;
    public String getUserName() {
        return userName;
    }
    public void setUserName(String userName) {
        this.userName = userName;
    }
    public String getUserPassword() {
        return userPassword;
    }
    public void setUserPassword(String userPassword) {
        this.userPassword = userPassword;
    }
}
```

再定义一个 loginUserForm.jsp 页面，完成用户登录的功能。
loginUserForm.jsp

```
<html>
<head>
<meta http-equiv=" Content-Type " content =" text/html；charset=UTF-8 ">
<title>使用 EL 表达式访问 JavaBean 填写表单</title>
</head>
<body>
    请填写表单信息
    <br>
    <table>
        <form action =" el/elDemo10.jsp " accept-charset =" utf-8 ">
            <tr>
                <td>用户名：</td>
                <td><input type =" text " name =" userName "></td>
            </tr>
            <tr>
                <td>密码：</td>
                <td><input type =" password " name =" userPassword "></td>
            </tr>
            <tr>
                <td><input type =" submit " value ="提交"></td>
                <td><input type =" reset " value ="重置"></td>
            </tr>
        </form>
    </table>
</body>
</html>
```

此页面填写了用户信息后，跳转到 elDemo10.jsp，在该页面中显示用户的信息。
elDemo10.jsp

```
<%@ page import =" cn.edu.cqrk.domain.User "%>
<%@ page language =" java " contentType =" text/html；charset=UTF-8 "
    pageEncoding =" UTF-8 "%>
<jsp:useBean id =" user " class =" cn.edu.cqrk.domain.User " scope =" page "/>
<jsp:setProperty name =" user " property =" * "/>
<! DOCTYPE html PUBLIC "-// W3C // DTD HTML 4.01 Transitional // EN " " http：// www.w3.org/
TR/html4/loose.dtd ">
<html>
<head>
<meta http-equiv=" Content-Type " content =" text/html；charset=UTF-8 ">
<title>使用 EL 表达式访问 JavaBean</title>
```

```
</head>
<body>
    <h1>使用 EL 表达式访问 JavaBean</h1>
    <br>
    <%
        /* User user = new User();
        user.setUserName((String) request.getParameter("userName"));
        user.setUserPassword((String) request.getParameter("userPassword")); */
        session.setAttribute("aUser", user);
    %>
    显示如下-------------------------------------------
    <br> 用户名: ${user.userName}
    <br> 密  码: ${user.userPassword}
    <br> 用户名: ${sessionScope.aUser.userName}
    <br> 密  码: ${sessionScope.aUser.userPassword}
    <br>
</body>
</html>
```

如果使用了 jsp 动作标记,<jsp:useBean id="user" class="cn.edu.cqrk.domain.User" scope="page"/>和子标记<jsp:setProperty name="user" property="*"/>,则下面的代码可以不要,它们的作用是一样的,都是创建 User 对象并给属性赋值。

```
User user = new User();
user.setUserName((String) request.getParameter("userName"));
user.setUserPassword((String) request.getParameter("userPassword"));
```

另外,${sessionScope.aUser.userName} 表示使用 EL 表达式从域对象中获取 JavaBean 的值。

运行结果如图 8.10 所示。

图 8.10 EL 表达式访问 JavaBean

8.7 EL 表达式获取请求头信息

为了获取请求消息头中信息,EL 表达式提供了两个隐式对象,header 和 headerValues。基本语法格式如下:

```
${header}
${header["user-agent"]}
${headerValues["accept-language"][0]}
```

例 elDemo11 说明了使用 EL 表达式访问 JavaBean 的具体方法。
elDemo11.jsp

```
<html>
<head>
<meta http-equiv="Content-Type" content="text/html; charset=UTF-8">
<title>使用 EL 表达式访问 JavaBean</title>
</head>
<body>
    <h1>使用 EL 表达式获取请求头数据</h1>
    <br>
    返回所有的请求头数据:<br>
        ${header}
    <hr>
    返回用户代理:<br>
        ${header["user-agent"]}
    <hr>
    返回浏览器所支持的语言类型:<br>
        ${headerValues["accept-language"][0]}
    <br>
</body>
</html>
```

运行结果如图 8.11 所示。

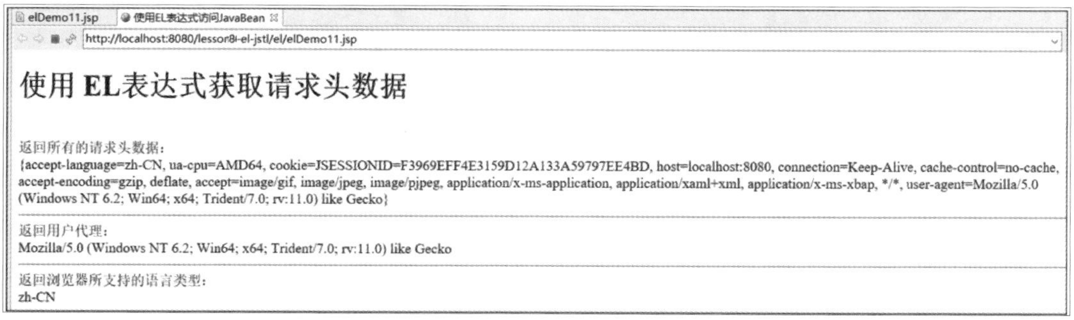

图 8.11 EL 表达式获取请求头信息

8.8　EL 表达式常用运算符

8.8.1　算术运算

在 EL 表达式中有 5 个算术运算符,其说明和示例见表 8.3。

表 8.3　EL 表达式的算术运算符

算术运算符	说明	示例	结果
+	加	${3 + 2}$	5
-	减	${3 - 2}$	1
*	乘	${3 * 2}$	6
/(或 div)	除	${3\ div\ 2}$	1.5
%(或 mod)	取模(求余)	${3\ mod\ 2}$	1

例 elDemo12 说明了使用 EL 表达式使用算术运算符的具体方法。

elDemo12.jsp

```
<body>
    <h2>算术运算符</h2>
    <hr />
    <table border=" 1 " cellpadding=" 0 " cellspacing=" 0 ">
        <tr>
            <td><b>EL 算术运算</b></td>
            <td><b>计算结果</b></td>
        </tr>
        <! -- 直接输出常量 -->
        <tr>
            <td>\ $ {1}</td>
            <td>$ {1}</td>
        </tr>
        <! -- 计算加法 -->
        <tr>
            <td>\ $ {3.2 + 2.6}</td>
            <td>$ {3.2 + 2.6}</td>
        </tr>
        <! -- 计算加法 -->
        <tr>
```

```
        <td>\ $ {3.5E4 + 1.9} </td>
        <td>$ {3.5E4 + 1.9} </td>
    </tr>
    <! -- 计算减法 -->
    <tr>
        <td>\ $ {-5 - 3} </td>
        <td>$ {-5 - 3} </td>
    </tr>
    <! -- 计算乘法 -->
    <tr>
        <td>\ $ {4 * 6} </td>
        <td>$ {4 * 6} </td>
    </tr>
    <! -- 计算除法 -->
    <tr>
        <td>\ $ {3 / 4} </td>
        <td>$ {3 / 4} </td>
    </tr>
    <! -- 计算除法 -->
    <tr>
        <td>\ $ {7 / 0} </td>
            <td>$ {7 / 0} </td>
    </tr>
    <! -- 计算求余 -->
    <tr>
        <td>\ $ {10 % 3} </td>
        <td>$ {10 % 3} </td>
    </tr>
    <! -- 计算求余 -->
    <tr>
        <td>\ $ {9 mod 6} </td>
        <td>$ {9 mod 6} </td>
    </tr>
    <! -- 计算三目运算符 -->
    <tr>
        <td>\ $ {(10 == 9) ? 2 : 3} </td>
        <td>$ {(10 == 9) ? 2 : 3} </td>
    </tr>
    </table>
</body>
```

运行结果如图 8.12 所示。

算数运算符

EL算数运算	计算结果
$ {1}	1
$ {3.2+2.6}	5.800000000000001
$ {3.5E4+1.9}	35001.9
$ {−5−3}	−8
$ {4*6}	24
$ {3/4}	0.75
$ {7/0}	Infinity
$ {10%3}	1
$ {9 mod 6}	3
$ {(10==9)?2:3}3	3

图 8.12　EL 表达式的算术运算

8.8.2　关系运算

在 EL 表达式中有 6 个关系运算符,其说明和示例见表 8.4。

表 8.4　EL 的关系运算符

关系运算符	说明	示例	结果
= =(或 eq)	等于	${3 eq 2}	false
! =(或 ne)	不等于	${3 ne 2}	true
<(或 lt)	小于	${3 lt 2}	false
>(或 gt)	大于	${3 gt 2}	true
<=(或 le)	小于等于	${3 le 2}	false
>=(或 ge)	大于等于	${3 ge 2}	true

例 elDemo13 说明了使用 EL 表达式使用关系运算符的具体方法。

elDemo13.jsp

```
<body>
    <h2>关系运算符</h2>
    <hr />
    <table border=" 1 " cellpadding =" 0 " cellspacing =" 0 ">
        <! -- 等于运算符 -->
        <tr>
```

```
        <td>\ $ {5 == 5} </td>
        <td> $ {5 == 5} </td>
    </tr>
    <! -- 等于运算符 -->
    <tr>
        <td>\ $ {2 eq 3} </td>
        <td> $ {2 eq 3} </td>
    </tr>
    <! -- 小于运算符 -->
    <tr>
        <td>\ $ {2 < 3} </td>
        <td> $ {2 < 3} </td>
    </tr>
    <! -- 小于等于运算符 -->
    <tr>
        <td>\ $ {2 <= 3} </td>
        <td> $ {2 <= 3} </td>
    </tr>
    <! -- 大于运算符 -->
    <tr>
        <td>\ $ {7 > 5} </td>
        <td> $ {7 > 5} </td>
    </tr>
    <! -- 大于等于运算符 -->
    <tr>
        <td>\ $ {7 >= 5} </td>
        <td> $ {7 >= 5} </td>
    </tr>
    </table>
</body>
```

运行结果如图 8.13 所示。

关系运算符	
$ {5==5}	true
$ {2eq3}	false
$ {2<3}	true
$ {2<=3}	true
$ {7>5}	true
$ {7>=5}	true

图 8.13　EL 表达式的关系运算

8.8.3 逻辑运算

在 EL 表达式中有 3 个逻辑运算符,其说明和示例见表8.5。

表 8.5　EL 的逻辑运算符

逻辑运算符	说明	示例	结果
&&(或 and)	逻辑与	如果 A 为 true,B 为 false,则 A&&B(或 A and B)	false
‖(或 or)	逻辑或	如果 A 为 true,B 为 false,则 A‖B(或 A or B)	true
!（或 not)	逻辑非	如果 A 为 true,则！A(或 notA)	false

例 elDemo14 说明了使用 EL 表达式使用逻辑运算符的具体方法。

elDemo14.jsp

```
<body>
    <h2>逻辑运算符</h2>
    <hr />
    <table border =" 1 " cellpadding =" 0 " cellspacing =" 0 ">
        <! -- 逻辑与运算符 -->
        <tr>
            <td>\ $｛(2<4)&&( 10<14)｝</td>
            <td>$｛(2<4)&&( 10<14)｝</td>
        </tr>
        <tr>
            <td>\ $｛(2>4)&&( 10<14)｝</td>
            <td>$｛(2>4)&&( 10<14)｝</td>
        </tr>
        <! -- 逻辑或运算符 -->
        <tr>
            <td>\ $｛(2<4)‖( 10<14)｝</td>
            <td>$｛(2<4)‖( 10<14)｝</td>
        </tr>
        <tr>
            <td>\ $｛(2>4)‖( 10<14)｝</td>
            <td>$｛(2>4)‖( 10<14)｝</td>
        </tr>
        <! -- 逻辑非运算符 -->
        <tr>
            <td>\ $｛! (2 == 4)｝</td>
```

```
    <td>$｜! (2 == 4)｜</td>
  </tr>
 </table>
</body>
```

运行结果如图 8.14 所示。

逻辑运算符	
$ {(2<4)&&(10<14)}	true
$ {(2>4)&&(10<14)}	false
$ {(2<4)||(10<14)}	true
$ {(2>4)||(10<14)}	true
$ {!(2==4)}	true

图 8.14　EL 表达式的逻辑运算

8.9　JSTL 标签库

JSTL(JavaServer Pages Standard Tag Library,JSP 标准标签库)是由 JCP(Java community Proces)所制定的标准规范,它主要提供给 Java Web 开发人员一个标准通用的标签库,并由 Apache 的 Jakarta 小组来维护。开发人员可以利用这些标签取代 JSP 页面上的 Java 代码,从而提高程序的可读性,降低程序的维护难度。JSTL 封装了 JSP 应用的通用核心功能。它支持通用的、结构化的任务,比如迭代、条件判断、XML 文档操作、国际化标签和 SQL 标签。除了这些,它还提供了一个框架来使用集成 JSTL 的自定义标签。

8.9.1　安装 JSTL 库

除了 JSP 动作标签外,使用其他的标签库都需要导入标签库的 jar 包。所以,要使用 JSTL 库,需要下载 JSTL 的压缩包 jakarta-taglibs-standard-1.1.2.zip 并解压,解压后在 jakarta-taglibs-standard-1.1.2/lib/ 目录下,有 3 个 jar 文件:standard.jar、jstl.jar 和 jstl-api.jar 文件,将这 3 个 jar 文件拷贝到 /WEB-INF/lib/ 下,则在"Web App Libraries"目录下自动生成相应的库文件,如图 8.15 所示。

导入相应的 jar 包后,再在需要使用标签的 JSP 页面中使用 taglib 指令导入标签库。如果使用 JSTL 的 core 标签库,需要在 JSP 页面中使用 taglib 标记定义前缀与 uri 引用,代码如下:

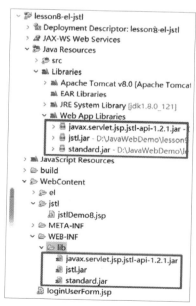

图 8.15　导入 JSTL 库需要的 jar 包

```
<%@ taglib prefix=" c " uri=" http://java.sun.com/jsp/jstl/core " %>
```

如果使用 functions 标签库,在 JSP 页面中使用如下语法就可以了。

```
<%@ taglib prefix=" fn " uri=" http://java.sun.com/jsp/jstl/functions "%>
```

8.9.2　JSTL 的常用标签

根据 JSTL 标签所提供的功能,可以将其分为 5 个类别:核心标签、格式化标签、SQL 标签、XML 标签和 JSTL 函数。

（1）核心标签

最常用的 JSTL 标签就是核心标签。引用核心标签库的语法如下:

```
<%@ taglib prefix=" c " uri=" http://java.sun.com/jsp/jstl/core " %>
```

prefix=" c "是指定标签库的前缀,这个前缀可以任意指定,约定俗成,使用 core 标签库时指定前缀为 c;uri=http://java.sun.com/jsp/jstl/core 是指定标签库的 uri,它可以让 JSP 找到标签库的描述文件。

核心标签库里主要包括表达式标签、流程控制标签、循环标签等。核心标签库的标签见表 8.6。

表 8.6　JSTL 核心标签库的标签

标签	描述
<c:out>	在 JSP 中显示一个表达式的结果,相当于<%=%>或 EL 表达式${}
<c:set>	保存数据
<c:remove>	删除数据
<c:catch>	处理产生错误的异常状况,并且将错误信息储存起来
<c:if>	与一般程序中的 if 一样
<c:choose>	本身只当作<c:when>和<c:otherwise>的父标签
<c:when>	<c:choose>的子标签,用来判断条件是否成立
<c:otherwise>	<c:choose>的子标签,接在<c:when>标签后,当<c:when>标签判断为 false 时被执行
<c:forEach>	基础迭代标签,接受多种集合类型
<c:forTokens>	根据指定的分隔符来分隔内容并迭代输出
<c:param>	用来给包含或重定向的页面传递参数
<c:redirect>	重定向至一个新的 URL.
<c:url>	使用可选的查询参数来创造一个 URL

核心标签库的常用标签如下：

①<c:out>和<c:set>标签。

<c:out>标签与<%=%>或 EL 表达式$ { }作用相似，它们的区别就是<c:out>标签可以直接通过"."操作符来访问属性。其语法格式如下：

```
<c:out value ="<string>" default ="<string>" escapeXml ="<true|false>"/>
```

value 表示要输出的信息，default 表示默认情况下输出什么，escapeXml 表示是否以 xml 格式输出，默认为 true。比如像"<""&gt"等符号会原样输出，当表达式结果为 null，则输出该默认值。

jstlDemo1.jsp

```
<body>
    <c:out value ="&lt;要显示的数据(未使用转义字符)&gt;" escapeXml =" true " default ="默认值
1"></c:out>
    <br />
    <c:out value ="&lt;要显示的数据(使用转义字符)&gt;" escapeXml =" false " default ="默认值 2
"></c:out>
    <br />
    <c:out value ="$ {null}" escapeXml =" true " default ="默认值 3 "></c:out>
    <br />
</body>
```

运行结果如图 8.16 所示。

```
http://localhost:8080/lesson8-el-jstl/jstl/jstlDemo1.jsp
&lt;要显示的数据（未使用转义字符）&gt;
<要显示的数据（使用转义字符）>
默认值3
```

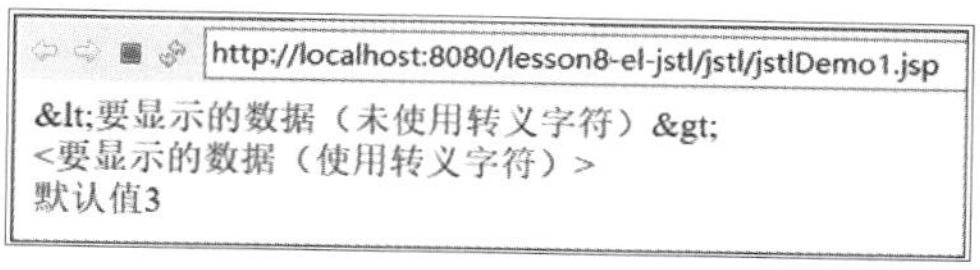

图 8.16 <c:out>标签运行结果

<c:set>标签用于设置变量值和对象属性，<c:set>与<jsp:setProperty>很相似，其语法格式如下：

```
<c:set var ="<string>" scope ="page|request|session|application " value ="<string>" />
```

var 表示存储信息的变量，scope 表示 var 属性的作用域，value 表示要存储的值。
jstlDemo2.jsp

```
<body>
    <c:set var =" username " scope =" session " value ="$ {'张三'}" />
    <c:set var =" password " scope =" session " value =" 1234 " />
```

```
    <c:set var="salary" scope="session" value="${3500+1600}"/>
    姓名：
    <c:out value="${username}"/><br/>
    密码：
    <c:out value="${password}"/><br/>
    薪水：
    <c:out value="${salary}"/>
</body>
```

运行结果如图 8.17 所示。

②<c:remove>标签。

<c:remove>标签用于移除一个变量，可以指定这个变量的作用域。若未指定，则默认为变量第一次出现的作用域。其语法格式如下。

图 8.17 <c:set>标签运行结果

```
<c:remove var="<string>" scope="<string>"/>
```

var 表示要移除的变量名称，scope 表示 var 属性的作用域。

jstlDemo3.jsp

```
<body>
    <c:set var="sum" scope="session" value="${2+4}"/>
    <p>
        sum 的值：
        <c:out value="${sum}"/>
    </p>
    <c:remove var="sum"/>
    <p>
        删除 sum 变量后的值：
        <c:out value="${sum}"/>
    </p>
</body>
```

运行结果如图 8.18 所示。

图 8.18 <c:remove>标签运行结果

移除 sum 这个变量后，再输出此变量的值，就为空了。

③<c:if>标签。

<c:if>标签判断表达式的值，如果表达式的值为 true，则执行其主体内容。

其语法格式如下:

```
<c:if test="<boolean>" var="<string>" scope="<string>">
</c:if>
```

test 表示条件,var 表示用于存储条件结果的变量,scope 表示 var 属性的作用域。
jstlDemo4.jsp

```
<body>
    <c:set var="sum" scope="session" value="${4*3}"/>
    <c:if test="${sum > 4}">
        <p>
            sum 的值为:
            <c:out value="${sum}"/>
        <p>
    </c:if>
</body>
```

运行结果如图 8.19 所示。

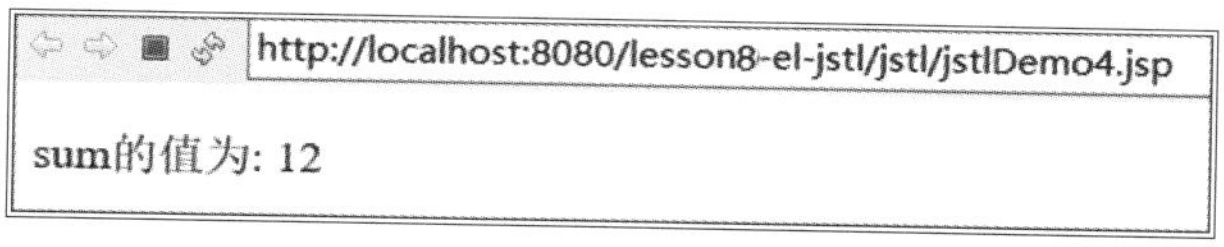

http://localhost:8080/lesson8-el-jstl/jstl/jstlDemo4.jsp

sum的值为: 12

图 8.19　<c：if>标签运行结果

④<c:choose>、<c:when>和<c:otherwise>标签。

<c:choose>标签与 Java 中 switch 语句的功能一样,用于多分支选择。不同的是,switch 语句中有 case,而<c:choose>标签中对应有<c:when>,switch 语句中有 default,而<c:choose>标签中有<c:otherwise>。

其语法格式如下:

```
<c:choose>
    <c:when test="<boolean>">
    </c:when>
    <c:when test="<boolean>">
    </c:when>
    <c:otherwise>
    </c:otherwise>
</c:choose>
```

test 表示条件。
jstlDemo5.jsp

```
<body>
<c:set var=" price " scope =" session " value =" $ |50000 * 1.5|" />
    <p>
        目前房价为：
        <c:out value =" $ | price|" />
    </p>
    <c:choose>
        <c:when test =" $ | price >= 50000|">
            房价太高了，买不起房。
            </c:when>
            <c:when test =" $ | price < 50000 and price >= 15000 |">
            房价不算太高，还能购买。
            </c:when>
            <c:otherwise>
            房子不可能这种价格。
            </c:otherwise>
    </c:choose>
</body>
```

运行结果如图 8.20 所示。

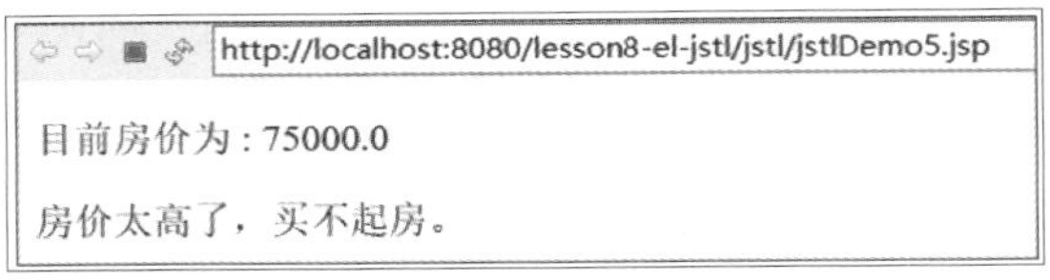

| http://localhost:8080/lesson8-el-jstl/jstl/jstlDemo5.jsp

目前房价为：75000.0

房价太高了，买不起房。

图 8.20 <c:choose>、<c:when>和<c:otherwise>标签运行结果

⑤<c:forEach>标签。

<c:forEach>标签相当于 Java 中的 for、while、do-while 循环。<c:forEach>标签是很通用的标签，因为它迭代一个集合中的对象。

其语法格式如下：

```
<c:forEach items ="<object>" begin ="<int>" end ="<int>" step ="<int>" var ="<string>" varStatus ="
<string>">
```

items 表示要被循环的信息，begin 表示开始的元素（0＝第一个元素，1＝第二个元素），end 表示最后一个元素（0＝第一个元素，1＝第二个元素），step 表示每一次迭代的步长，var 表示当前条目的变量名称，varStatus 表示循环状态的变量名称。

jstlDemo6.jsp

```
<body>
    <c:forEach var =" i " begin =" 1 " end =" 5 ">
    变量的值是：<c:out value =" $ |i|" />
```

第8章　EL表达式与JSTL标签库

```
    <p>
    </c:forEach>
</body>
```

运行结果如图 8.21 所示。

图 8.21　<c：forEach>标签运行结果

⑥<c：forTokens>标签。

<c：forTokens >标签与<c：forEach>标签相似，也封装了 Java 中的 for、while、do-while 循环，<c：forTokens>标签指定分隔符将字符串分隔为一个数组然后迭代它们。

其语法格式如下：

```
<c:forTokens items ="<object>"   delims ="<string>" begin ="<int>" end ="<int>" step ="<int>" var =
"<string>"
varStatus ="<string>">
```

<c：forTokens>标签与<c：forEach>标签有相似的属性，另外，delims 表示分隔符。
jstlDemo7.jsp

```
<body>
    <c:forTokens items =" cs,is,se " delims ="," var =" major ">
        <c:out value =" $ | major|" />
        <p>
    </c:forTokens>
</body>
```

运行结果如图 8.22 所示。

图 8.22　<c：forTokens>标签运行结果

（2）格式化标签

格式化标签（fmt 标签库）是用来格式化输出的，通常需要格式化的有时间和数字这

· 287 ·

两种。引用格式化标签库的语法如下:

```
<%@ taglib prefix="fmt" uri="http://java.sun.com/jsp/jstl/fmt"%>
```

①格式化时间(本地化):类似于数字和货币格式化,本地化环境还会影响生成日期和时间的方式。

其语法格式如下:

```
<fmt:formatDate value="${值}" pattern="yyyy-MM-dd HH:mm:ss" />
```

value 表示需要进行格式化的值,pattern 表示字符串的格式。

jstlDemo8.jsp

```
<%@ page language="java" contentType="text/html; charset=UTF-8"
    pageEncoding="UTF-8" import="java.util.Date"%>
<%@ taglib prefix="fmt" uri="http://java.sun.com/jsp/jstl/fmt"%>
<%
    Date date = new Date();
    pageContext.setAttribute("d", date);
%>
    <!DOCTYPE html PUBLIC "-//W3C//DTD HTML 4.01 Transitional//EN" "http://www.w3.
org/TR/html4/loose.dtd">
<html>
<head>
<meta http-equiv="Content-Type" content="text/html; charset=UTF-8">
<title>JSTL 的 fmt 标签库</title>
</head>
<body>
    当前日期时间是:
    <fmt:formatDate value="${d}" pattern="yyyy-MM-dd HH:mm:ss" />
</body>
</html>
```

运行结果如图 8.23 所示。

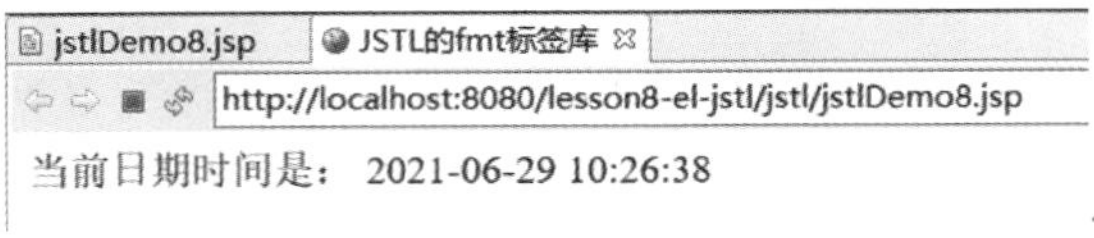

jstlDemo8.jsp	JSTL的fmt标签库 ⊠
⇦ ⇨ ■ ⊟	http://localhost:8080/lesson8-el-jstl/jstl/jstlDemo8.jsp
当前日期时间是:	2021-06-29 10:26:38

图 8.23　格式化标签运行结果

②格式化数字:需要保留多少位小数位,进行四舍五入操作。在格式字符串时,pattern 属性如果是"0",表示任意字符串,小数位位数不够,使用 0 补位;如果 pattern 属性是"#",表示任意字符串,小数位位数不够,不会使用 0 补位。

其语法格式如下:

```
< fmt：formatNumber value =" $｛值｝" pattern =" 0.00 " / >
< fmt：formatNumber value =" $｛值｝" pattern ="#.##" / >
```

value 表示需要进行格式化的值，pattern 表示字符串的格式。

jstlDemo9.jsp

```
<body>
    <%
        double d1 = 32.534；
        double d2 = 49.365；
        pageContext.setAttribute("d1", d1)；
        pageContext.setAttribute("d2", d2)；
    %>
格式要求保留 4 位，补 0：<fmt：formatNumber value =" $｛d1｝" pattern =" 0.0000 " /><br />
保留 2 位，四舍五入：<fmt：formatNumber value =" $｛d1｝" pattern =" 0.00 " /><br />
<hr />
格式要求保留 4 位，但不补 0：<fmt：formatNumber value =" $｛d2｝" pattern ="#.####" /><br />
保留 2 位，四舍五入：<fmt：formatNumber value =" $｛d2｝" pattern ="#.##" /><br />
</body>
```

运行结果如图 8.24 所示。

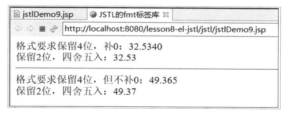

图 8.24　数字格式化标签运行结果

（3）SQL 标签

JSTL 提供了与数据库相关操作的标签，SQL 标签提供了直接从页面上实现数据库操作的功能，在开发小型网站时可以很方便实现数据的读取和操作。SQL 标签库从功能上可以划分为两类：设置数据源标签以及 SQL 指令标签。

引入 SQL 标签库的指令代码如下：

```
<%@ taglib prefix =" sql " uri =" http：// java.sun.com/jsp/jstl/sql " %>
```

使用<sql：setDataSource>标签可以实现对数据源的配置。可以有两种方式：一是直接使用已经存在的数据源；二是使用 JDBC 方式建立数据库连接。

直接使用已经存在的数据源，其语法格式如下：

```
<sql：setDataSource dataSource =" dataSource " [ var =" name "] [ scope =" page | request | session
| application "]/>
```

dataSource 表示数据源,var 表示存储数据源的变量名,scope 表示数据源存储的 JSP 范围。

使用 JDBC 方式建立数据库连接,其语法格式如下:

```
<sql:setDataSource driver=" driverClass " url=" jdbcURL "
user=" username "
password=" pwd "
[ var=" name "]
[ scope=" page | request | session | application "]
/ >
```

driver 表示使用的 JDBC 驱动,url 表示连接数据库的路径,user 表示连接数据库的用户名,password 表示连接数据库的密码,var 表示存储数据源的变量名,scope 表示数据源存储的 JSP 范围。

比如要连接 MySQL 中的数据库 mydb,JSTL 代码如下:

```
< sql:setDataSource driver=" com.mysql.jdbc.Driver "
url=" jdbc:mysql://localhost/mydb? user=root&password=1234&useUnicode=true
&characterEncoding=utf-8 "
user=" root "
password=" 1234 "
/ >
```

另外,JSTL 提供了<sql:query>、<sql:update>、<sql:param>、<sql:dateParam>和<sql:transaction>这 5 个标签,通过使用 SQL 语言操作数据库,实现增加、删除、修改等操作,此处暂时略过。

(4)XML 标签

在开发中对 XML 解析操作是比较烦琐的,在 JSTL 中专门提供了用于 XML 解析的操作,这样用户就可以不用费力去研究 SAX 或 DOM 等操作,可以轻松地进行 XML 文件的解析处理。要使用 XML 标签,需要引用 XML 标签库,语法如下:

```
<%@ taglib prefix=" x " uri=" http://java.sun.com/jsp/jstl/xml " %>
```

本教材使用此语法较少,此处暂时略过。

(5)JSTL 函数

JSTL 包含了一系列标准函数。要使用 JSTL 函数,需要引入:

```
<%@ taglib prefix=" fn " uri=" http://java.sun.com/jsp/jstl/functions " %>
```

本教材使用此语法较少,此处暂时略过。

小　结

1.EL(Expression Language)是一种在JSP页面获取数据的简单方式,它只能获取数据,不能设置数据。

2.在JSP页面的任何静态部分均可通过:$|expression|来获取到指定表达式的值。

3.EL只能从四大域中获取属性;EL可以获取其他EL内置对象;EL还可以访问Bean的属性等。

4.JSTL包括5种标签库,其中核心标签库最常用,共有13个。

5.核心标签库在功能上分为4类:

- 表达式控制标签:out、set、remove、catch;
- 流程控制标签:if、choose、when、otherwise;
- 循环标签:forEach、forTokens;
- URL操作标签:import、url、redirect。

6.使用核心标签时,需在JSP文件头部加入taglib指令:

%@ taglib prefix="c" uri="http://java.sun.com/jsp/jstl/core"%

习　题

一、思考题

1.为什么要用EL表达式? 它有什么作用? EL表达式的语法是什么?

2.EL表达式支持哪些运算符?

3.EL表达式的隐含对象及其作用有哪些(至少说出4个)?

4.为什么要用JSTL标签? JSTL与传统JSP开发手段的区别和优势是什么?

5.JSTL由哪几个标签库组成?

6.常用的JSTL标签有哪些? 举例说明。

二、实做题

1.使用EL表达式获取下列List集合的数据。

```
List<String> list = new ArrayList<String>();
list.add("李皓月");
list.add("刘老师");
list.add("王林");
pageContext.setAttribute("list", list);
```

2.使用JSTL标签完成下列需求:

在JSP页面中创建user对象,并为属性赋值,gender属性存储male和female用来代表"男"和"女"。使用JSTL的if标签判断gender属性的值,如果是male则输出男,如果不是male则输出女。

3.使用MVC模式编写一个程序,当发起一个deptList.do请求时,在Servlet中准备一个部门列表对象,把这个列表对象放入request作用域中转发到deptList.jsp,使用EL和JSTL的语法来显示这个部门列表。部门的成员变量有int id、String name、String location等。

参考文献

［1］赵商，黄玲. JavaWeb 程序设计基础［M］. 重庆：重庆大学出版社,2019.

［2］谢钟扬，郑志武. Web 前端开发基础［M］. 重庆：重庆大学出版社,2016.

［3］黄玲，罗丽娟. JavaEE 程序设计及项目开发教程(JSP 篇)［M］. 重庆：重庆大学出版社,2017.

［4］克雷格·沃斯. Spring 实战［M］. 5 版. 张卫滨，译. 北京：人民邮电出版社,2020.

［5］马俊昌. Java 编程的逻辑［M］. 北京：机械工业出版社,2018.

［6］施瓦茨，扎伊采夫，特卡琴科. 高性能 MySQL［M］. 3 版. 宁海元，周振兴，彭立勋，等译. 北京：电子工业出版社,2013.

［7］陈康贤. 大型分布式网站架构设计与实践［M］. 北京：电子工业出版社,2014.

［8］王雨竹，高飞. MySQL 入门经典［M］. 北京：机械工业出版社,2013.

［9］李刚. 轻量级 Java EE 企业应用实战［M］. 5 版. 北京：电子工业出版社,2018.

［10］王珊，萨师煊. 数据库系统概论［M］. 5 版. 北京：高等教育出版社,2018.

［11］布里泰恩，达尔文. Tomcat 权威指南［M］. 吴豪，刘运成，杨前凤，等译. 北京：中国电力出版社,2009.

［12］埃里克·珍兆科，里卡多·塞维拉·纳瓦罗，伊恩·埃文斯，等. Java EE 7 权威指南：卷1［M］. 苏金国，江健，等译. 北京：机械工业出版社,2015.

［13］杨开振，周吉文，梁华辉，等. Java EE 互联网轻量级框架整合开发——SSM 框架(Spring MVC+Spring+MyBatis)和 Redis 实现［M］. 北京：电子工业出版社,2017.

［14］成富. 深入理解 Java 7：核心技术与最佳实践［M］. 北京：机械工业出版社,2012.

［15］厄马，弗斯科，米克罗夫特. Java 8 实战［M］. 陆明刚，劳佳，译. 北京：人民邮电出版社,2016.

［16］肖海鹏. Java Web 应用开发技术：Java EE 8+Tomcat 9［M］. 北京：清华大学出版社,2020.

［17］汪云飞. Java EE 开发的颠覆者：Spring Boot 实战［M］. 北京：电子工业出版社,2016.

［18］李兴华. Java 开发实战经典［M］.2 版. 北京：清华大学出版社,2018.

［19］罗伯特·C. 马丁. 代码整洁之道［M］. 2 版. 韩磊，译. 北京：人民邮电出版社,2020.